MANUFACTURA DE LOS HIERROS FUNDIDOS ASPECTOS METALÚRGICOS

AUTORES

CARLOS HAYDT CASTELLO BRANCO, Eng. M.Sc.

IVO BOTTO, Eng. M.Sc.

REVISIÓN DE LA EDICIÓN EN ESPAÑOL

Sergio Cárdenas Ruderer, **Eng. M.Eng.**

PORTADA Y FIGURAS

Eliana B.C. Branco, **Graphic Designer**

AGRADECIMIENTOS

Los autores agradecen a SinterCast por las fotografías cedidas para su uso en la portada y en el texto, y a R. Parrington y D. Christie por el uso de sus fotografías en el capítulo 9.

2025

PRÓLOGO

Desde la década de 1990, tuve la oportunidad de trabajar con fundiciones en México, comenzando con **Teksid de México**, hoy **Ironcast**, desde el inicio de su construcción, y posteriormente con **Cifunsa / Technocast**, hoy subdividida en **Draxton** y en **Tupy**, que se quedó con el área de fabricación de bloques y cabezas de motor.

A lo largo de los años, al acompañar a los colegas de estas empresas en el trabajo de desarrollo del proceso de fundición de diversos conjuntos de piezas y en la definición de los planes de control de proceso y de calidad, observé que sería muy útil si pudiera contar con un texto específico en español sobre la producción de hierros fundidos grises, nodulares y de grafito compacto, con foco en el área metalúrgica. El objetivo principal sería el de ayudar a los nuevos técnicos e ingenieros a acelerar su adaptación y mejorar su desempeño en este tipo de fundición.

Con esta idea en mente, el Ing. M.Sc. Ivo Botto y yo pensamos en compartir la experiencia que hemos podido adquirir en el área de fundición tras trabajar en diferentes compañías y países, escribiendo sobre este tema y dando énfasis, sobre todo, a la definición del proceso metalúrgico de producción de piezas y su control durante la operación.

El propósito de este libro es, por lo tanto, servir como fuente de consulta para los estudiantes de cursos técnicos y de ingeniería en las áreas de metalurgia y materiales interesados en la fundición de hierros fundidos. Además, se enfoca en los técnicos e ingenieros que trabajan en las áreas de proceso y de calidad en las fundiciones de hierro, para que dispongan de información clara sobre cómo abordar la resolución de defectos metalúrgicos y, especialmente, sobre cómo utilizar las herramientas existentes para controlar el proceso de manufactura, de modo que dichos defectos puedan ser evitados.

Carlos H. Castello Branco

Noviembre, 2025

CONTENIDO

LA MANUFACTURA DE LOS HIERROS FUNDIDOS ASPECTOS METALÚRGICOS

1. DEFINICIÓN Y CLASIFICACIÓN GENERAL DE LOS HIERROS FUNDIDOS COMERCIALES [1-6]

La designación genérica "hierro fundido" se aplica a un grupo de aleaciones de hierro (Fe), que contiene principalmente carbono (C) y silicio (Si), además de incluir azufre (S), fósforo (P) y manganeso (Mn) en su composición química básica. Estas aleaciones presentan reacción eutéctica en su solidificación (el líquido se transforma en una mezcla de dos tipos de sólidos) siguiéndose una reacción eutectóide en temperaturas más bajas (una fase sólida se transforma en la mezcla de dos otros sólidos).

Son materiales que permiten, por su fundibilidad y fluidez, la obtención de piezas de geometría compleja para varios tipos de aplicación, con especificaciones que varían en amplios rangos para diferentes propiedades mecánicas y físicas para trabajo en diversas temperaturas, con o sin la ayuda de elementos de aleación y tratamientos térmicos. También pueden satisfacer otros requisitos, como por ejemplo la resistencia a la corrosión y al desgaste, principalmente con la adición de elementos de aleación. Las piezas de hierro fundido se adaptan a las operaciones de acabado por maquinado, normalmente con ventaja en comparación con otros materiales.

En la figura 1 se esquematizan las reacciones eutécticas posibles para los hierros fundidos. Cuando ocurre la formación de carburo de hierro, la reacción se denomina METAESTABLE; en el caso de la formación de grafito, la reacción se denomina ESTABLE.

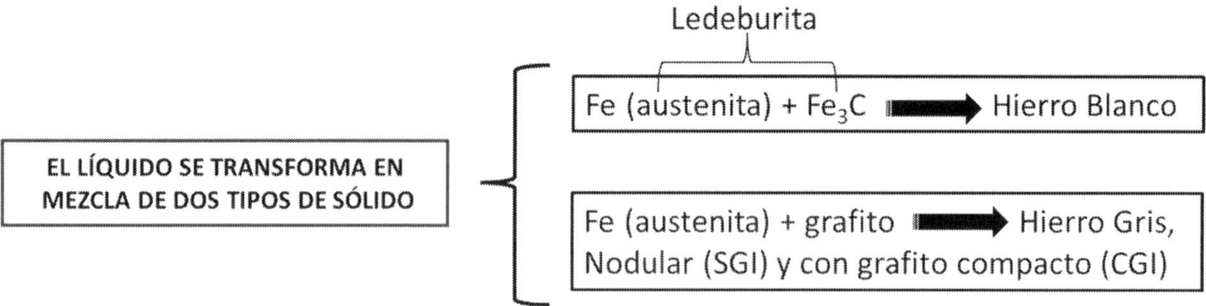

Υ: Austenita – solución sólida de carbono en Fe_γ (hierro gamma – hierro con estructura cúbica de caras centradas)

Fig.1: Reacción eutéctica para hierros fundidos – configuración básica de las aleaciones comerciales

La figura 2 muestra las reacciones eutectoides – estable y metaestable, cuando la austenita se transforma en una mezcla de dos sólidos diferentes.

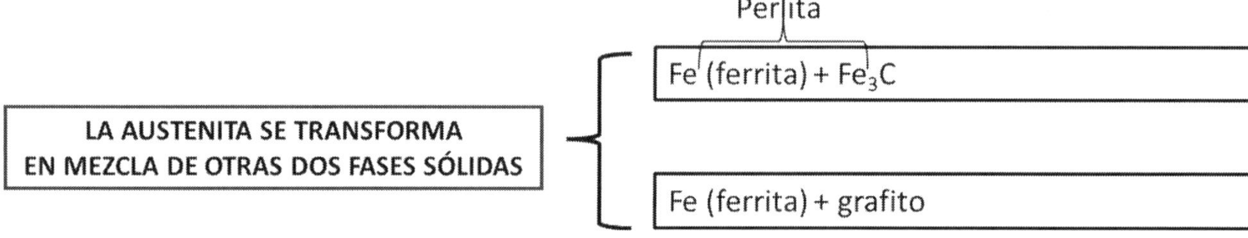

α: Ferrita – solución sólida de carbono en Fe_α (hierro alfa – hierro con estructura cúbica centrada en el cuerpo)

Fig.2: Reacción eutectoide para hierros fundidos – configuración básica para las aleaciones comerciales

1.1 CLASIFICACIÓN DE LOS HIERROS FUNDIDOS

De acuerdo con la configuración del producto eutéctico, se clasifican básicamente las categorías comerciales de los hierros fundidos: hierro blanco, que presenta únicamente la formación de fase con carburos de hierro, y los materiales con carbono en forma de grafito: hierro fundido gris, hierro fundido nodular o con grafito esferoidal (SGI – spheroidal graphite iron) e hierro fundido con grafito compacto o vermicular (CGI – compacted graphite iron).

➢ ***Hierro blanco***

El nombre se origina en la fractura de color blanco metálico de las piezas producidas con este material. El carbono se encuentra esencialmente combinado en forma de carburo de hierro Fe_3C – cementita. En el eutéctico – ledeburita, la austenita tiene forma de varillas rodeadas por cementita – figura 3.

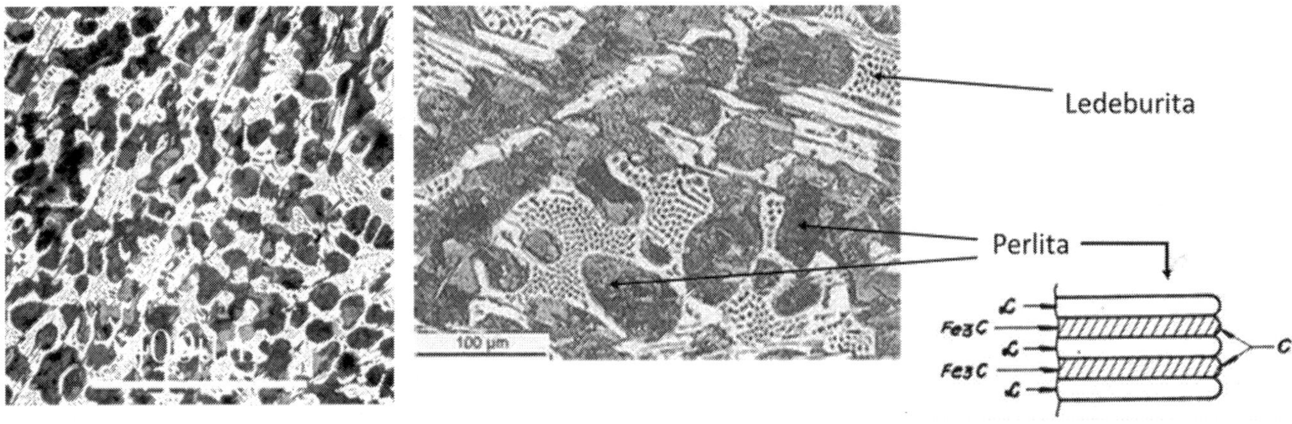

Fig.3: Ejemplo de microestructura típica de hierro blanco con eutéctico – ledeburita, siendo la perlita el resultado de la reacción eutectoide. (Observación con microscopio óptico, 100x y 200x)

Estos materiales son muy duros y frágiles, por lo que no se maquinan mediante los procesos habituales de remoción de material. Estas características son importantes para aplicaciones en las que se requiere alta resistencia a la abrasión y al desgaste, como piezas para equipos de minería. Existen circunstancias en las que solo se desean capas de espesor controlado de hierro blanco para resistir el desgaste, como es el caso de la zona superficial de algunos tipos de árbol de levas de hierro gris.

➢ ***Hierro maleable***

Del hierro blanco se obtiene, mediante tratamiento térmico, el hierro maleable. La pieza se produce en hierro blanco, pero a través de ciclos controlados de temperatura y tiempo – recocido para maleabilización – es posible descomponer el carburo primario, formando "nódulos" de grafito en matriz con diversas proporciones de ferrita y perlita. Los hierros maleables son dúctiles y presentan alta tenacidad (figura 4).

Normalmente producidos para aplicaciones de piezas con espesor menor a 50 mm (para facilitar la homogeneidad en el tratamiento térmico de maleabilización), los hierros maleables han sido reemplazados en gran parte por los hierros nodulares y los de grafito compacto, debido a la mayor flexibilidad en la fabricación de estos materiales y en el cumplimiento de las especificaciones (con o sin tratamientos térmicos), presentando mayor economía en los procesos de manufactura.

No obstante, los ingenieros de producto aún valoran la estabilidad dimensional de los hierros maleables con estructura totalmente ferrítica, en la que prácticamente no ocurre transformación de carburos en grafito en aplicaciones a alta temperatura. Dicha transformación secundaria provoca variación dimensional, debido a la diferente densidad de las fases.

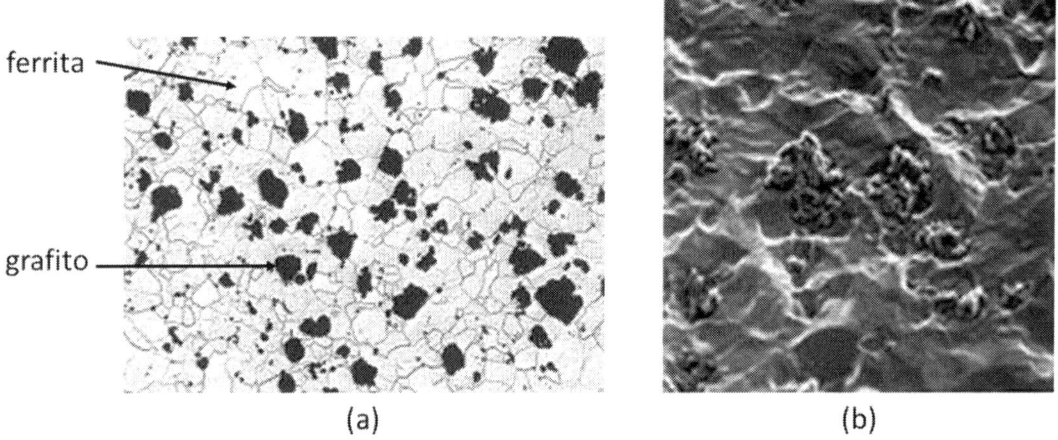

Fig.4: Ejemplo de microestructura típica de hierro maleable (a) Microestructura observada con microscopio óptico (100x), (b) Fractura de hierro maleable observada con microscopio electrónico de barrido [7]

- ***Hierro fundido gris***

En estos materiales, la austenita y el grafito son el resultado de la reacción eutéctica estable. La fractura observada en las piezas presenta un color grisáceo, lo que da origen al nombre de esta familia de aleaciones. El contenido de carbono es la suma del grafito libre y del carbono en solución en el hierro.

El grafito presente se encuentra en forma de láminas interconectadas, como se observa en la figura 5a. En esta ilustración no se representa la austenita que creció junto con el grafito durante la reacción eutéctica. El objetivo fue caracterizar la forma del grafito en los hierros grises. Las dendritas dibujadas son de austenita primaria, formada antes de la reacción eutéctica.

En la figura 5a también se muestra un plano de corte en la pieza o probeta para observación metalográfica con microscopio óptico. En las figuras 5b y 5c, la micrografía muestra los trazos de las láminas de grafito (comúnmente llamados vetas) rodeadas por la matriz de hierro. La figura 5d presenta el grafito observado con microscopio electrónico de barrido.

Los hierros grises, incluso los de mayor dureza, presentan excelente habilidad al maquinado, debido a la facilidad de ruptura de virutas proporcionada por las vetas de grafito. La estructura laminar también es responsable por la elevada capacidad de amortiguamiento de vibraciones, mayor que la de los aceros (20 a 25 veces) y la presentada por otros tipos de hierros fundidos. A modo de ejemplo, los hierros de grafito compacto presentarían aproximadamente un 35% y los nodulares alrededor de un 15% del amortiguamiento de vibraciones de un hierro gris con composición química y matriz similares[9].

Los hierros grises son también materiales que poseen buena resistencia al desgaste por fricción metal-metal. Controlando la cantidad/morfología del grafito y con la adición de elementos de aleación, se pueden obtener materiales de alta conductividad térmica aún con buena resistencia mecánica. Por otro lado, los hierros grises son frágiles, prácticamente sin ductilidad ni elongación.

Debido a sus características, los hierros grises se utilizan ampliamente en la fabricación de bases, soportes, matrices y piezas de maquinaria, así como en una variedad de componentes para diferentes tipos de vehículos y motores, como colectores, bloques y cabezas, y también piezas del sistema de frenos sometidas a fatiga térmica, utilizando clases de material con alta conductividad térmica[10].

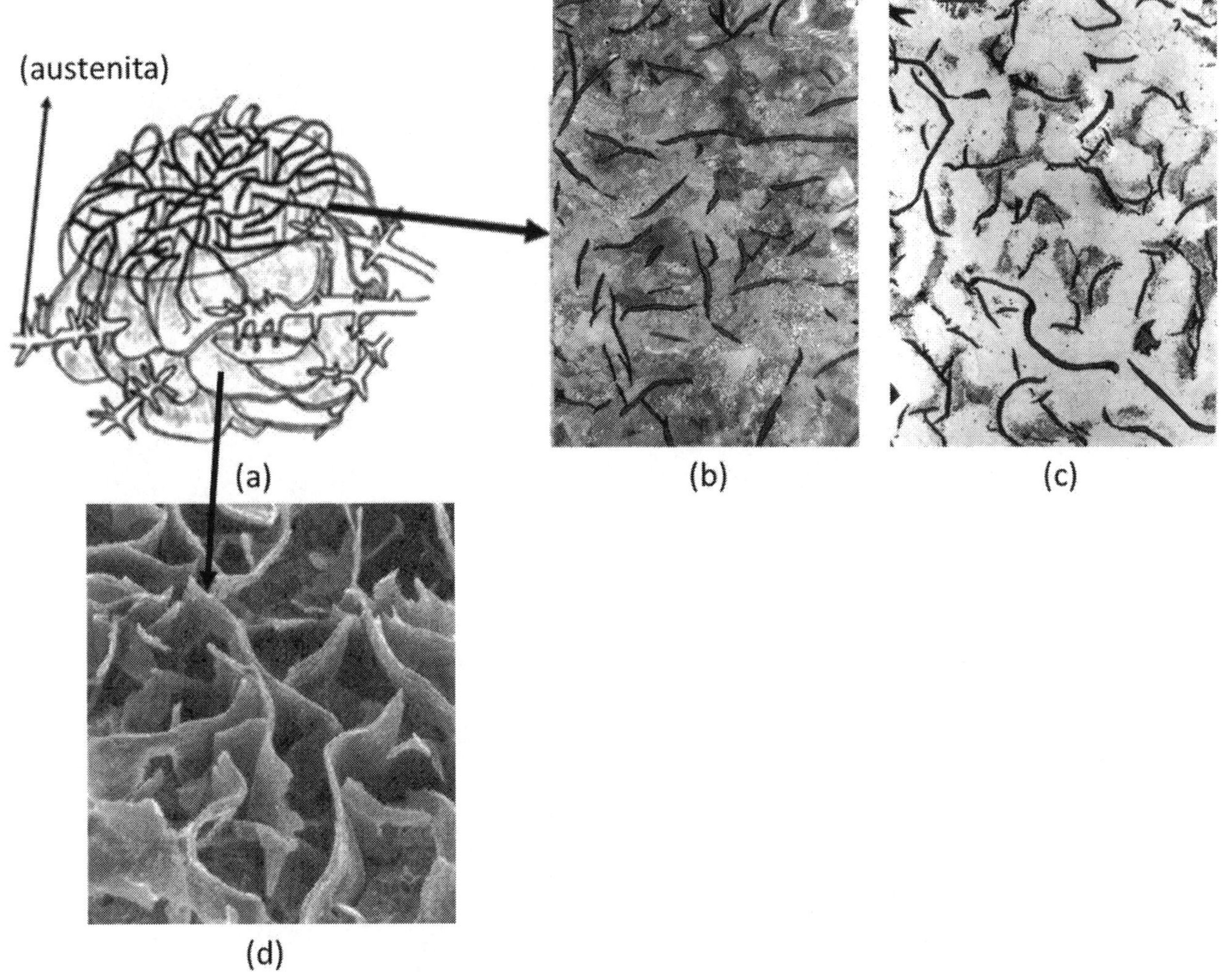

Fig.5: Ejemplo de microestructuras en hierro fundido gris. (a) Ilustración de la forma del grafito en hierro gris, (b) Microestructura observada con microscopio óptico. Grafito tipo A y matriz predominantemente perlítica (100x – ataque químico con nital), (c) Microestructura observada con microscopio óptico. Grafito tipo A y matriz predominantemente ferrítica (100x – nital), (d) Grafito de hierro gris observado con microscopio electrónico de barrido [8]

- ***Hierro fundido con grafito esferoidal (nodular – SGI)***

Debido principalmente a la adición (o presencia) de determinados elementos químicos – de manera predominante el magnesio en procesos comerciales – el grafito resultante de la reacción eutéctica es esferoidal, como se ilustra en la figura 6.

El cambio de la forma del grafito de laminar a esferoidal (con menor efecto de entalla) es lo que otorga propiedades mecánicas de resistencia considerablemente mejores en comparación con los hierros grises. Además de presentar límites de resistencia a la tracción, al impacto y a la fatiga superiores, se observan mayores módulos de elasticidad, tenacidad y ductilidad. Por esta razón, también se denominan hierros dúctiles ("ductile iron") principalmente en la industria norteamericana.

Con la adición de elementos de aleación y/o tratamientos térmicos adecuados, es posible sustituir a los aceros forjados en algunos tipos de aplicaciones para la industria automotriz, como engranajes y cigüeñales[10]. También se utilizan para la fabricación de bielas, colectores de escape y piezas para suspensión y sistemas de freno.

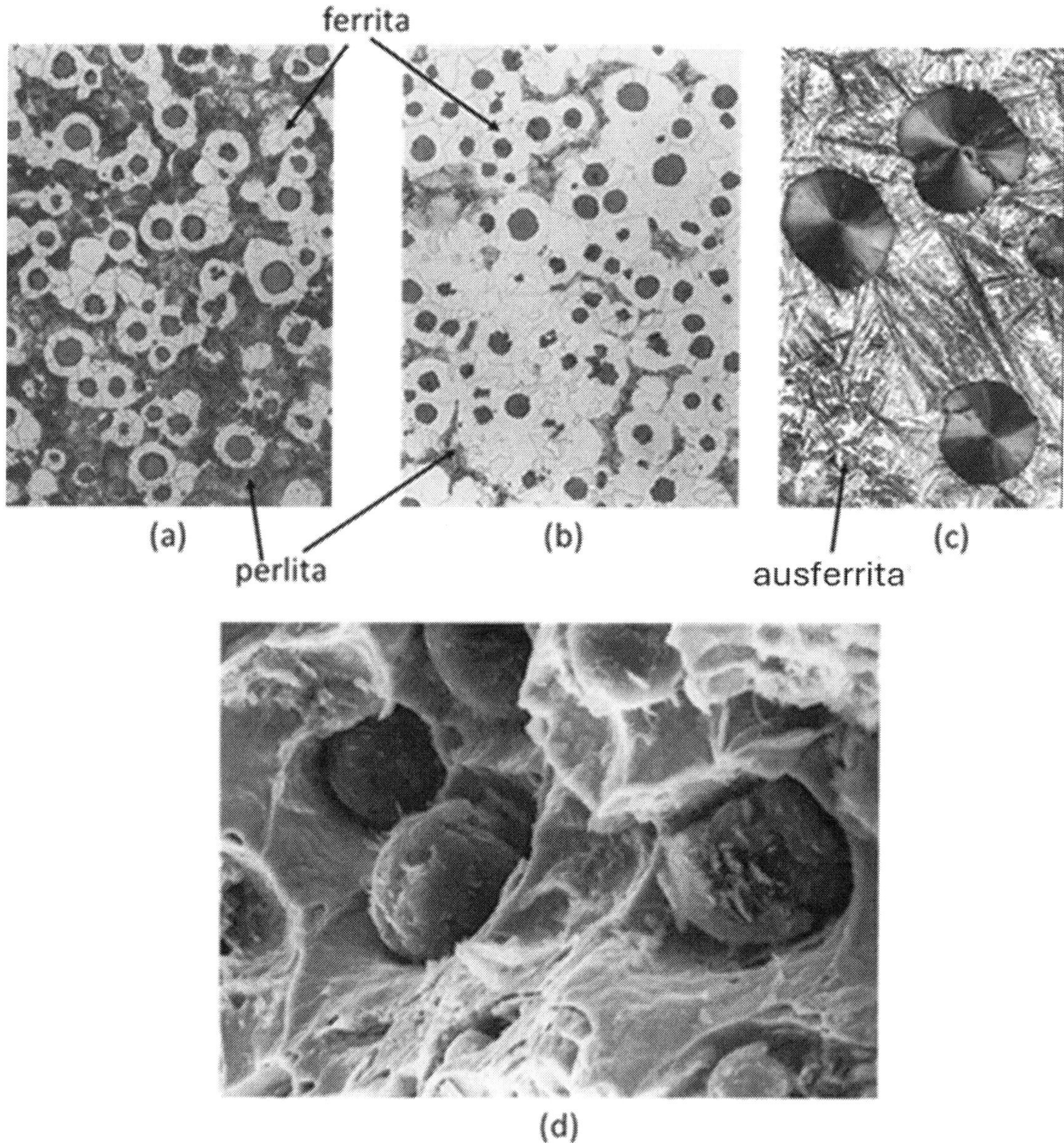

Fig.6: Ejemplo de microestructuras de hierro fundido con grafito esferoidal (SGI). (a) Micrografía de hierro nodular perlítico-ferrítico (microscopio óptico – 100x, nital), (b) Micrografía de hierro nodular predominantemente ferrítico (microscopio óptico – 100x, nital), (c) Micrografía de hierro nodular ausferrítico (ADI) (microscopio óptico – 500x, Beraha, polarizada)[11], (d) Fractura de hierro nodular observada con microscopio electrónico de barrido

Los nodulares también han venido sustituyendo al acero en la industria de minería para la fabricación de piezas pesadas como, por ejemplo, engranajes, tapas de molino y muñones, con un costo inferior. Para esta aplicación, el material austemperizado (ADI), con matriz de ausferrita, ha mostrado buenos resultados en comparación con algunos tipos de aceros resistentes al desgaste. Este material, de alta resistencia mecánica y tenacidad, también se utiliza en la industria automotriz (liviana y pesada), así como en la de maquinaria y equipos agrícolas.

Comparados con los grises, los nodulares son, sin embargo, más propensos a la formación de porosidades de contracción (rechupes) y a la formación de escoria durante la colada ("drosses"), lo que incrementa la tendencia a la formación de inclusiones. Su proceso de fabricación se considera más complejo que el de los grises, requiriendo materias primas más seleccionadas para evitar impurezas y el efecto usualmente perjudicial de elementos químicos residuales.

➢ *Hierro fundido con grafito compacto (vermicular – CGI)*

El tratamiento del baño metálico con magnesio en contenidos insuficientes para esferoidizar el grafito promueve el crecimiento del grafito compacto, considerando el nivel de la velocidad de enfriamiento de la pieza y la intensidad de nucleación conferida por la inoculación. Su forma fue identificada inicialmente como un nódulo degenerado en transición hacia la estructura laminar. Vista en plano de corte con microscopio óptico, presenta un aspecto vermicular (fig. 7a), siendo en realidad un aglomerado de grafito que se asemeja a un coral, como se observa en fracturas con microscopio electrónico de barrido (fig. 7b), y presenta un crecimiento muy similar al observado en las células eutécticas del hierro fundido gris durante la reacción eutéctica.

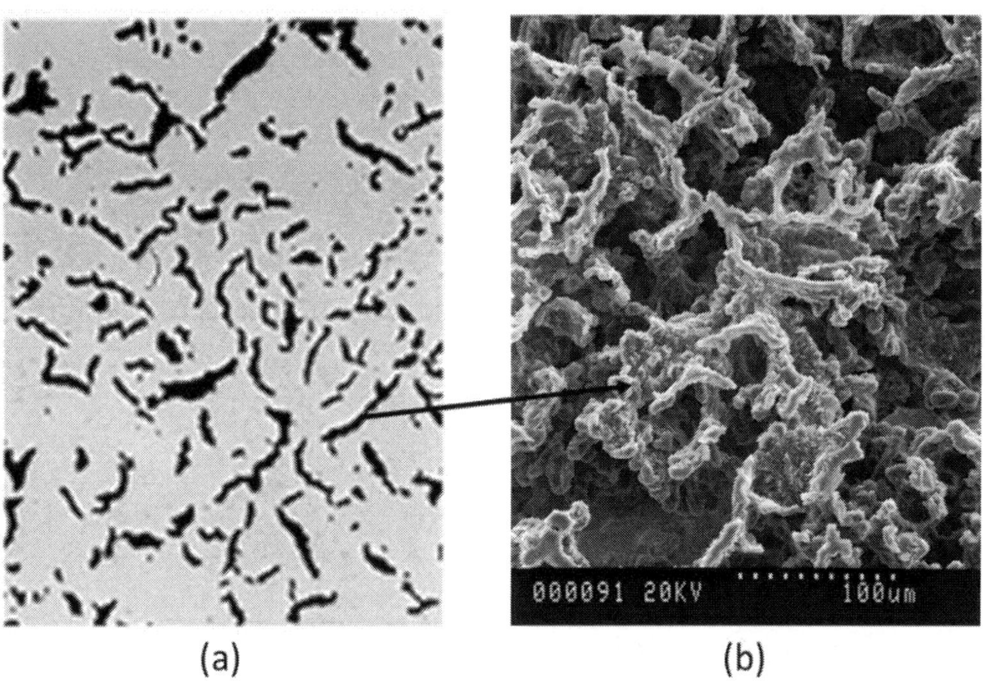

(a) (b)

Fig.7: Ejemplo de microestructura de hierro fundido con grafito compacto. (a) Micrografía de hierro fundido con grafito compacto. Microscopio óptico – 100x, sin ataque químico, (b) Fractura observada con microscopio electrónico de barrido.

Es posible lograr la formación de grafito compacto también mediante la adición de elementos químicos que degradan el crecimiento esferoidal, como el titanio. Aleaciones con Mg, Ce y Ti se utilizaron en los primeros intentos de producción industrial de piezas[12,13], como bloques y cabezas de motor, engranajes, colectores de escape y piezas para bombas, con este material. Sin embargo, la dificultad de controlar el porcentaje de grafito compacto en piezas más complejas con variación de espesor de pared, así como la mayor dificultad de mecanizado debido a la presencia de carburos y carbonitruros de titanio, limitó la evolución del uso de este tipo de hierro fundido. Este desarrollo solo se produjo cuando la tecnología relacionada con el análisis térmico permitió controlar la adición de los niveles correctos de magnesio y de inoculantes para alcanzar la microestructura deseada de manera consistente y reproducible.

Las aplicaciones de este tipo de hierro fundido, con propiedades intermedias entre los grises y los nodulares, son amplias; desde piezas pequeñas, como carcazas de bombas, colectores de escape, tambores y discos de freno, y carcazas de turbina, hasta grandes lingoteras. La producción predominante, sin embargo, es la de bloques y cabezas de motores Diesel o a gasolina, para vehículos de pasajeros y comerciales ligeros y pesados[14,15].

Los bloques de motor de hierro fundido con grafito compacto pueden competir con los fabricados en aluminio[16]. Se requiere menor gasto de energía para la fusión del hierro en comparación con el aluminio (aproximadamente nueve veces menos), lo que reduce el costo por kg, existiendo la posibilidad de obtener piezas con peso similar al del aluminio. Las paredes de los bloques de motor en vermicular pueden ser sensiblemente más delgadas que las obtenidas con el uso de hierro fundido gris, debido a la mayor resistencia a la tracción del CGI. Es posible producir bloques para motores ligeros (1,2 L, por ejemplo) con espesor de pared de 2,7 mm, alcanzando límites de resistencia a la tracción entre 550 y 600 MPa[17]. Adicionalmente, la posibilidad de una longitud menor de los bloques en CGI en relación con los de aluminio permite que todo el motor sea más compacto y ligero, lo que significa mayor ahorro de combustible y menores emisiones de CO_2, al comparar los materiales y procesos en su totalidad.

➢ ***Hierros fundidos especiales de alta aleación***

Aún se define la categoría – hierros especiales – como el grupo de materiales con contenido de elementos de aleación (además de la composición química base) superior, por regla general, al 3%. A continuación, se presentan, a modo de ejemplo, algunos de estos materiales con aplicación comercial importante.

- **Hierros con 12 – 37% Ni – "Ni-Resist": grises y nodulares principalmente**

Usualmente con adiciones de cromo y cobre, estos materiales encuentran aplicación en la fabricación de piezas para bombas, válvulas y compresores destinados a instalaciones resistentes a la corrosión por medios alcalinos, ácidos diluidos y agua de mar. Composiciones específicas (sin cobre) permiten su utilización en la industria alimentaria.

En la industria automotriz, se destaca su uso en la manufactura de insertos (porta-anillos) para cabezas de pistón de motor de aluminio, incrementando la resistencia al desgaste de estos componentes. Este tipo de Ni-Resist (13,5 a 17% Ni) presenta propiedades de expansión térmica equivalentes a las de las aleaciones de aluminio, lo que permite su utilización como insertos para anillos

- **Hierros con alto silicio: nodulares principalmente**

Con **4 – 6% Si**, estos materiales se utilizan en aplicaciones donde se requiere resistencia a la corrosión y a altas temperaturas, siendo más económicos que los "Ni-Resist". La adición de molibdeno (0,5 – 2,0% Mo) amplía las propiedades mecánicas tanto a altas temperaturas como en ambiente. En la industria automotriz, se destaca el uso de las aleaciones ***SiMo*** en la manufactura de carcazas de turbina y colectores de escape.

- **Hierros blancos con alto cromo y níquel**

Estos materiales, con 12 a 39% Cr, se emplean principalmente donde se requiere elevada resistencia a la abrasión, como por ejemplo en piezas de molino y máquinas en general para las industrias de minería, de fabricación de cemento y en la laminación de metales. Normalmente se ajusta la composición química con otros elementos como Mo, Ni y Cu, para alcanzar alta dureza y resistencia a la abrasión con una relativa tenacidad que permita soportar cierto nivel de impacto.

Cuando el porcentaje de cromo es inferior al 8% y el contenido de níquel se encuentra entre 2 y 5%, las aleaciones se denominan ***"Ni-Hard"***. Al igual que en los "Ni-Resist", las matrices metálicas son austeníticas, sin que ocurra la transformación eutectoide con la formación de ferrita y perlita, debido a la influencia del níquel.

Las aleaciones con alto contenido de cromo también son apropiadas para la producción de piezas que trabajan a temperaturas elevadas (hasta 1040 °C), debido a la protección contra la corrosión por la formación de una película de óxido de hierro rica en cromo en la superficie. Su aplicación está limitada por la reducida resistencia al impacto y al choque térmico. Sin embargo, los materiales sin níquel se utilizan con éxito en atmósferas sulfurosas.

1.2 ESPECIFICACIÓN DE LOS HIERROS FUNDIDOS

Normas técnicas desarrolladas en varios países establecen clases para los hierros fundidos con base en sus propiedades mecánicas a tracción medidas en probetas normalizadas, que sirven como punto de partida para la especificación de estos materiales.

Adicionalmente, los conjuntos de normas presentan las formas y tamaños del grafito observados con microscopio óptico[18] y, en algunos casos, otras propiedades mecánicas como: dureza, resistencias a la compresión, a la flexión y al impacto, así como los límites de fatiga, principalmente. También pueden incluir propiedades físicas como: densidad, coeficiente de dilatación lineal, conductividad térmica, entre otras. Además, algunas normas indican rangos de composición química para las diversas clases de material, que deben considerarse siempre como referencia. El objetivo es permitir un mejor detalle para la elección y determinación del material, de acuerdo con la aplicación y el diseño de las piezas.

Las probetas especificadas en las normas técnicas poseen geometría, dimensiones y proceso de obtención diferentes para los distintos tipos de hierro fundido y garantizan, en cada caso, que las condiciones de enfriamiento durante la solidificación estén controladas, asegurando la repetibilidad de las propiedades mecánicas medidas y estableciendo un punto de referencia para los materiales.

A lo largo de los años, con la concepción de diseño de piezas más complejas y materiales más resistentes, los clientes han solicitado que las probetas se maquinen a partir de muestras de secciones específicas de las piezas, consideradas más críticas para su funcionamiento en servicio.

Las propiedades obtenidas usualmente serán diferentes de aquellas medidas en los ensayos de tracción de probetas normalizadas. Los espesores de las secciones de las piezas (o más específicamente sus módulos de enfriamiento, que se calculan mediante la relación entre el volumen de la sección en cuestión y el área superficial que efectivamente intercambia calor durante la solidificación, $M = V/A$, es decir, áreas no unidas a otras secciones) son, en general, diferentes, existiendo además el efecto de las condiciones del vaciado (temperaturas y tiempos) y también la interferencia de las secciones adyacentes en el perfil de solidificación de las secciones elegidas para la extracción de muestras en las piezas.

A pesar de que algunos conjuntos de normas presentan geometrías alternativas de probetas, buscando simular diferentes secciones de las piezas, si no existe una solicitud específica del cliente para su uso, se recomienda utilizar únicamente las probetas estándar relacionadas con los límites mínimos normalizados y establecer una correlación estadística entre las propiedades obtenidas en estas y en las muestras de las secciones especificadas por los clientes, la cual debe realizarse durante la etapa de desarrollo del proceso para la fabricación de la pieza. La clase normalizada del hierro fundido se determina así en la probeta estandarizada. Los materiales de esta clase adoptada garantizarán que las propiedades especificadas para las secciones de las piezas sean efectivamente alcanzadas.

Durante el establecimiento de la correlación entre propiedades a la tracción y dureza de las probetas estándar y las extraídas de secciones de las piezas, se debe utilizar el primer y el último metal vaciado de una misma olla. Esto garantiza la observación y registro del efecto del rango de temperatura de vaciado y el desvanecimiento ("fading") del inoculante, así como del agente que altera la forma del grafito (generalmente el contenido de magnesio) en los hierros nodulares y con grafito compacto.

Este procedimiento constituye una herramienta de control de proceso rápida, adicional a las habituales del plan de control de las operaciones de fusión y vaciado. Se puede maquinar y ensayar de manera acelerada la probeta estándar (tracción y dureza). Los resultados sirven para predecir las propiedades que se obtendrán en la probeta de la pieza, la cual solo puede extraerse después de todo el proceso de enfriamiento y acabado.

En el caso de la fabricación de piezas pesadas, resulta inviable extraer muestras de estas piezas, a menos que alguna sea rechazada por otros problemas de calidad. En este caso, es necesario desarrollar una probeta con un módulo de enfriamiento equivalente a la sección de la pieza considerada crítica. La correlación estadística se realiza ahora entre las probetas especificadas por las normas técnicas y la probeta especialmente diseñada para simular una región específica de la pieza.

➢ *Normas internacionales ISO*

Los clientes habitualmente utilizan especificaciones originadas en normas de sus países o internas de sus compañías, siendo común, sin embargo, solicitar materiales conforme las normas provenientes de las organizaciones norteamericanas ASTM (American Society for Testing and Materials) y SAE (Society of Automotive Engineers), así como la alemana DIN (Deutsches Institut für Normung). Se recomienda, no obstante, que se utilicen siempre como base de comparación las normas internacionales de la ISO (International Organization for Standardization), cuyas normas de certificación de sistemas de calidad y medio ambiente ya se consideran obligatorias para la calificación de las fundiciones ante los clientes.

A continuación, se presentan tablas adaptadas y extraídas de las normas ISO, con las clasificaciones básicas de los hierros fundidos comerciales con grafito (no especiales) en relación con la tracción. El objetivo aquí es establecer un lenguaje inicial y común entre la fundición y el cliente, para, posteriormente, entrar en detalles específicos de acuerdo con el diseño y las características de uso de las piezas.

Además de clasificar en relación con las propiedades a la tracción, las normas ISO también agrupan los materiales según la dureza (en los grises) y el impacto (nodulares). La norma sobre hierro con grafito compacto también presenta la evaluación de la nodularidad del material. Todas indican las dimensiones de las probetas mecanizadas para los ensayos y los métodos adecuados.

HIERROS FUNDIDOS GRISES

CLASSE DE MATERIAL	LRT (MPa)
ISO 185/JL/100	**100**
ISO 185/JL/150	**150**
ISO 185/JL/200	**200**
ISO 185/JL/225	**225**
ISO 185/JL/250	**250**
ISO 185/JL/275	**275**
ISO 185/JL/300	**300**
ISO 185/JL/350	**350**

HIERROS FUNDIDOS CON GRAFITO ESFEROIDAL (SGI)

CLASSE DE MATERIAL	LTR (MPa)	LE (MPa)	A (%)
ISO1083/JS/350-22	**350**	**220**	**22**
ISO1083/JS/400-18	**400**	**250**	**18**
ISO1083/JS/400-15	**400**	**250**	**15**
ISO1083/JS/450-10	**450**	**310**	**10**
ISO1083/JS/500-7	**500**	**320**	**7**
ISO1083/JS/550-5	**550**	**350**	**5**
ISO1083/JS/600-3	**600**	**370**	**3**
ISO1083/JS/700-2	**700**	**420**	**2**
ISO1083/JS/800-2	**800**	**480**	**2**
ISO1083/JS/900-2	**900**	**600**	**2**

Límites mínimos a tracción obtenidos en probetas:
_ cilíndricos con ϕ = 30 mm para los hierros grises
_ Bloques en "Y" con espesor de 25 mm en la sección rectangular, para SGI y CGI.

HIERROS FUNDIDOS COM GRAFITO COMPACTO (CGI)

CLASSE DE MATERIAL	LTR (MPa)	LE (MPa)	A (%)
ISO16112/JV/300/S	**300**	**210**	**2.0**
ISO16112/JV/350/S	**350**	**245**	**1.5**
ISO16112/JV/400/S	**400**	**200**	**1.0**
ISO16112/JV/450/S	**450**	**315**	**1.0**
ISO16112/JV/500/S	**500**	**350**	**0.5**

TABLA I: Clases básicas de hierros fundidos según las normas ISO[19-21]

Como información complementaria, la figura 8 presenta un ejemplo de matrices y límites de resistencia a la tracción asociados a hierros fundidos con grafito esferoidal, incluyendo materiales austemperizados (ADI), templados y con matriz austenítica mediante la adición de elementos de aleación. Cabe señalar que los tamaños al microscopio no son iguales entre las fotografías

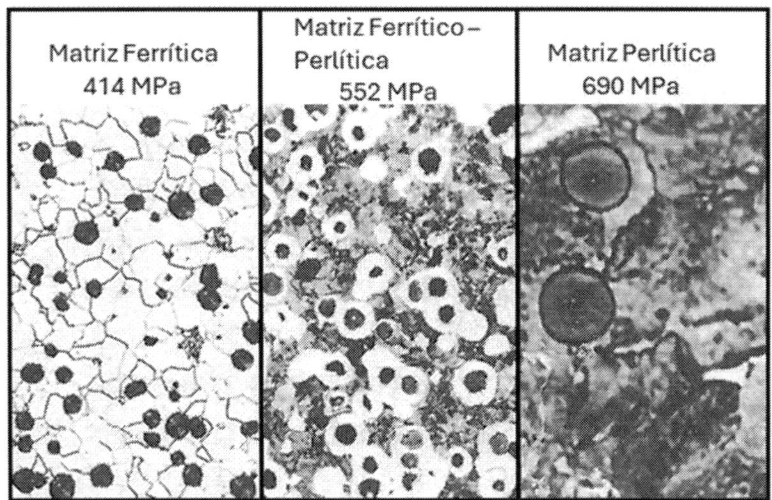

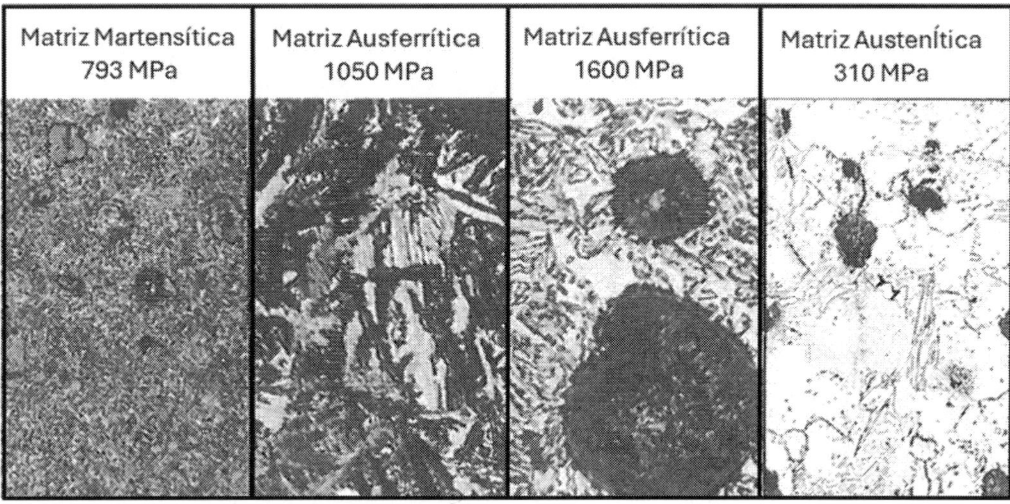

Fig.8: Ejemplo de microestructuras de hierro fundido nodular y sus respectivos límites de resistencia a la tracción (tamaños al microscopio – diferentes aumentos)[22]

BIBLIOGRAFIA

1. CHIAVERINI, V. Aços e Ferros Fundidos, São Paulo, SP-BR, ABM – Associação Brasileira de Metais, 5ª edição, 1982, 518p.
2. ROCHA VIEIRA, R.; FALLEIROS, I.; PIESKE, A. & GOLDENSTEIN, H. Materiais para Máquinas-Ferramenta, São Paulo, SP-BR, IPT, 1974, 95p.
3. SOUZA SANTOS, A.B. & CASTELLO BRANCO, C.H. Metalurgia dos Ferros Fundidos Cinzentos e Nodulares, São Paulo, SP-BR, ITP, Pub. 1100, 1977, 241p.
4. AMERICAN FOUNDRY SOCIETY Iron Castings Engineering Handbook, Schaumburg, IL-USA, 2008, 420p.
5. OLIVEIRA, L.M.O. Comportamento Mecânico dos Ferros Fundidos Avançados, Blumenau, SC-BR, Universidade Federal de Santa Catarina, Nov.2019, 12p.
6. LACAZE, J.; SERTUCHA, J. & CASTRO-ROMAN, M.J. From Atom Scale to Casting: A Contemporary Monograph on Cast Irons Microstructure, France, OATAO-University of Toulouse, 2020
7. AMERICAN FOUNDRY SOCIETY Understanding Cast Irons, Engineered Castings Solutions, p.28,29, Spring/Summer 1999
8. STELLER, I.W. et al. - Computer-Aided Graphite Classification: An Approach for International Standardization. AFS Transactions, 2005
9. GOODRICH, G. M. Iron Alloys, AFS Casting Source Directory, p.13-18, 2009
10. GUESSER, W.L. & GUEDES, L.C. Desenvolvimentos Recentes em Ferros Fundidos Aplicados à Indústria Automobilística, Seminário da Associação de Engenharia Automotiva – AEA, São Paulo, SP-BR, 1997
11. VANDER VOORT, G.F. – Microstructure of Ferrous Alloys. Chapter 3 of the book Analytical Characterization of Aluminum, Steel, and Superalloys. Pub. Taylor & Francis Group, 2005
12. EVANS, E.R. & DAWSON, J.V. Compacted Graphite Cast Irons and their Production by a Single Alloy Addition, AFS International Cast Metals Journal, v.1, nr.2, p.13-18, June 1976
13. IRVING, R. Compacted Graphite: That New Iron Casting Material. Iron Age, 6p., May 1980
14. GUESSER, W.L.; DURAN, P.V. & KRAUSE, W. Compacted Graphite Iron for Diesel Engine Cylinder Blocks, Congrès Le Diesel: aujourd'hui et demain – Ecole Centrale Lyon - FR, 11p., May 2004
15. DAWSON, S. & INDRA, F. – Compacted Graphite Iron - A New Material for Highly Stressed Cylinder Blocks and Cylinder Heads, 28. Internationales Wiener Motorensymposium, 2007
16. DAWSON, S. Viewpoint – CGI, Automotive Engineer, p.6, Jan. 2015
17. AFS CASTING SOURCE STAFF REPORT – Ductile Iron Advancements for Reducing Weight, Casting Source, Sep/Oct 2023
18. ISO 945-1 Microstructure of Cast Irons - Part 1: Graphite Classification by Visual Analysis, 2019
19. ISO 185 Grey Cast Irons – Classification, 2020
20. ISO 1083 Spheroidal Graphite Cast Irons - Classification, 2018
21. ISO 16112 Compacted (Vermicular) Graphite Cast Irons – Classification, 2017
22. QIT AMERICA – Ductile Iron Data for Design Engineers. 1990

2. EL CONTROL DE LAS VARIABLES DEL PROCESO METALÚRGICO PARA LA OBTENCIÓN DEL MATERIAL ESPECIFICADO

El objetivo de la definición o establecimiento del proceso metalúrgico, como parte del desarrollo de una pieza fundida, es la obtención de las microestructuras de los materiales que permitan alcanzar las propiedades mecánicas y físicas especificadas por el cliente. La microestructura es también un factor fundamental para las operaciones de maquinado y tratamientos térmicos, usualmente posteriores a la fundición, que dan origen a los componentes terminados.

Las características especificadas para las piezas de hierros fundidos se logran mediante el control de variables relacionadas con las reacciones de transformación de fase que ocurren durante todo el proceso de solidificación y enfriamiento de las piezas.

Entre estas variables de proceso, se destacan la composición química, la velocidad de enfriamiento de la pieza y la intensidad de nucleación del baño metálico, por su influencia en la cantidad, morfología y distribución del grafito y de las células eutécticas. Estos factores, junto con la estructura de la matriz metálica, la presencia o ausencia de carburos, así como la incidencia de defectos microestructurales de contracción o relacionados con escorias y gases, contribuyen a la obtención de las propiedades especificadas. El cuadro I presenta un resumen de los elementos determinantes para alcanzar este objetivo. El cuadro II muestra la interrelación de las variables de proceso y operacionales.

VARIABLES PRINCIPALES

- **Composición química**
- **Intensidad de nucleación**
- **Velocidad de enfriamiento de las piezas**

FACTORES LIGADOS A LAS PROPIEDADES

- Cantidad, morfología y distribución del grafito
- Presencia o ausencia de carburos
- Estructura de la matriz metálica (en general, la relación perlita / ferrita)
- Formación de defectos microestructurales:
  - Inclusiones;
  - Fases fragilizantes en el contorno de células eutécticas;
  - Porosidades (gases, rechupes de contracción secundaria), y
  - Microgrietas asociadas a tensiones residuales

VARIABLES DE OPERACIÓN

- Selección de materias primas
- Control del proceso en la fusión:
  - Adiciones y correcciones en el horno;
  - Acondicionamiento del baño liquido para el control de la nucleación y de los contenidos de oxigeno y nitrógeno;
  - Reacciones de formación de escoria (horno y olla), y
  - Temperaturas y tiempos de mantenimiento del baño liquido en el horno (sobrecalentamiento)
- Selección de productos y técnicas de inoculación
- Diseño de piezas y sistemas de canales y alimentadores
- Materiales de moldeo, corazones y su pintura (para control del enfriamiento y reacciones metal/molde)
- Realización de tratamientos térmicos

CUADRO I: Factores que determinan la obtención de propiedades mecánicas y físicas en hierros fundidos grafíticos [1]

Para entender el efecto que cada variable tiene sobre las reacciones de transformación de fase y posibilitar la elaboración de un plan de control de proceso a ser utilizado en la producción de piezas, se hace necesario examinar lo que ocurre durante la solidificación de los hierros fundidos, principalmente durante la transformación eutéctica.

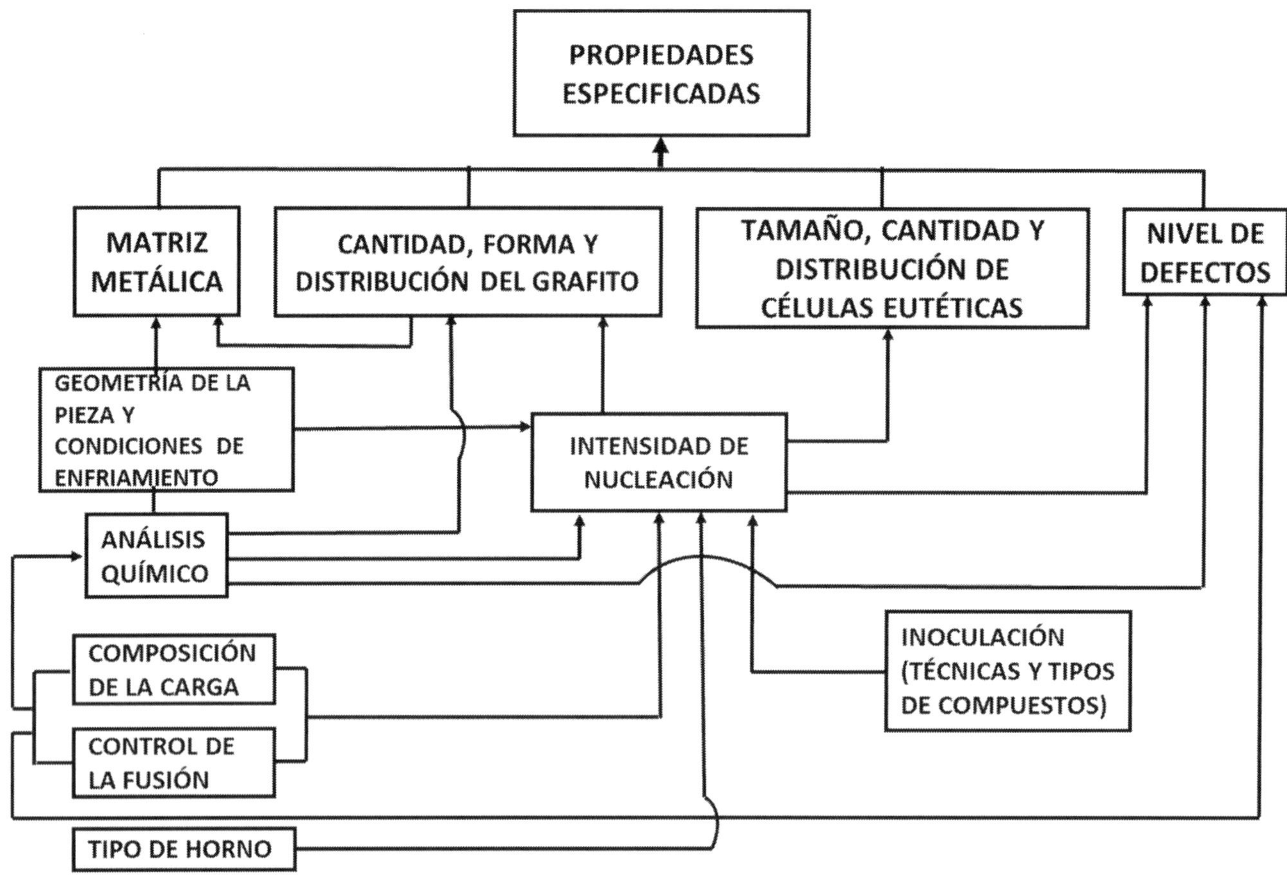

CUADRO II: Interrelación de las variables de proceso y operacionales que permiten alcanzar la especificación de propiedades en hierros fundidos grafíticos [1]

2.1 VARIABLES EN LA SOLIDIFICACIÓN DE LOS HIERROS FUNDIDOS CON GRAFITO

Tradicionalmente, la solidificación de los hierros fundidos se introduce mediante el estudio del diagrama de equilibrio Fe-C, que mapea las regiones de estabilidad de cada fase o mezcla de fases, en función de la temperatura y de la composición de la aleación en cuestión, y donde se visualizan las reacciones eutécticas y eutectoides (estable y metaestable) mencionadas en el capítulo 1.

No obstante, como los hierros fundidos comerciales son básicamente aleaciones Fe-C-Si, el estudio de la solidificación estaría vinculado a la evaluación del diagrama ternario Fe-C-Si. El análisis de las secciones Fe-C de este diagrama ternario permite verificar que, además de las modificaciones en las líneas que representan el equilibrio entre las fases, el porcentaje de carbono del punto donde ocurre la reacción eutéctica (punto eutéctico) disminuye a medida que aumenta el contenido de silicio, tanto para la reacción eutéctica estable como para la metaestable.

Modificaciones de esta naturaleza también se observan con la presencia de otros elementos químicos, lo que complicaría en gran medida el examen de los diagramas de fase.

Se ha verificado, sin embargo, que es posible corregir el contenido de carbono del punto eutéctico, teniendo en cuenta la presencia de otros elementos químicos, con énfasis en el silicio, normalmente el más predominante de la composición química básica, y así analizar, en primera instancia, la solidificación de los hierros fundidos únicamente mediante el uso del diagrama Fe-C clásico. Es importante señalar que este procedimiento se considera válido al menos con respecto a la transformación eutéctica, dado que las modificaciones en la región donde ocurre la reacción eutectoide son más profundas, no siendo posible este tipo de simplificación [1].

La mencionada corrección del carbono del punto eutéctico se realiza mediante lo que se denomina el **carbono equivalente (CE)**[2]. Su expresión más utilizada es la siguiente.:

$$CE = \%C + {}^{\%Si}/_{3} + {}^{\%P}/_{3}$$

La figura 1 muestra el diagrama de equilibrio considerando el carbono equivalente.

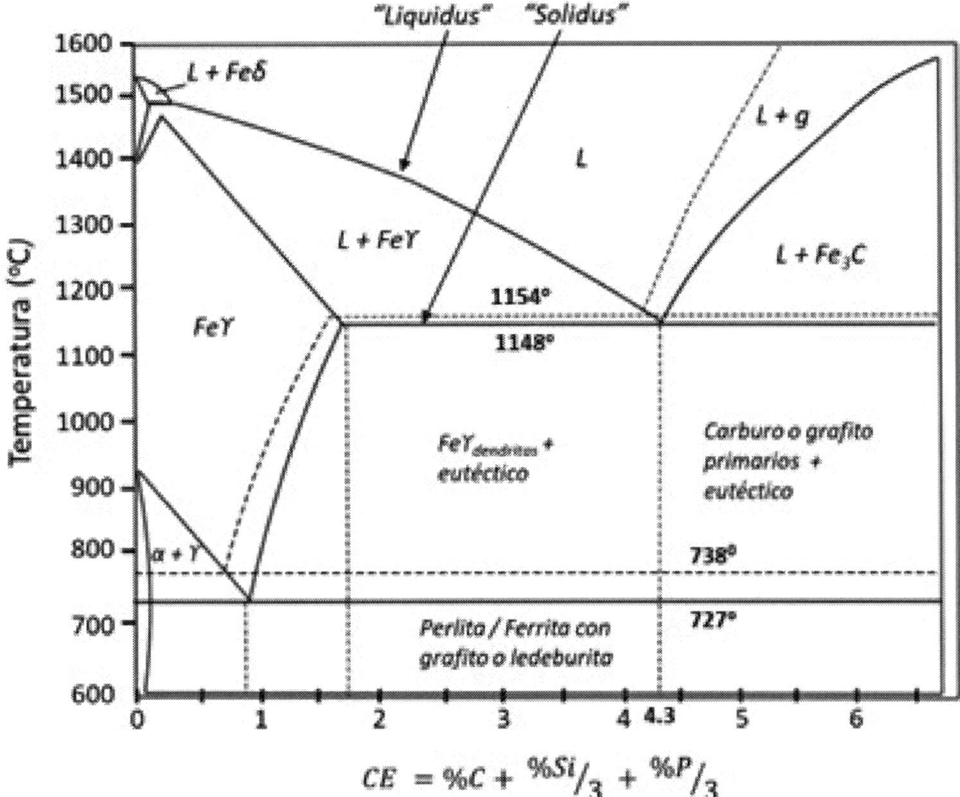

Fig.1: Diagrama de equilibrio simplificado Fe-CE adaptado del diagrama de fases Fe-C [2-6]

Considerando que el CE del punto eutéctico es siempre igual al verificado en el diagrama binario Fe-C, es decir, aproximadamente **4.3%**, sería posible prever la secuencia de solidificación de los hierros fundidos mediante la comparación del CE con el del punto eutéctico. Así, las aleaciones hipereutécticas tendrían CE > 4.3% y las aleaciones hipoeutécticas CE < 4.3%.

Otra forma de expresar la composición de los hierros fundidos en relación con la composición eutéctica es mediante el **grado de saturación (Sc)**[2], que representa la relación entre el porcentaje de carbono total de la aleación y el contenido de carbono del eutéctico, como se muestra a continuación:

$$Sc = \frac{\%C}{4.3 - 1/3(\%Si + \%P)}$$

Cabe destacar que existen expresiones más detalladas para el cálculo de los parámetros anteriores, que consideran la influencia relativa de varios otros elementos químicos[6]. Sin embargo, para hierros fundidos con bajos contenidos de elementos de aleación, se suelen utilizar las expresiones presentadas anteriormente.

Los elementos químicos que actúan de la misma manera que el silicio, como el níquel y el cobre, se denominan grafitizantes, por facilitar la precipitación del grafito. Estos también amplían la franja entre las temperaturas de los eutécticos estable y metaestable.

Elementos como el cromo y el vanadio, que promueven la formación de carburos, hacen que esa franja sea más estrecha. Otros elementos aumentan o disminuyen las temperaturas de los eutécticos estable y metaestable, facilitando o dificultando la formación de grafito durante la reacción eutéctica, como se observa en la figura 2.

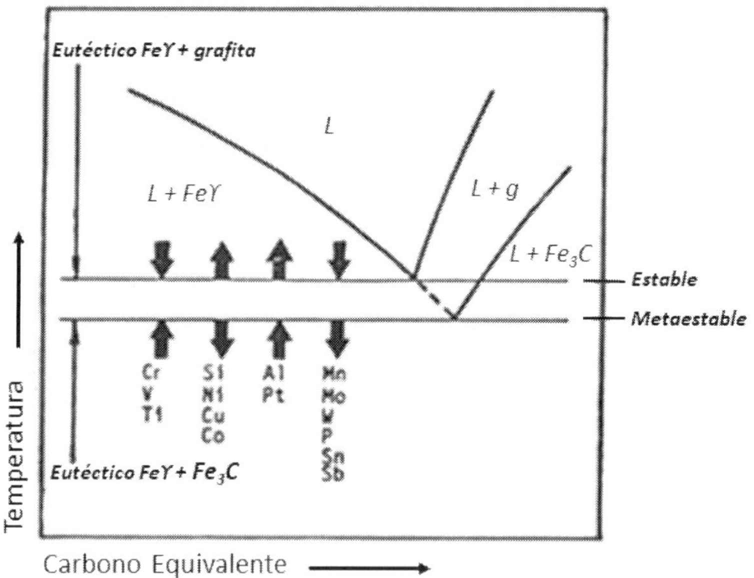

Fig.2: Influencia de los elementos químicos en las temperaturas de equilibrio de los eutécticos estable y metaestable (7,8)

Las reacciones de transformación de fase, sin embargo, no ocurren, por regla general, cuando se alcanzan las temperaturas de equilibrio, a pesar de que las condiciones termodinámicas sean favorables. Esto se debe al hecho de que dichas transformaciones involucran procesos de nucleación y crecimiento de las nuevas fases, lo cual requiere una energía de activación para que se produzcan.

En la solidificación, la nucleación es un proceso térmicamente activado, siendo por esta razón indispensable un determinado **sobre-enfriamiento** con respecto a la temperatura de equilibrio, para que los primeros núcleos estables se formen y puedan, en un tiempo limitado, alcanzar un tamaño crítico (en términos de estabilidad) y dar continuidad a la transformación de fase.

El sobre-enfriamiento **(ΔT)** es directamente proporcional a la velocidad de nucleación (N) y a la velocidad de crecimiento (G), siendo inversamente proporcional al radio crítico (R) que permite estabilizar el núcleo de cristalización. Así, cuanto mayor sea, mayor es la probabilidad de que la solidificación ocurra, sin considerar, sin embargo, otros factores que afectan la nucleación.

La formación del grafito, independientemente de su forma, se produce a partir de núcleos que son principalmente óxidos, sulfuros, oxísulfuros, nitruros y carbonitruros, cuya composición varía según el proceso de fabricación de los distintos tipos de hierro fundido. Como ejemplo, el óxido de magnesio actúa de manera importante en la solidificación de SGI y CGI, donde se realizan adiciones de magnesio para modificar la morfología del grafito. También podrían participar como núcleos partículas residuales de grafito o burbujas de gas.

Los factores que determinan la efectividad de estas diferentes partículas como núcleos de formación de grafito están relacionados con:

- **el tipo de horno** – los hornos eléctricos presentan un mayor grado de agitación del baño durante la fusión y el mantenimiento a las temperaturas previas al vaciado en comparación con el cubilote, tendiendo a destruir núcleos que se forman. El cubilote, por otro lado, propicia condiciones grafitizantes y de formación de sulfuros en el baño, como resultado del uso del coque como combustible y parte de la carga;

- **el control de la fusión en relación con el historial térmico** – el tiempo y la temperatura de mantenimiento del baño metálico afectan las condiciones para el control del nivel de oxígeno (azufre y nitrógeno en ciertos casos), así como la formación y mantenimiento de núcleos con tamaño crítico en cantidad adecuada (o la destrucción de dichos núcleos);

- **la composición química, el proceso de fabricación de los distintos tipos de hierros fundidos y los materiales de carga empleados** – en lo que se refiere a la presencia de elementos químicos que favorecen o no la reacción eutéctica estable, que contribuyen a la formación de núcleos o que interfieren positiva o negativamente en el proceso de crecimiento del grafito, y

- **el proceso de inoculación**, que consiste en la adición, durante el vaciado, de ferroaleaciones a base de silicio con la presencia de diversos elementos químicos como Ca, Ba, Zr, Sr, Al, entre otros, con el objetivo de crear microzonas ricas básicamente en silicio, donde se potencia y agiliza la formación de núcleos para la cristalización del grafito.

Teniendo en cuenta la influencia de los factores relacionados con la nucleación y el efecto de los elementos químicos en la configuración del diagrama de equilibrio, además del hecho de que la velocidad de enfriamiento en el molde no refleja las condiciones de equilibrio termodinámico durante la solidificación, debe emplearse el diagrama **únicamente como una indicación** de lo que cabría esperar como resultado de la reacción eutéctica.

2.1.1 El Análisis Térmico y la Reacción Eutéctica

El seguimiento de la solidificación en los hierros fundidos se realiza mediante curvas de temperatura (T) X tiempo (t) obtenidas por la técnica de análisis térmico. Representando el enfriamiento de las aleaciones en función del tiempo, esta técnica permite contemplar todos los eventos pertinentes al proceso de solidificación, así como evaluar e interpretar la influencia de los factores cinéticos y el efecto de las variables de proceso.

El análisis térmico consiste en el vaciado del metal líquido en moldes estándar ("copas"), fabricados normalmente de material refractario con termopares. Estas "copas" presentan características diferentes, dependiendo de la propiedad que se desea observar, medir o interpretar. Las temperaturas se registran en curvas y se muestran en pantallas de computadora. Los resultados se procesan mediante softwares con diversos objetivos que permiten su utilización en el control del proceso de fabricación de los distintos hierros fundidos. Se vuelve posible [9]:

- la determinación del CE, del contenido de carbono y, de manera menos precisa, del contenido de silicio [10];

- la determinación y control del grado de nucleación del baño líquido y sus efectos en la morfología, cantidad y distribución del grafito, y su influencia posterior en la matriz metálica;

- la estimación de la tendencia a rechupes y autoalimentación en las piezas;

- la estimación de propiedades mecánicas a tracción, y

- la determinación de la forma del grafito, que permite el monitoreo y el control del proceso de fabricación industrial de hierros fundidos con grafito compacto (CGI).

➢ *La determinación del grado de nucleación*

La figura 3 ilustra una curva de enfriamiento genérica obtenida mediante análisis térmico, indicando los parámetros que serán utilizados para las evaluaciones del proceso de solidificación.

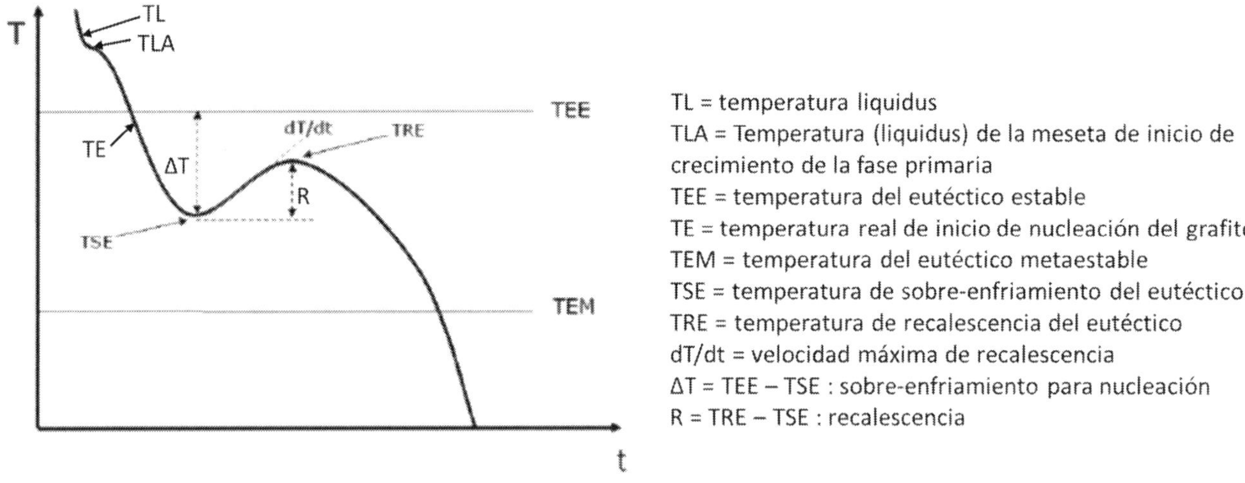

Fig.3: Ejemplo de curva de enfriamiento (T x t) para hierros fundidos comerciales [(9)]

La nucleación de austenita primaria en los materiales hipoeutécticos se inicia después de un pequeño sobre-enfriamiento en relación con TL. Se observa una meseta que modifica la inclinación de la curva de enfriamiento (temperatura TLA), causada por el calor liberado en esta etapa inicial de formación de fase sólida. La austenita comienza entonces a crecer en contacto con el líquido, que progresivamente se va enriqueciendo en carbono.

La nucleación y el crecimiento de las células eutécticas con grafito y austenita solo comienzan a producirse en TE, por debajo de la temperatura prevista por el diagrama de equilibrio. El baño va sobre-enfriándose en relación con TEE y, al mismo tiempo, el calor latente originado por la solidificación va siendo liberado. Cuando el calor liberado se iguala a la velocidad de extracción de calor, la curva alcanza un "punto mínimo" o meseta, que caracteriza la temperatura de sobre-enfriamiento del eutéctico (TSE).

El nivel de sobre-enfriamiento (ΔT), definido por la diferencia entre la temperatura del eutéctico estable (TEE) y TSE, se considera el primer parámetro fundamental para viabilizar el acondicionamiento o pretratamiento del baño líquido, posibilitando el control de su grado de nucleación, así como la previsión del nivel de inoculación durante el vaciado. Su determinación, antes y después de procesados los tratamientos de modificación de la forma del grafito, cuando corresponda, y de la inoculación, se considera esencial en el plan de control de proceso en la fabricación de hierros fundidos.

Como ya se discutió anteriormente, debido a la influencia de varios elementos químicos, no sería posible considerarse el valor de TEE indicado por el diagrama de equilibrio. La fórmula siguiente tiene en cuenta el efecto del silicio y del fósforo [(11)].

$$TEE\ (°C) = 1171 - 30\ [1 + \%P - \left(\%\frac{Si}{4}\right)]$$

Sin embargo, dependiendo del equipo y del software utilizados para el análisis térmico, se adoptan temperaturas en el rango de 1150 a 1154 °C como TEE para el cálculo de ΔT, lo cual resulta adecuado para la comparación de materiales y la determinación del control del baño metálico en el horno, así como del metal final tras un eventual tratamiento con elementos nodulizantes e inoculación.

De manera aproximada , particularmente para la producción de hierros fundidos grises, **ΔT ≤ 10 °C** indica un baño líquido en el horno muy nucleado. En cambio, **ΔT ≥ 25 °C** refleja un grado de nucleación demasiado bajo.

A partir de TSE, el crecimiento de las células eutécticas se acelera, liberando el calor latente de la transformación de fase a velocidades que pueden ser mayores que la capacidad de extracción de calor de la probeta para análisis térmico (en las piezas – por el molde y, al inicio, por los corazones, los sistemas de canales y las mazarotas). Como consecuencia, la curva presenta un aumento de temperatura, que proviene de una "recalescencia" del sistema.

La colisión de las células eutécticas en mayor número y la consecuente reducción de su velocidad de crecimiento va limitando la liberación de calor, alcanzándose un pico de inflexión denominado temperatura de recalescencia del eutéctico – TRE. El parámetro definido por la diferencia entre TRE y TSE se denomina sobre-enfriamiento de la recalescencia del eutéctico (R).

TRE tiende a aproximarse a TEE en la curva. Valores más altos de **R** son indicaciones complementarias de niveles de nucleación adecuados. Sin embargo, deben considerarse junto con las mediciones de ΔT y, posteriormente, con su correlación con el número de células eutécticas y la forma del grafito en las probetas normalizadas, y los mismos parámetros en curvas obtenidas después de realizar la inoculación.

Se observa que valores de **R < 7 °C** están típicamente asociados a grados de nucleación en el horno excesivos (ΔT ≤ 10 °C) o muy bajos (ΔT ≥ 25 °C). Valores de **R entre 8 y 12 °C** usualmente se encuentran cuando el grado de nucleación en el horno se considera ideal (ΔT entre 15 y 20 °C) [(12-14)]. Estos valores de ΔT y R pueden utilizarse como referencia para definir los niveles adecuados para el metal base destinado a la producción de SGI y CGI, cuyas curvas de enfriamiento después del tratamiento con nodulizantes e inoculación varían con respecto al gris, como se comenta a lo largo de este texto.

Es importante destacar que, dependiendo del material (composición química base y presencia de elementos de aleación), del tipo de pieza (principalmente su geometría) y de la naturaleza y características de los moldes y corazones utilizados, los valores de ΔT y R considerados ideales pueden variar.

Para reducir la nucleación en el metal líquido en horno de inducción y alcanzar los rangos ideales de ΔT y R, se sugiere aumentar el tiempo de sobrecalentamiento (ver capítulo 5), prestando atención a la variación en los contenidos de oxígeno disuelto. La manera más sencilla, sin embargo, es proceder a una adición de chatarra de acero al baño (no más del 5% de la carga), monitoreando la variación del carbono, con corrección mediante carburante de baja cristalinidad (ver capítulo 6), si fuera necesario.

Para aumentar la nucleación en el baño líquido, se puede añadir arrabio (no más del 5% de la carga). El inconveniente de esta adición es el desbalance en el contenido de carbono y el incremento en el contenido de silicio, normalmente ya ajustado en el baño para recibir los tratamientos con nodulizantes y/o inoculación. El aumento del Si también es lo que impide la adición de Fe-Si al baño como grafitizante. Considerando este problema, es necesario evaluar la adición de productos denominados "preacondicionadores".

El método preferido para preacondicionar el baño sería la adición de carburo de silicio metalúrgico a la carga (generalmente entre 0.05% y 2.0%)[(15)]. El SiC, aun en cantidades reducidas, potencializa de manera importante el grado de nucleación en el baño. Debido a la pequeña adición, no se alteran significativamente los rangos de Si y C predeterminados. No obstante, cabe señalar que el SiC es de difícil solubilización en el metal líquido y, en general, no deben realizarse adiciones en el baño líquido ni en ollas de transferencia o de vaciado.

Adicionalmente, si es necesario aumentar o complementar el potencial de nucleación del baño líquido, existen productos comerciales para preacondicionamiento, que pueden añadirse incluso cuando el horno está a punto de transferir metal a las ollas. Estos agentes pueden contener como componentes Ce, Zr y Mn, mientras que otros pueden incluir Ba y Al, como por ejemplo el producto con 63% Si; 8.3% Ba; 1.4% Al y 0.13% Ca[32]. Es necesario, sin embargo, monitorear el nivel y balance de silicio

Aunque toda la transformación indicada en la curva de enfriamiento esté por encima de la temperatura del eutéctico metaestable, lo que señala la ausencia de carburos, debe destacarse que la heterogeneidad de la geometría de las piezas, las características del sistema de alimentación y corazones, así como el tipo de hierro fundido (gris, SGI o CGI), hacen que la determinación de los parámetros que indican un grado de nucleación ideal posterior a la inoculación sea un proceso más complejo. Debe considerarse la macro-solidificación de los hierros fundidos y la posibilidad de aparición de rechupes durante las contracciones primaria y secundaria. Este aspecto se discute posteriormente.

- ***El análisis térmico y la morfología del grafito***

El cuadro II anterior, que presenta la interrelación de las variables, busca mostrar la influencia de las llamadas variables principales en las características microestructurales que permiten la obtención de las propiedades especificadas. Es fácil verificar que únicamente la composición química no es suficiente para alcanzar dichas propiedades.

Sin embargo, teniendo en cuenta que la velocidad de enfriamiento para un cierto tipo de pieza a fabricar está definida por su geometría, por el tipo de molde y conjunto de corazones, por la temperatura y el tiempo de vaciado, y que el procedimiento de fusión puede ser estándar y controlado (tipo de horno, tiempos y temperaturas de sobrecalentamiento, mantenimiento del baño, así como los contenidos de oxígeno, azufre y nitrógeno disueltos), las variables que se vuelven operacionales en la producción y más importantes en el control de la solidificación pasan a ser el grado de nucleación, definido en el horno y afectado posteriormente por el nivel de inoculación estipulado, y la composición química, que considera:

- los elementos químicos de la composición química base y de aleación;
- los elementos nodulizantes añadidos para la modificación de la forma del grafito, siendo usualmente el Mg, Ce + tierras raras los más importantes, y
- el nivel de elementos residuales, normalmente asociados a diversos defectos microestructurales y a la degeneración de la forma prevista del grafito.

Como ya se comentó, en términos de análisis térmico, las curvas de enfriamiento reflejan el crecimiento de la austenita y del grafito considerando todos los factores involucrados, tanto químicos como relacionados con la nucleación.

Con este concepto en mente, se define el parámetro **Grado de Modificación**, que vincula el efecto de las adiciones nodulizantes y la influencia de los elementos dañinos en la formación de los grafitos nodular y compacto (O, S, Ti, entre otros). El grado de modificación aumenta a medida que el nivel de los elementos nodulizantes se eleva o estos se vuelven preponderantes frente a la acción de los elementos nocivos [16].

La figura 4 muestra la influencia del grado de modificación en la estructura de los hierros fundidos en función del nivel de inoculación, cuyo efecto de sobre-enfriamiento constitucional, conferido por las microrregiones ricas en silicio en la interfaz de crecimiento del grafito, también modifica la morfología del grafito, favoreciendo la formación de grafito compacto o nodular[17].

Es importante recordar que, en este caso, la velocidad de enfriamiento debe de ser definida para que se pueda estudiar la figura 4, debido a la sensibilidad de la estructura a su variación. El aumento de la velocidad de enfriamiento modifica el crecimiento del grafito, contribuyendo a la formación de grafito esferoidal(17) e intensificando, al mismo tiempo, la tendencia a la formación de carburos. Velocidades de extracción de calor más bajas ocasionan el efecto inverso.

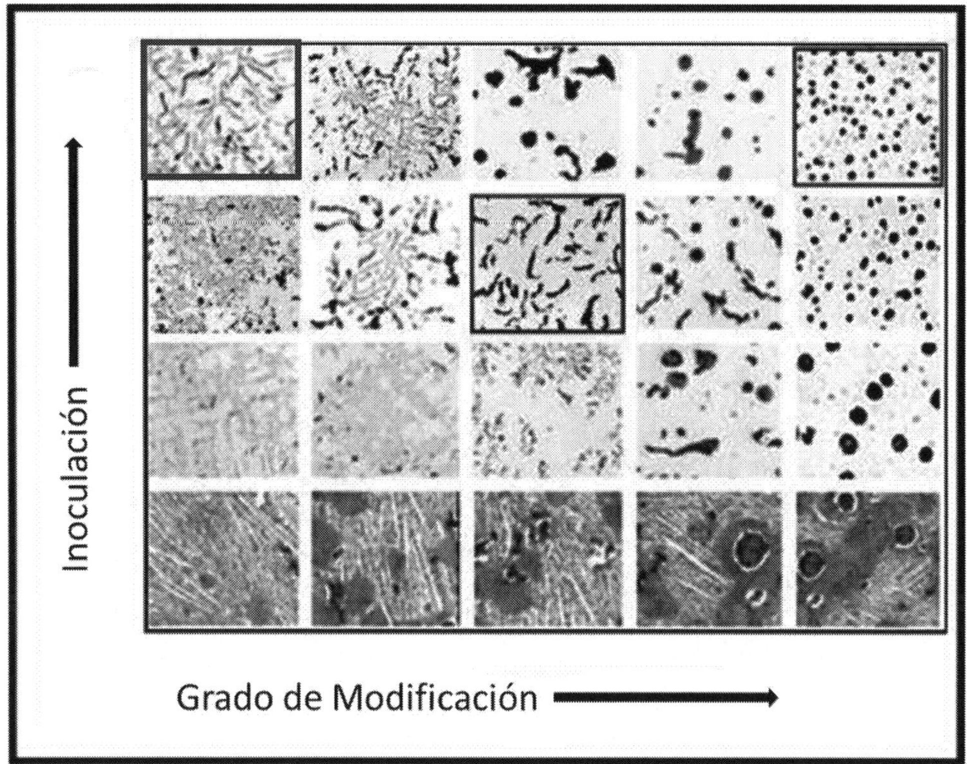

Fig.4: Alteración de la estructura y morfología del grafito en hierros fundidos como consecuencia del aumento del grado de modificación en función de la inoculación (16)

Se observa en esta figura que la estructura y forma del grafito laminar en los hierros fundidos grises, en el punto donde el grado de modificación es nulo o muy bajo (ausencia de tratamiento con nodulizantes), dependerá únicamente del grado de nucleación.

Aquí, en el ejemplo, un material con grafito tipo A se obtiene en el cuadrante superior, que coincide con la inoculación más elevada y corresponde a valores de ΔT y R asociados a grados de nucleación adecuados. Las posiciones intermedias muestran la presencia de otros tipos de grafito asociados a un mayor sobre-enfriamiento.

Cabe resaltar que el cuadrante inferior indica la formación masiva de carburos, lo que señala que el grado de nucleación en el horno o después de la inoculación fue demasiado insuficiente, conduciendo a un ΔT muy elevado que superó la temperatura del eutéctico metaestable durante la solidificación y el enfriamiento. Si el metal líquido en el horno hubiera sido acondicionado para presentar un nivel de nucleación ideal, no habría presencia de carburos en ninguno de los cuadrantes, que mostrarían básicamente grafito tipo A, con vetas más cortas y gruesas en los niveles de inoculación más altos.

En este contexto, la definición del nivel de inoculación y de los rangos de ΔT y R del metal final debe considerar la cantidad de células eutécticas necesaria para establecer la homogeneidad estructural y reducir la influencia de la velocidad de enfriamiento en diferentes áreas de la pieza fundida, además del comportamiento de las curvas de solidificación con respecto a la posible formación de rechupes de contracción secundaria.

Aumentos en el grado de modificación, asociados a mayores niveles de inoculación, conducen a la formación de grafito nodular, lo que hace que la estructura del SGI con grafito en nódulos superiores al 95% sea bastante fácil de lograr. El control de ambos parámetros, vinculado a las condiciones de nucleación en el horno, permite obtener el número de nódulos suficiente para minimizar la heterogeneidad de las secciones de las piezas, evitando defectos microestructurales (áreas segregadas, micro-rechupes y degeneración o fluctuación del grafito nodular) y contribuyendo a la generación de matrices metálicas variadas, con o sin la presencia de elementos de aleación. En la figura 4, una distribución de nódulos ideal puede observarse en la esquina superior derecha.

Para cumplir, sin embargo, con las especificaciones en la producción de CGI, es decir, porcentaje de nódulos menor al 20% y ausencia de grafito laminar, se observa un mayor nivel de compromiso entre la inoculación y el grado de modificación para lograr la estructura deseada, como se ejemplifica en el tercer cuadrante en relación con cada eje de la figura 4. Para una misma velocidad de extracción de calor y nivel de inoculación, un grado de modificación bajo lleva al riesgo de formación de láminas de grafito, mientras que la proporción de nódulos aumenta si el grado de modificación es alto. Los incrementos en la inoculación también provocan la formación de nódulos de grafito.

Para el CGI, en producción industrial, el objetivo siempre será obtener valores elevados de CE y de grado de nucleación en el baño líquido del horno, con el fin de reducir la necesidad de inoculación. Como estrategia general, de acuerdo con el proceso utilizado por SinterCast, se realiza un tratamiento de modificación del hierro base con una cantidad insuficiente de Mg, de tal modo que las variables que afectan el crecimiento del grafito y el grado de modificación no se combinen resultando en un "supertratamiento". Luego se monitorea cada olla de vaciado mediante la curva de enfriamiento obtenida por análisis térmico, corrigiéndose el nivel de inoculación y las adiciones suplementarias de magnesio al metal, con el objetivo de alcanzar la estructura objetivo antes de liberar el metal a la línea de vaciado[16].

El crecimiento de la austenita, en realidad el principal componente de liberación de calor durante la transformación de fase, está controlado por las velocidades de consumo de carbono de la solución líquida por el grafito, que son diferentes según el mecanismo de crecimiento de los tipos de grafito: laminar, esferoidal o compacto. Las distintas velocidades de liberación de calor resultarán en curvas de enfriamiento características para las diferentes familias de hierro fundido.

El hierro fundido gris presenta un crecimiento cooperativo de la austenita y el grafito. Cada núcleo da origen a una célula eutéctica en la que una estructura "árbol" laminar de grafito está rodeada por austenita. En este caso, las láminas (vetas en las micrografías) crecen en contacto directo con el líquido, lo que permite un crecimiento rápido que no exige un sobre-enfriamiento elevado.

En contraste, el crecimiento del grafito esferoidal se produce de manera divorciada. Los nódulos, una vez formados, son eventualmente rodeados por austenita y crecen por difusión de carbono a través de la capa de austenita sólida. Este proceso de crecimiento lento provoca la necesidad de un mayor número de núcleos y de sobre-enfriamientos más elevados en comparación con los hierros grises.

En el CGI, el mecanismo de crecimiento del grafito compacto guarda mayor similitud con el de los hierros fundidos grises que con el de los nodulares. El grafito compacto crece en células eutécticas de mayor tamaño que las de los grises, donde láminas gruesas con superficie rugosa ("árboles de coral" – fig. 5) también están en contacto directo con el líquido, proporcionando una mayor velocidad de crecimiento del eutéctico en relación con los nodulares. En la micrografía se observan "vermículos" gruesos.

Puede decirse que la mayor diferencia entre el crecimiento del grafito en el CGI con respecto al gris sería una ramificación bastante limitada de las láminas o "corales"[18].

Dado que se evita inocular de manera agresiva los CGI para reducir la propensión a la formación de nódulos (ver figura 4), los sobre-enfriamientos observados en las curvas de enfriamiento suelen ser mayores que los relacionados con los nodulares, para los cuales el límite de la eficiencia de la inoculación está ligado únicamente a la prevención de la formación de micro-rechupes.

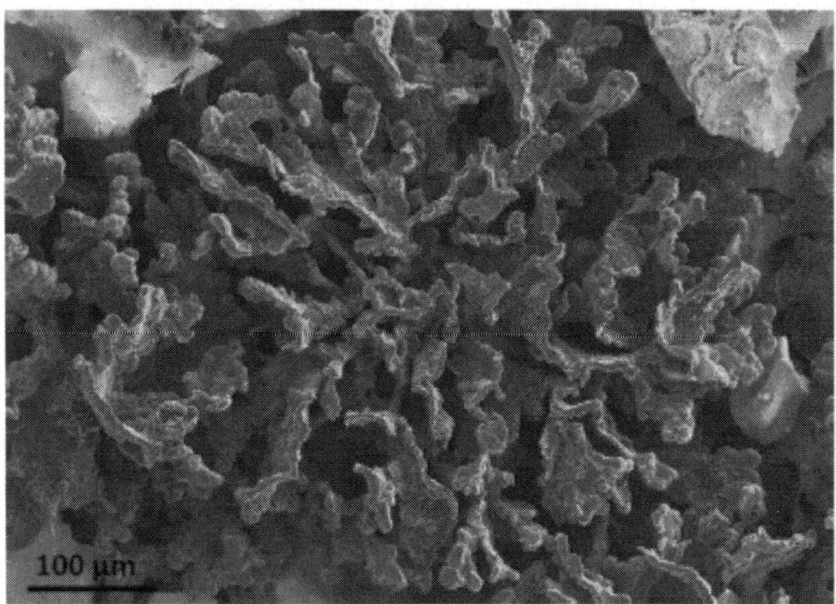

Fig.5: Célula eutéctica de CGI observada con microscopio electrónico de barrido tras ataque químico profundo para eliminar la matriz metálica[18]

Las particularidades de las curvas de enfriamiento ejemplificadas en la figura 6 son resultado del comportamiento específico de la solidificación de los tipos de hierros fundidos grafíticos comentado anteriormente y determinado por el modo de crecimiento del grafito. La curva para el hierro fundido blanco muestra que la solidificación eutéctica ocurre por debajo de la temperatura del eutéctico metaestable, con el mayor ΔT en comparación con los otros hierros fundidos.

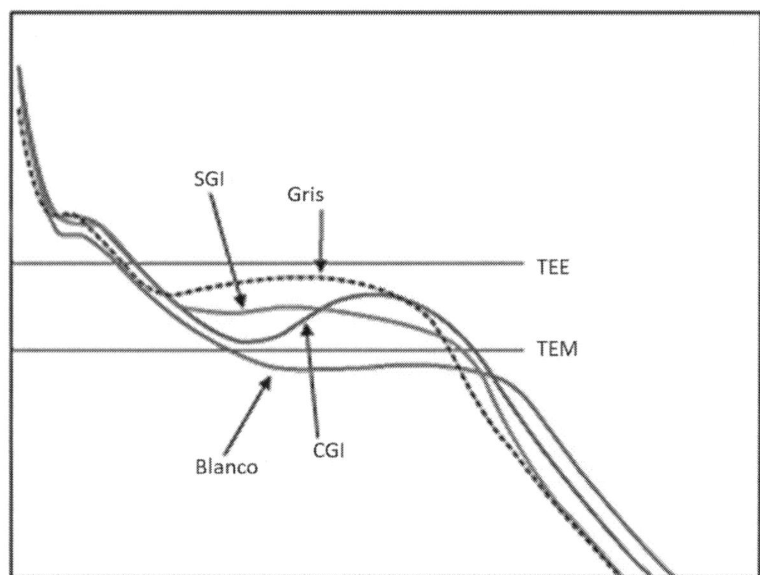

Fig.6: Curvas de enfriamiento típicas para los tipos de hierro fundido con CEs similares a efectos de comparación[9]

La indicación de la forma del grafito a través de las curvas de enfriamiento ejemplificadas en la figura 6 requiere, además de señalar los puntos de inicio y fin de las transformaciones de fase, la determinación y cómputo de otros parámetros relacionados con el final de la solidificación. Para ello se utiliza el análisis térmico diferencial – ATD, donde se calculan las curvas correspondientes a la primera y segunda derivadas de la curva de enfriamiento (T x t). La primera derivada podría entenderse como representativa de la velocidad de enfriamiento, mientras que la segunda derivada sería la aceleración[19].

La figura 7 presenta la curva de enfriamiento con sus primera y segunda derivadas.

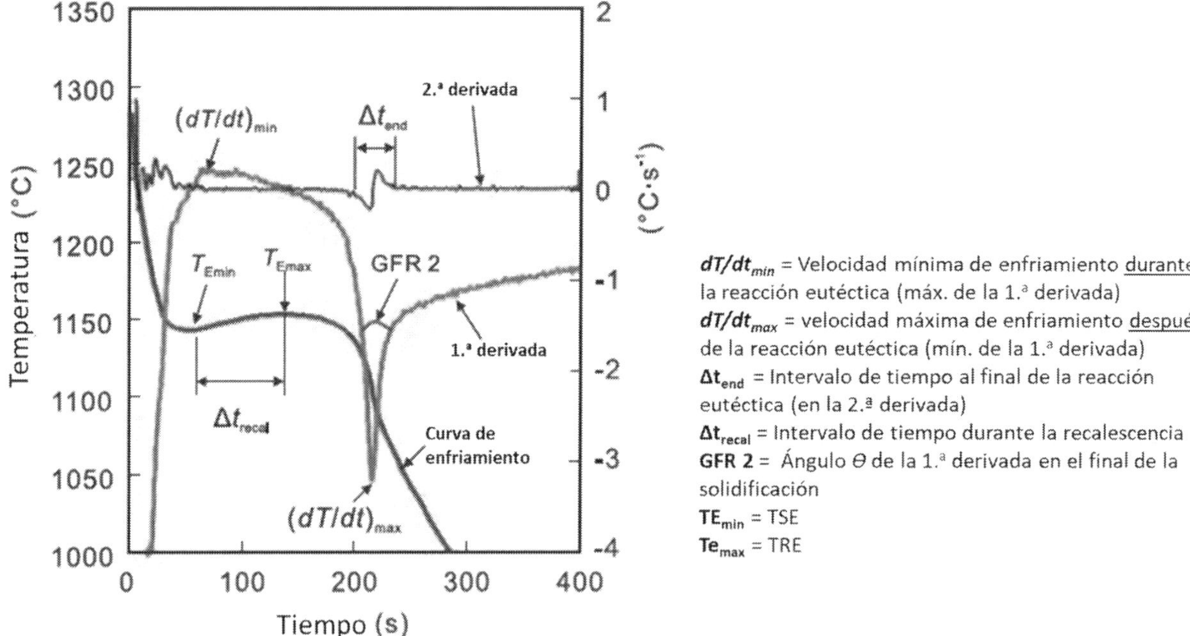

Fig.7: Ejemplo de curva de enfriamiento con las curvas generadas por la primera y la segunda derivadas, obtenidas mediante análisis térmico diferencial [20]

La mayor parte de los equipos de análisis térmico utilizados industrialmente en el control de la producción de hierros fundidos opera con softwares que consideran la primera derivada para la determinación del inicio y del final de la reacción eutéctica. Sin embargo, estudios muestran que la curva de la segunda derivada sería más precisa para la definición de estos puntos[20].

Como se comentó, elementos de la curva de la primera y segunda derivadas relacionados con el final de la solidificación del eutéctico se utilizan para determinar la morfología del grafito.

Se verifica una correlación de alto grado de confiabilidad entre los valores del intervalo de tiempo al final de la reacción eutéctica (ΔTend) y el porcentaje de nodularización. Este aumenta con el incremento de ΔTend. También se observa que el grado de nodularización disminuye a medida que aumenta la velocidad máxima de enfriamiento después de la reacción eutéctica (dT/dtmax)[20]. Adicionalmente, se cita la existencia de fórmulas que consideran el efecto conjunto de estos dos elementos[9]. De manera complementaria, puede relacionarse el ángulo Θ (GFR2 en la figura 7) con la forma del grafito. Las curvas de los hierros fundidos grises, por regla general, muestran ángulos menores en comparación con las de los nodulares[20].

La determinación de la forma del grafito requiere, sin embargo, curvas de enfriamiento con alta resolución. “Copas” de muestreo que proporcionan un enfriamiento rápido de la muestra vaciada no son adecuadas para este propósito, ya que la mayor extracción de calor supera en exceso el nivel de liberación de calor que proviene de la reacción de transformación de fase, afectando también el sobre-enfriamiento. El equilibrio entre estos dos parámetros es necesario para obtener curvas que permitan la identificación e interpretación más precisa de sus parámetros relacionados con la morfología del grafito.

Adicionalmente, para el CGI, la diferencia entre el calor liberado por muestras de material cuya estructura se encuentra dentro o fuera del rango de especificación es muy pequeña, lo que hace necesario el uso de probetas especiales que permitan consistencia y precisión en la determinación de la información requerida por el software.

Las "copas" fabricadas de arena mediante el proceso *"shell molding"*, y presentados en la figura 8, se utilizan esencialmente para la determinación de TLA, ΔT y R (fig. 3). Se controla así el grado de nucleación del metal líquido en el horno y la inoculación de hierros fundidos grises y nodulares [(29)].

Fig.8: "Copas" de arena fabricadas mediante *"shell molding"* utilizados para el análisis térmico de baños líquidos de hornos y hierros fundidos grises (a), hierros fundidos nodulares (b), y fotografía de vaciado en estas "copas" (c)[21)]

Su utilización para la determinación y control de la estructura del grafito compacto, sin embargo, es limitada, debido a variaciones en el comportamiento de la solidificación causadas por factores como: temperatura de vaciado de la muestra, cantidad vaciada y diferentes pérdidas de calor por las paredes, el fondo y el área abierta al aire.

La compañía SinterCast desarrolló una "copa de muestreo" para la producción industrial de CGI. Su objetivo es la determinación y control del grado de modificación del líquido, el efecto de la inoculación y el CE simultáneamente. En particular, las mediciones deben cuantificar la proximidad del grado de modificación con respecto a la transición abrupta del grafito compacto hacia el laminar de los hierros grises, y además prever el desvanecimiento (*fading*) del magnesio[(22, 23)].

La copa patentada (fig. 9-a), que también puede utilizarse para el control preciso del comportamiento de la solidificación del SGI, está fabricada de acero estampado con cavidad esférica y contiene dos termopares: uno en el centro y otro en el fondo, cuyo objetivo es proporcionar condiciones diferentes para las mediciones. Los termopares están protegidos por tubos dentro de la copa de muestreo y eventualmente podrían reutilizarse.

La muestra utilizada para el análisis térmico se obtiene mediante la inmersión de la copa en el metal líquido durante aproximadamente tres segundos (fig. 9-b). El llenado es homogéneo, facilitado por el desbordamiento del exceso de metal a través del anillo superior de la copa, lo que asegura un volumen constante de la muestra. Adicionalmente, la separación entre la doble pared de acero proporciona un aislamiento que regula la pérdida de calor. Al mismo tiempo, la parte superior de la copa minimiza dicha pérdida por radiación en la superficie abierta al aire.

La forma cilíndrico/esférica de la copa, combinada con el hecho de que esta quedase libre durante la solidificación, es decir, no apoyada en una base que disipe calor, promueve la generación de corrientes térmicas de convección en el líquido de la muestra (fig. 9-c), que "lavan" el metal en las paredes internas de la copa.

Las paredes poseen un recubrimiento reactivo que consume magnesio, concebido de tal modo que el contenido de magnesio en la región separada del flujo en el fondo de la copa sea menor que en el centro de la muestra, simulando así el *"fading"* del magnesio en la olla. Como resultado, se torna posible, de manera simultánea, evaluar el comportamiento de la solidificación al inicio del vaciado (a través del termopar localizado en el centro) y al final del vaciado (a través del termopar localizado en el fondo de la copa).

Fig.9: Copa SinterCast de acero estampado (a), inmersión de la copa en el metal líquido (b) y corrientes de convección dentro de la copa (c) [20, 22, 23]

Si la reducción del contenido inicial de Mg lleva al límite del grado de modificación, cuando la estructura tiende a ser laminar, la región del fondo se solidificará como hierro fundido gris, mientras que la parte central muestra la formación de grafito compacto. La figura 10 presenta una sección transversal de la muestra solidificada en la copa, mostrando las dos zonas mencionadas y el tubo de protección del termopar.

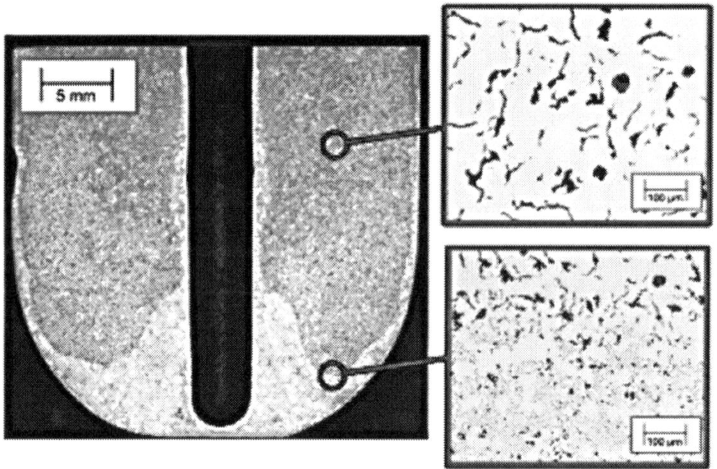

Fig.9: Secção transversal da amostra do copo com ataque químico [22, 24]

En este ejemplo en particular, la pérdida de magnesio en la región del fondo resultó en la formación de grafito laminar tipo D (típico de un sobre-enfriamiento más alto en la solidificación) en matriz ferrítica, debido a la reducida distancia para la difusión del carbono en la reacción eutectoide. La parte central presenta la microestructura típica de CGI.

La información de las curvas obtenidas por los termopares en las dos regiones mencionadas se introduce para interpolación en el dispositivo con el software de control de proceso. A continuación, se determinan las cantidades de magnesio e inoculante (adición automática por alambres tubulares – "cored wires") necesarias para corregir el metal en la olla y garantizar el resultado de grado de modificación deseado o especificado.

Es necesario enfatizar que los parámetros relacionados con el análisis térmico, que han de establecerse en el plan de control de proceso de fabricación durante la etapa de desarrollo del proceso de fundición de las piezas, deben ser resultado de la correlación de los parámetros obtenidos a partir de las probetas de muestreo (copas) con la estructura obtenida en las diferentes secciones de las piezas, o al menos en las áreas consideradas críticas para su funcionamiento de acuerdo con la especificación del cliente. Esto se debe a la sensibilidad del grado de modificación a la velocidad de enfriamiento, la cual varía con la geometría de la pieza, el conjunto de corazones, el material de moldeo y, principalmente, la temperatura y el tiempo de vaciado.

- ***Previsión de la formación de rechupes***

Los hierros fundidos presentan un comportamiento fundamentalmente diferente al del acero en lo que se refiere al aspecto macroscópico de la solidificación, así como a la variación del volumen específico y de la presión interna en el molde con la disminución del porcentaje de líquido, a medida que la temperatura baja.

La solidificación del acero se denomina "*exógena con superficie rugosa*", cuyo atributo es el crecimiento de dendritas en direcciones más o menos paralelas a partir de la interfaz metal/molde hacia el líquido en el interior de la sección/pieza. En cambio, la solidificación eutéctica de los hierros fundidos se caracteriza por el crecimiento de cristales en el interior del líquido, es decir, adelante de la capa de metal solidificado formada junto a las paredes de los moldes y corazones al final del vaciado. Su solidificación se clasifica como "*endógena con carácter pastoso*" [25].

El hecho de que los carbonos equivalentes de los nodulares y de los hierros con grafito compacto comerciales sean más próximos o superiores al del eutéctico en situación de equilibrio proporciona un carácter más pastoso a la solidificación, con formación de una capa sólida menos espesa junto al molde en comparación con los hierros fundidos grises. Para los nodulares, el efecto es mucho más pronunciado, debido al mayor número de núcleos/células eutécticas necesario para la solidificación.

La formación de rechupes (vacíos en el interior de las piezas) se debe a la falta de compensación de la contracción que el metal presenta al solidificarse. Sus características, dimensiones, localización y distribución varían. Se observa que existe un tipo de contracción, no relacionada con la formación de rechupes, que es la contracción del sólido y que ocurre entre el final de la solidificación y la temperatura ambiente. Esta se compensa mediante modificaciones y ajustes en las dimensiones de los modelos de fundición.

La primera parte de la contracción a compensar – *contracción primaria* – es la del metal líquido, que ocurre debido a la disminución de su temperatura entre el final del vaciado y el inicio de la solidificación eutéctica, acompañada por la contracción de la austenita primaria. Esto resulta en la disminución de la presión interna en el molde.

La contracción primaria se compensa usualmente mediante el uso de mazarotas (alimentadores), que son depósitos de metal líquido de formato generalmente cilíndrico conectados a las piezas. Se dimensionan de acuerdo con el módulo de enfriamiento (relación entre el volumen y el área expuesta al enfriamiento) de las secciones que se pretende alimentar. El objetivo es garantizar que su tiempo de enfriamiento sea mayor que el de dichas secciones, estableciendo un gradiente térmico que asegure la dirección del flujo de metal hacia el interior de la pieza.

La cantidad de mazarotas empleados y su ubicación deben, por lo tanto, proporcionar esa solidificación direccional, asegurando la distancia de alimentación adecuada y la eficiencia de la compensación de la contracción del líquido en las distintas partes de la pieza. Como regla general, las secciones más delgadas deben situarse en los puntos opuestos a las regiones donde se encuentran los mazarotas. De este modo, las secciones más gruesas alimentarán a las más delgadas.

Muchas veces, para dirigir mejor la solidificación, es necesario insertar enfriadores metálicos o usar pinturas con efecto coquillante (a base de telurio, por ejemplo) en áreas específicas de los corazones y moldes, para ayudar a eliminar puntos calientes en regiones de concentración de calor, como uniones de secciones o acumulación de corazones. El uso de insertos (*"pads"*) de materiales aislantes o exotérmicos en áreas sujetas a una mayor velocidad de extracción de calor también contribuirá a la direccionalidad de la solidificación, así como a minimizar la tendencia a la formación de carburos en esas regiones.

En los hierros fundidos, cuando el grafito (laminar, compacto o nodular) comienza a precipitar, ocurre una expansión debido a su volumen específico mayor que el del líquido. Consecuentemente, la presión interna dentro del molde aumenta. Cuanto más "pastosa" es la solidificación, más intenso es el incremento de esta presión.

La segunda parte de la contracción volumétrica a ser compensada corresponde al proceso de solidificación del líquido residual, que se encuentra en bolsas aisladas en las regiones intercelulares durante la última etapa de la solidificación de los hierros fundidos – *contracción secundaria*. Su compensación debe lograrse mediante la expansión ocasionada por el crecimiento del grafito.

La figura 10 presenta la variación de la presión interna dentro del molde y del porcentaje de líquido en función del tiempo durante la solidificación de hierros fundidos.

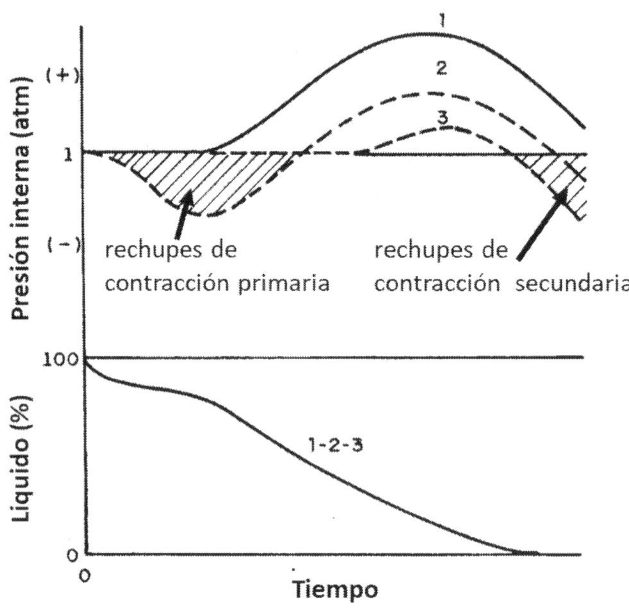

Fig.10: Variación de la presión interna y del porcentaje de líquido con el tiempo, durante la solidificación de hierros fundidos, con el uso de mazarotas [2]

La curva -1- muestra que, en la etapa inicial, las mazarotas están alimentando la pieza y compensando la contracción primaria del líquido que se enfría y de la austenita primaria. Cualquier aumento de la presión interna en el molde causado por la formación de la capa de metal sólida en las paredes sirve para ayudar a esta compensación. La presión interna es aproximadamente igual a la atmosférica hasta el final de la contracción primaria.

Cuando se forma el frente de solidificación, es fundamental que los cuellos de las mazarotas hayan sido dimensionados para solidificarse, posibilitando que el aumento de la presión interna derivado de la formación del grafito compense la contracción secundaria, evitando el reflujo de metal hacia las mazarotas. Para moldes de arena verde y materiales muy nucleados, como es el caso de los nodulares, se prevé cierto reflujo para proporcionar un alivio de la presión interna, evitando así una mayor deformación de las paredes de la cavidad del molde, cuyo efecto perjudicial en la disminución de la presión interna al molde es mucho más significativo.

En el caso de la curva -2- ocurrió una solidificación prematura de los cuellos y/o de la parte superior de las mazarotas. No hay, entonces, suministro de metal a nivel suficiente para compensar la contracción primaria, provocando la formación de *rechupes de contracción primaria*, cuando la presión interna disminuye a valores inferiores a la atmosférica.

Rechupes de contracción secundaria también podrán ocurrir ya que el aumento de la presión interna derivado de la expansión causada por el grafito será ahora insuficiente para compensar la contracción del líquido en las regiones intercelulares. Este efecto se agrava si parte del aumento de presión causado por el grafito es aún atenuado como consecuencia de los siguientes factores:

- la rigidez de los moldes, que depende de su geometría, de la naturaleza del material de moldeo y de la compactación, no sea suficiente para evitar un movimiento excesivo de sus paredes, provocado por la transferencia de calor del metal vaciado y por el aumento de la presión interna causado por la formación del grafito, y

- el espesor de las capas solidificadas formadas en las paredes después del vaciado y el inicio de la solidificación sea muy delgado, lo que ocurre cuanto más pastosa sea la solidificación, lo cual está correlacionado con el tipo de hierro fundido y, sobre todo, con la falta de control de la intensidad de nucleación proporcionado por la inoculación. La capa sólida también tiende a ser más delgada cuando la temperatura de vaciado es demasiado alta. En este caso no hay ayuda para contener el movimiento de las paredes de los moldes.

En la curva -3- hubo un retorno de líquido (reflujo) hacia las mazarotas causado por el retraso en la solidificación de sus cuellos. La expansión del grafito no fue entonces suficiente para compensar la contracción secundaria, provocando la formación de porosidad.

La figura 11 esquematiza los defectos comunes derivados de la contracción primaria. En las depresiones y rechupes externos, la capa metálica formada junto a las paredes del molde no es lo suficientemente espesa para resistir la disminución de la presión en el interior del molde a valores por debajo de la atmosférica, deformándose. En algunos casos llega a perforarse, formando un rechupe superficial. A veces, el líquido, durante la expansión causada por la reacción eutéctica en el interior de la pieza, puede penetrar en el defecto, ocasionando la formación de exudaciones, hecho más común en los hierros fundidos grises. Estos defectos se observan generalmente en puntos calientes, como uniones de secciones y regiones afectadas térmicamente por las mazarotas u otras secciones gruesas.

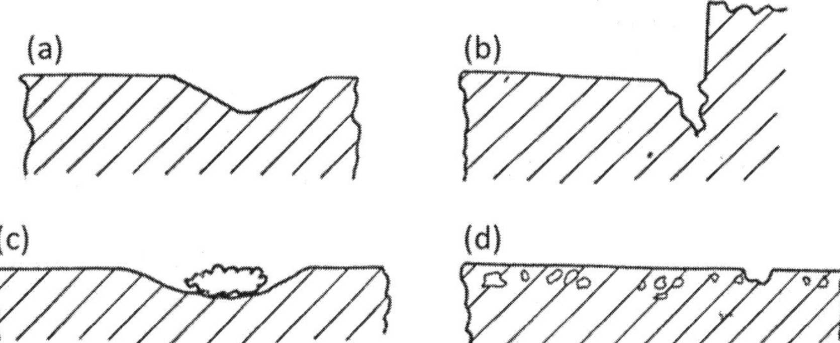

Fig.11: Esquema de defectos derivados de la no compensación de la contracción primaria. (a) depresión, (b) rechupe externo, (c) depresión con exudación, y (d) porosidad causada por gases en capa subsuperficial [25]

La porosidad causada por gases en capa subsuperficial ocurre cuando la capa metálica formada junto al molde es lo suficientemente resistente y no se deforma con la creación del vacío en el interior del molde. Burbujas de gas (CO y N_2, por ejemplo) dan origen a una o más cavidades situadas subsuperficialmente, que en algunos casos pueden llegar hasta la superficie.

Cuando se detectan defectos de gases, debe prestarse atención a:

- las condiciones particulares de cada tipo de pieza (dimensiones y geometría, por ejemplo);
- las condiciones de vaciado (temperatura y tiempo de vaciado, por ejemplo);
- las materias primas empleadas durante la fusión y el tratamiento del metal líquido;
- los tipos de moldes y condiciones de moldeo (compactación y pintura, por ejemplo), y
- los tipos de corazones y su pintura,

evitando así que los defectos derivados de una alimentación deficiente se confundan con *pinholes*, *blow-holes* o reacciones metal–molde.

Con respecto a las porosidades causadas por la falta de compensación de la contracción secundaria, puede decirse que es altamente improbable lograr su completa eliminación en las piezas, especialmente en aquellas de geometría más compleja. Este aspecto es más acentuado en el caso del CGI y, en particular, del SGI, debido al crecimiento limitado de los nódulos de grafito al final de la solidificación, acompañado por la contracción de la austenita. La reducción del volumen específico aumenta así el riesgo de no compensación de la contracción en las últimas regiones en solidificarse, dando origen a porosidad. Esta situación se agrava por la menor permeabilidad de la zona más pastosa y por la presencia de elementos de aleación estabilizadores de carburos como el cromo, el molibdeno y el vanadio, que se segregan en el contorno de las células eutécticas.

Es indispensable realizar un análisis del nivel de sanidad permisible en las distintas secciones de las piezas, considerando el nivel y tipo de esfuerzos mecánicos a los que estarán sometidas en servicio, así como, y principalmente, la especificación del cliente tras la discusión pertinente durante la etapa de desarrollo del producto, y posteriormente en el transcurso de la determinación del proceso de fundición. Las piezas de alta responsabilidad para el desempeño de los conjuntos mecánicos de los que formarán parte van a exigir un control más riguroso del nivel de rechupes. Debe discutirse la posibilidad de existencia de porosidades de contracción secundaria en determinadas partes de las piezas, especificando su posición, tamaño y cantidad.

La figura 12 clasifica los rechupes de contracción secundaria en probetas destinadas a ensayos de tracción obtenidas de secciones de piezas de hierro fundido nodular. La categorización se realizó de acuerdo con el tamaño y la cantidad de rechupes en cada fase de preparación de la muestra metalográfica en que esta es detectable. Dicha clasificación es arbitraria y aquí se presenta únicamente a modo de sugerencia.

Los rechupes de los niveles 1 y 2 no son detectados en la preparación con papel de lija 600. Del mismo modo, el nivel 3 observado en la superficie preparada con lija 600 no se aprecia en la preparación con lija 220, lo que demuestra que, sin proseguir con la secuencia de preparación hasta el nivel de la micrografía, no se puede garantizar si existen rechupes o, en caso de haberlos, cuál es su severidad. Por otro lado, si se constata la presencia de porosidad en cualquier nivel anterior a la micrografía, esto ya puede considerarse razón suficiente para no aceptar el proceso de fabricación, debiendo continuarse con los ajustes para su corrección.

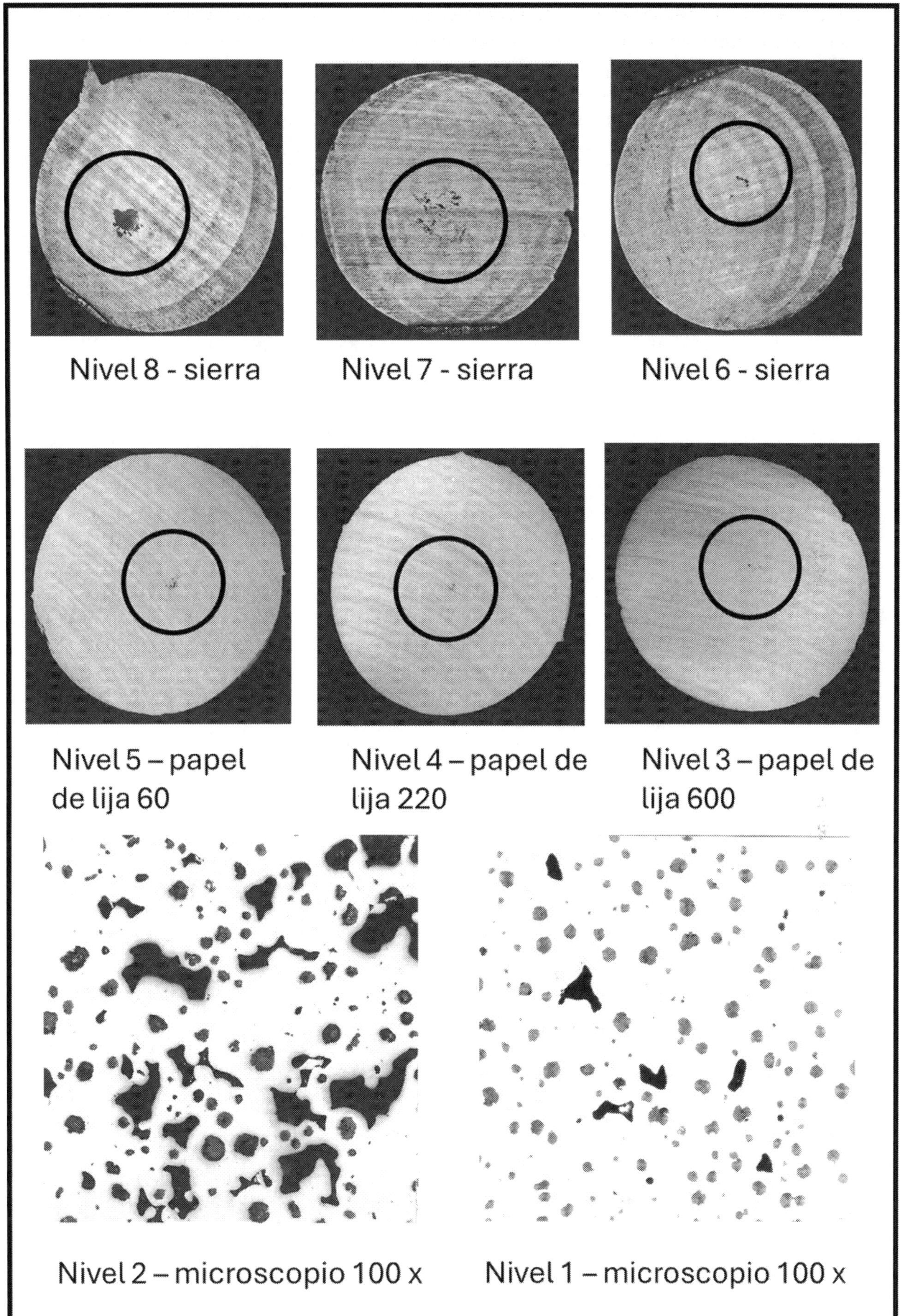

Fig.12: Clasificación de rechupes de contracción secundaria, según su severidad

El análisis térmico es una herramienta efectiva para la determinación de la propensión a la formación de rechupes de contracción secundaria.

La información del tiempo de solidificación indicada por la primera derivada se utilizó con esta finalidad. Se formuló una ecuación que calcula la variación de volumen entre dos intervalos de tiempo sucesivos, con base en el balance contracción (de la austenita) – expansión (del grafito) en los diferentes momentos de la solidificación [20]. La variación relativa de volumen negativa indica las regiones de las contracciones inicial y final durante la solidificación, sin considerar aquí la contracción del líquido que se enfría. Los valores positivos demarcan claramente la zona de expansión, como se ejemplifica en la figura 13.

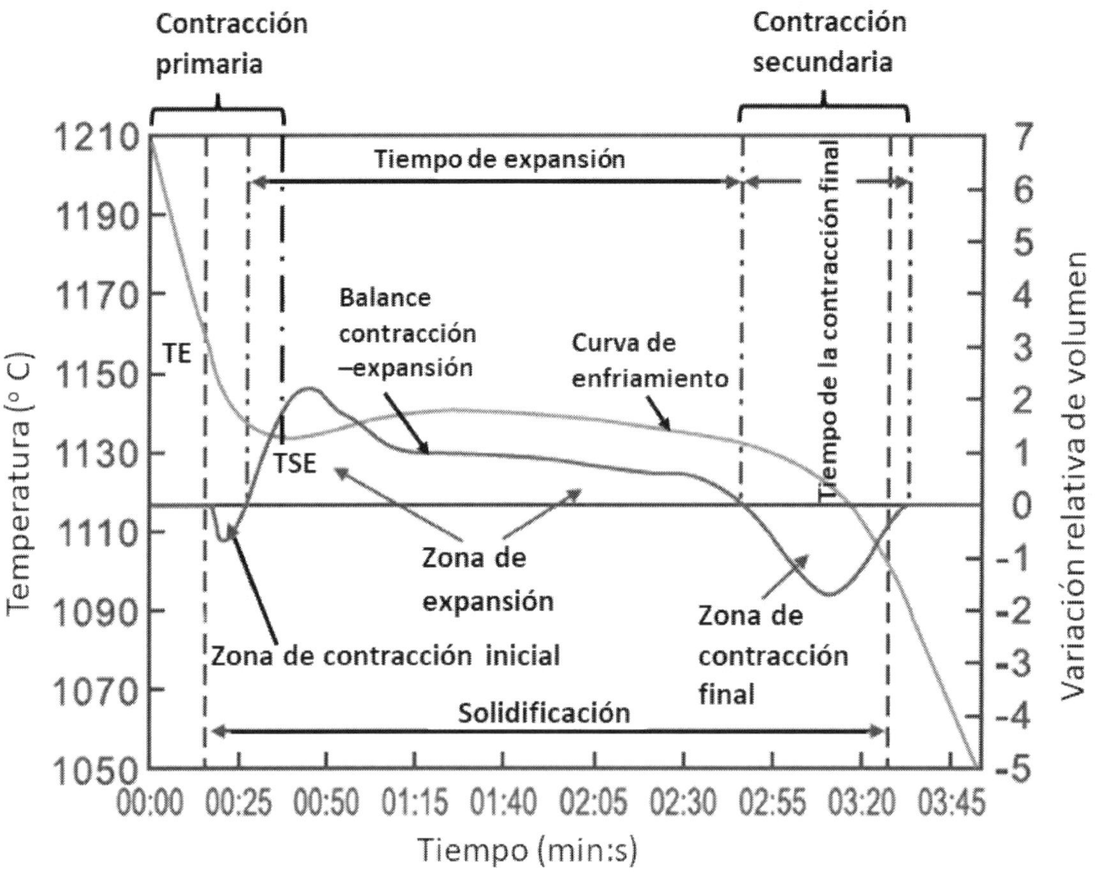

Fig.13: Demarcación de las regiones de contracción y expansión con base en la variación relativa de volumen derivada del balance contracción – expansión en función del tiempo [20]

En esa figura se indica el área de contracción primaria, que normalmente se compensa mediante el uso de mazarotas. Debe señalarse que esta región abarca la zona donde únicamente el líquido se enfría y el inicio de la transformación eutéctica, entre temperaturas por debajo de TE y TSE, ya que la aceleración de la nucleación y el crecimiento del grafito solamente ocurre a partir de TSE. A pesar de que hay expansión debido al inicio de la formación de grafito después de TE, esta no es suficiente para contrarrestar la contracción de la gran cantidad de líquido y de la austenita primaria.

El algoritmo desarrollado con base en el balance contracción–expansión prevé la predisposición a la porosidad secundaria mediante un parámetro (k) calculado a partir del tiempo de expansión (t_{Exp}) y del tiempo de la contracción final (t_{Cont_final}) [20].

$$k = t_{Exp}/(t_{Exp} + t_{Cont\ final})$$

A medida que los valores de *k* disminuyen, aumenta la tendencia a la formación de porosidad.

La figura 14 presenta con mayor claridad la definición de las zonas de expansión y de contracción primaria y secundaria después de la inoculación, presentando los parámetros importantes de la curva de enfriamiento con la ayuda de la primera derivada.

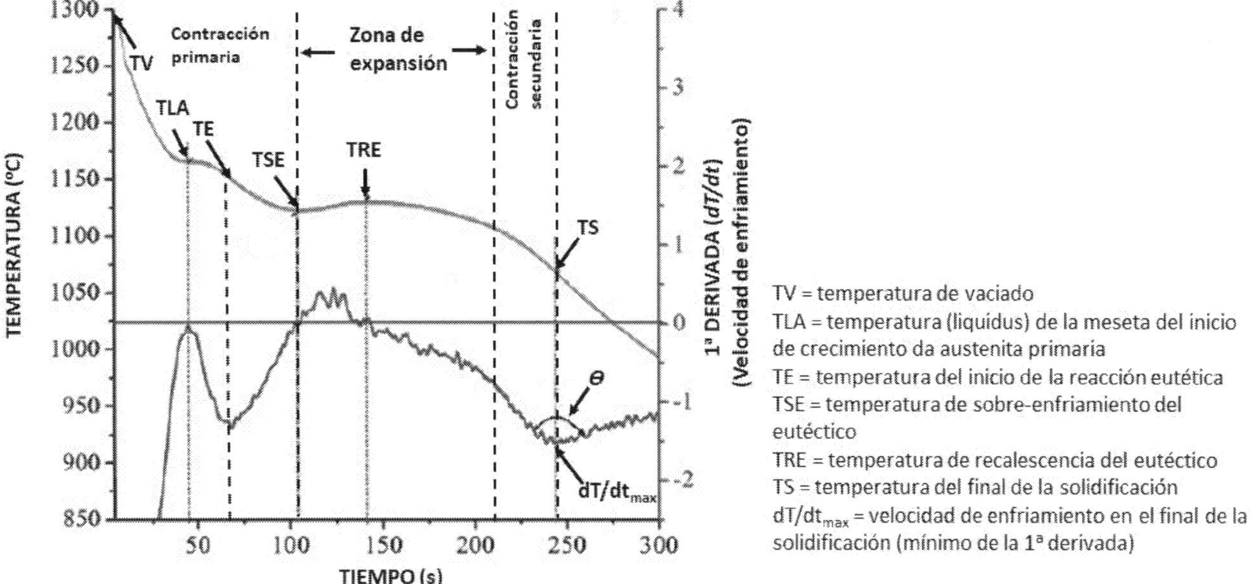

Fig.14: Ejemplo de curvas de enfriamiento y de la primera derivada para hierros fundidos, indicando las zonas de contracción primaria y secundaria, y otros parámetros usados para determinar la predisposición a la formación de rechupes de contracción secundaria y su severidad [26]

Esta figura también indica los parámetros de la primera derivada al final de la solidificación, que son utilizados por algunos softwares para prever la formación de porosidad debida a la contracción secundaria: la velocidad de enfriamiento (dT/dtmax) y el ángulo formado en la curva (Θ), que indicaría la conductividad térmica.

Ángulos Θ grandes revelan una tendencia sustancial a la formación de porosidad. Los hierros grises presentan ángulos menores asociados a mayores velocidades de enfriamiento al final de la solidificación en comparación con los nodulares, siendo menos propensos a la porosidad secundaria. Se indica que el ángulo Θ para nodulares debería situarse en el rango de 25° a 45° cuando se reduciría la tendencia a rechupes de contracción secundaria[26].

Para la determinación del proceso de fabricación y del plan de control de proceso que debe ser utilizado durante la producción, el análisis de las zonas de contracción y de expansión desempeña un papel de alta relevancia. La estipulación de los valores de – ΔT – y de – R –, que definen la eficiencia de la inoculación de hierros grises, de SGI o de CGI (cantidad y técnica), dependerá en primer lugar del esfuerzo destinado a la prevención de la formación de rechupes[14].

Debe de ser enfatizado nuevamente que las curvas de enfriamiento obtenidas mediante análisis térmico provienen del vaciado en copas de muestra estandarizadas. Así, para definir el nivel correcto de inoculación, es necesario, en primer lugar, establecer otros factores integrantes del proceso de fundición que interfieren en la expansión y compensación de las contracciones durante la solidificación. Las variables más importantes serían:

- <u>características de los moldes, incluyendo las pinturas y el uso de enfriadores y su región de aplicación</u>.

El movimiento de las paredes de los moldes (dirección y amplitud) está afectado por su geometría, la naturaleza del material de moldeo, su espesor y su compactación (para moldes en arena verde), observándose que:

- cuanto mayor es la rigidez, menor es la pérdida de la expansión después del cierre de los cuellos de las mazarotas;
- cuando aumenta el espesor de las paredes de los moldes y/o se utilizan materiales de moldeo más aislantes, la velocidad de extracción de calor se reduce, lo que en este caso puede disminuir el espesor de la capa sólida junto a las paredes, facilitando por lo tanto el movimiento de las paredes del molde durante la expansión. Por otro lado, debe considerarse que la rigidez aumenta cuando las paredes de los moldes son más gruesas, y
- la aplicación de pinturas con efecto coquillante o de enfriadores metálicos, además de direccionar la solidificación, favorece la formación de capas sólidas de metal más gruesas. En la fabricación de piezas pesadas, el uso de placas enfriadoras es fundamental también para reforzar las paredes de los moldes, aquí fabricados con arena de curado en frío, como se describe en el capítulo 8.

- Temperatura de vaciado:
  - cuanto mayor es la temperatura de vaciado, existe la necesidad de un mayor suministro de metal a partir de las mazarotas, para compensar el aumento de la contracción del líquido;
  - cuanto más altas son las temperaturas de vaciado, más lentamente se enfría la pieza, pues el molde se satura rápidamente de calor, lo que reduce la velocidad de extracción de calor. El movimiento de las paredes de los moldes ocurre por el propio efecto de las altas temperaturas en los materiales de moldeo, así como por la reducción de la capa sólida de metal formada después del vaciado en las paredes de los moldes. Capas más delgadas son menos resistentes para contener el movimiento de dichas paredes, disipando parte de la expansión causada por la formación y crecimiento del grafito. Este efecto se agrava cuanto más pastosa es la característica de la solidificación, y
  - temperaturas bajas de vaciado van a facilitar la formación de capas de metal más gruesas junto a las paredes de los moldes, reduciendo su movimiento. Sin embargo, al haber menor impregnación de las paredes del molde, la velocidad de extracción de calor sigue siendo elevada en el momento del inicio de la transformación eutéctica, ocasionando un aumento en ΔT. Este hecho se acentúa por la mayor proximidad de las temperaturas de vaciado a TE, existiendo un incremento en la tendencia a la formación de carburos y de grafito de los tipos D y E en hierros fundidos grises. Adicionalmente, temperaturas de vaciado demasiado bajas están asociadas a defectos de gases, escoria y defectos de llenado del molde, como juntas frías, así como a la falta de homogeneidad en la microestructura de secciones de distinto espesor (o módulos de enfriamiento).

- Tiempo de vaciado:

El vaciado de moldes en menor tiempo promueve una homogeneización de la temperatura en las distintas secciones (gruesas y delgadas), facilitando la alimentación a través de las mazarotas. También favorece la uniformidad en la formación de la capa de metal sólida junto a las paredes de los moldes, así como la homogeneidad en la nucleación y el crecimiento de las células eutécticas en las diferentes secciones, lo que facilita que la expansión alcance las bolsas de líquido residual.

- "Design" y geometría de las piezas:
  - cuanto más gruesas son las secciones (módulos de enfriamiento mayores), mayor es la impregnación de las paredes del molde, lo que lleva a la reducción de la velocidad de

extracción de calor por las paredes del molde y a la consecuente disminución del espesor de la capa sólida de metal formada junto a ellas. Esto favorece el movimiento de dichas paredes cuando ocurre la expansión, y

  - la existencia de uniones con aristas vivas y/o intersecciones entre regiones delgadas y gruesas, que dificultan el paso de líquido para la compensación de la contracción primaria o bloquean el efecto de la expansión del grafito en las regiones finales en solidificarse.

Considerando definidos estos parámetros, se llevan a cabo experimentos variando la inoculación (cantidad para un tipo de inoculante establecido y técnicas de adición). Se realiza el muestreo en las distintas secciones de la pieza, con énfasis en las especificadas por el cliente como regiones críticas en relación con defectos y determinación de propiedades mecánicas, para observar:

- el número y la distribución de células eutécticas, considerando:
  - tipo de grafito y tamaño de los vetas en los hierros grises;
  - tamaño, número y distribución de nódulos en SGI, y
  - porcentaje de grafito compacto y nódulos en CGI.
- constitución de la matriz metálica (en general, porcentajes de perlita y ferrita);
- existencia de carburos, inclusiones y zonas segregadas;
- fluctuación y/o degeneración del grafito;
- existencia de rechupes en las distintas etapas de preparación para metalografía, y
- ensayos de dureza y tracción en las secciones especificadas.

El análisis térmico del metal utilizado en cada experimento se realiza simultáneamente, lo que permite correlacionar todos sus parámetros con la condición ideal para el nivel de inoculación en la pieza. Estos se utilizarán luego en la definición del proceso de fundición para cada tipo de pieza y su plan de control. Las piezas pueden agruparse posteriormente de acuerdo con su comunalidad en relación con las características del baño líquido más adecuadas para su producción, con o sin variación de la inoculación final.

- ***El análisis térmico y el Carbono Equivalente (CE)***

La determinación del CE, C y Si fue el objetivo principal en el inicio del desarrollo del análisis térmico.

Sin embargo, los valores obtenidos para el CE calculado a partir de la composición química y el previsto por los parámetros del análisis térmico son diferentes, porque la curva del análisis térmico ocurre en una situación de "no-equilibrio", reflejando el efecto de la velocidad de enfriamiento y del grado de nucleación relacionados con la producción comercial de piezas.

De esta manera, se introdujo el concepto de **CEL – Carbono Equivalente Liquidus**, cuyo valor está correlacionado con la temperatura de la meseta de inicio de la solidificación de la austenita (TLA en la figura 3). Las expresiones para el cálculo del CEL varían de acuerdo con los datos obtenidos en experimentos realizados por diferentes fuentes, siendo el resultado de un análisis estadístico (regresión) [20,21]. El CE obtenido a través del análisis térmico, por consiguiente, representa lo que físicamente está ocurriendo durante la solidificación en la copa de muestra, a ser correlacionado con la pieza.

Para determinar el CEL, el %C y el %Si, se recomienda el uso de copas de muestra que contengan telurio, con el fin de provocar la solidificación según el eutéctico metaestable. El objetivo es ampliar la exactitud de las mediciones, a medida que el CE alcanza o supera el eutéctico. Al no haber recalescencia, la temperatura del final de la solidificación – TS – se detecta fácilmente.

Las fórmulas de cálculo de los porcentajes de C y Si consideran **TS**, destacándose que, en el caso del Si, existe un factor de corrección basado en el contenido de fósforo en el metal. Se considera que el contenido de silicio obtenido, incluso para un porcentaje de P bajo, es una aproximación. [10,20,21].

El aspecto más importante de la observación y el seguimiento de la solidificación en situación de no-equilibrio proviene de la propia definición del punto eutéctico [28]. Este ocurre a la temperatura en la que la austenita y el grafito crecen simultáneamente.

Con el aumento del CE, la meseta **TLA** en la figura 3 avanza hacia temperaturas más bajas, mientras que **TSE** se desplaza hacia temperaturas más altas cuando se incrementa la nucleación, debido a los menores ΔT y R necesarios para promover la nucleación y el crecimiento del grafito. Cuando **TLA** converge con **TSE** ocurre la reacción eutéctica, **independientemente del valor de CE**. De hecho, en condiciones de producción, dependiendo de las condiciones de enfriamiento y del nivel y eficiencia de la inoculación, se miden valores de CE de hasta **4.55%** antes de alcanzarse el eutéctico[16]. Queda evidente que la composición química, por sí sola, no es suficiente para definir la proximidad al punto eutéctico, lo que hace fundamental el uso del análisis térmico para esta determinación [16,27].

Este hecho explica la razón por la cual los hierros fundidos con grafito compacto[11,29] y los nodulares[5,26,30] son frecuentemente especificados con CE más elevado que 4,3%. A través del alto grado de nucleación alcanzado en el horno para el metal base del CGI y de la mayor eficiencia en la inoculación de los nodulares (cantidad y tipo de inoculante o técnica), estos materiales no presentan, por lo general, la formación de grafito primario, comportándose como hipoeutécticos.

Sin embargo, para piezas con secciones muy gruesas (mayor módulo de enfriamiento) o con áreas de concentración de calor, la reducción de las condiciones de enfriamiento contribuye a que se alcance el eutéctico con valores de CE que se aproximan a 4.3%. Al mismo tiempo, ocurre una mayor concentración de carbono en estos centros térmicos, elevando el CE en esas regiones. Consecuentemente, debe tenerse cuidado al especificar el CE para evitar la aparición de grafito primario, fluctuación del grafito y/o degeneración de nódulos (ver capítulos 3 y 8).

El control de la nucleación (preacondicionamiento) del baño antes del tratamiento con elementos nodulizantes (modificación) y de la inoculación pasa, por lo tanto, a tener importancia primordial. Debe enfatizarse también que valores más altos de CE y una inoculación controlada aumentan la expansión durante el crecimiento del eutéctico, reduciendo la propensión a la aparición de rechupes de contracción secundaria, siempre que exista un control adecuado (o elección) de la rigidez del molde y de la temperatura y tiempo de vaciado, principalmente. La composición y coordinación de estas variables, asociadas al uso de elementos del molde (pinturas, enfriadores e insertos aislantes) que promueven la solidificación direccional, harán posible la fabricación de piezas sin necesidad de usar mazarotas, existiendo también compensación de la contracción primaria.

2.2 VARIABLES EN LA REACCIÓN EUTECTOIDE EN HIERROS FUNDIDOS CON GRAFITO

De acuerdo con lo que se presenta en el Cuadro II, la matriz metálica es un factor importante directamente ligado a las propiedades mecánicas. Sus constituyentes habituales son la ferrita y la perlita, sin considerar las estructuras generadas en hierros fundidos altamente aleados o sometidos a tratamientos térmicos cuando se busca la obtención de martensita, bainita o ausferrita.

Las matrices perlíticas proporcionan una mayor resistencia mecánica a la sección o pieza, observándose, por otro lado, una mayor ductilidad y una menor dureza a medida que el porcentaje de ferrita aumenta en la microestructura.

Derivada de la reacción eutectoide, la composición de la matriz metálica va a depender de las siguientes variables:

- composición química;
- cantidad, forma y distribución del grafito, y
- velocidad de enfriamiento de las piezas em el molde.

Considerando estos factores, la formación de ferrita se ve facilitada cuanto menor sea la velocidad de enfriamiento de la pieza en el molde, mayor la cantidad de grafito en la microestructura, y mayor la ramificación del "árbol" de láminas de grafito en los grises, o mayor el número de nódulos en SGI, o la ramificación de los "corales" en CGI, ya que la distancia para la difusión del carbono hacia el grafito se reduce durante la reacción $\gamma \rightarrow \alpha + g$.

Contenidos crecientes de Si promueven el mismo efecto, al facilitar la formación de grafito y ampliar la franja de temperaturas donde existe equilibrio entre γ, α y grafito. La perlitización se vería favorecida por un menor contenido de Si, o por la adición de elementos como Mn, Cr, Nb, Mo y V, que actúan como promotores de la formación de carburos en la reacción eutéctica y son fuertes perlitizantes durante la reacción eutectoide. Adiciones de Cu y Ni, grafitizantes en la solidificación, también promueven la formación de perlita en el transcurso de la reacción en estado sólido.

Durante la solidificación, la heterogeneidad del enfriamiento de piezas con secciones de diferente espesor tiende a conducir a una distribución desigual del grafito y a la segregación de elementos químicos a lo largo de la pieza. Esta variación hace posible la formación de zonas con varios tipos de grafito laminar o con distinta distribución de nódulos, originando matrices metálicas diferentes, lo que afecta las propiedades mecánicas.

Como ejemplo se cita:

- la formación de grafito tipo C en puntos calientes o centros térmicos en los hierros grises;
- la formación de puntos duros en el interior de la pieza, causada por la presencia de carburos en las regiones segregadas, lo que reduce drásticamente la resistencia a la ruptura en general y la elongación en el caso de SGI y CGI;
- la formación de bordes quebradizos por la existencia de carburos y perlita;
- la ocurrencia de puntos blandos por la precipitación de ferrita en el interior de rosetas de grafito tipo B o en pequeñas regiones de grafito de los tipos D y E formadas en la periferia de las piezas o incluso en regiones sometidas a mayor sobre-enfriamiento en el interior de la pieza;
- la fluctuación de nódulos de grafito en secciones gruesas o puntos calientes asociada a la formación de ferrita, y
- la generación de zonas con número y tamaño de nódulos diferentes, con matriz metálica heterogénea en la proporción perlita-ferrita.

Para atenuar esta heterogeneidad conferida por la geometría de las piezas, se controla el grado de nucleación principalmente a través del tratamiento de inoculación del metal final. El incremento del número de células eutécticas conseguido proporciona una mejor distribución de impurezas en los contornos de células, mayor homogeneidad en la morfología del grafito en los hierros grises y mejor distribución y uniformidad del tamaño de nódulos en los nodulares. Los menores sobre-enfriamientos durante la solidificación favorecen la formación de grafito tipo A y, consecuentemente, la de perlita. Adicionalmente, se reduce la propensión a la formación de carburos en zonas muy segregadas o sometidas a mayores velocidades de enfriamiento. Temperaturas de vaciado más altas y el llenado rápido del molde también contribuyen a la homogeneidad de las secciones durante la solidificación.

Se recuerda que el número de células eutécticas no debe, sin embargo, ser excesivamente elevado, para no aumentar la tendencia a la formación de porosidad derivada de la contracción secundaria.

Es importante resaltar que el aumento del número de células eutécticas derivado únicamente del incremento del sobre-enfriamiento no tiene el mismo efecto antes mencionado. Estará asociado a la formación de grafito de los tipos D y E en los grises y, en consecuencia, a matrices ferríticas en esas regiones si los materiales no están aleados con elementos perlitizantes. Incluso se incrementa la formación de carburos en grises, SGI y CGI en varias zonas de la pieza, así como la heterogeneidad en el tamaño y distribución de vetas y nódulos de grafito y, por consiguiente, de la matriz metálica.

En cuanto al efecto de la velocidad de enfriamiento durante la reacción eutectoide, una mejor visión se obtiene mediante la observación de diagramas que consideran, además de la transformación de fase, la temperatura a la que está ocurriendo y la influencia del tiempo (Diagrama TTT), como se ilustra en el ejemplo de la figura 15. Estos diagramas también se utilizan para prever la estructura obtenida mediante tratamientos térmicos.

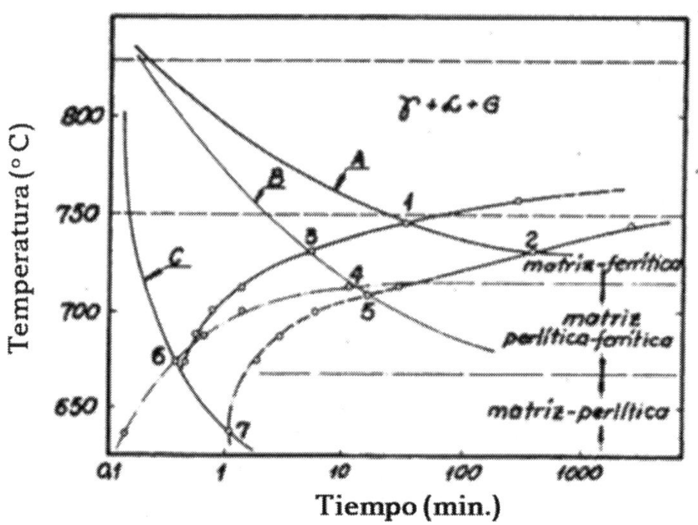

Fig.15: Ejemplo de diagrama TTT para hierro fundido con 3.6% C, 2.2% Si, 0.45% Mn y 1.0% Ni[8]

Los enfriamientos de piezas en moldes o en los tratamientos térmicos realizados en la industria son continuos, mientras que los diagramas TTT se obtienen mediante el análisis metalográfico de probetas sometidas a tratamientos isotérmicos, que se interrumpen en diferentes tiempos. Sin embargo, aplicando sobre el diagrama curvas de enfriamiento continuo, puede preverse, al menos cualitativamente, cuáles son las fases y microconstituyentes presentes en la estructura metalográfica de los hierros fundidos.

En la figura 15, la curva **A** es típica de piezas (o secciones de piezas) gruesas o coladas en condiciones que propician un enfriamiento lento, lo que también representa lo que ocurre en tratamientos térmicos de recocido.

Al cortar la curva de inicio de la reacción eutectoide estable (punto 1), ocurre la nucleación de ferrita en la interfaz austenita/grafito, formándose grafito junto a los nódulos, láminas o corales preexistentes, no existiendo, a esa temperatura, condiciones para la nucleación de perlita en los contornos de grano austenítico. El proceso de grafitización continúa lentamente hasta que toda la matriz se convierte en ferrítica, lo que coincide con el cruce de la curva de enfriamiento con la curva del final de la reacción eutectoide estable (punto 2).

La curva de enfriamiento **B** corta el inicio de las reacciones estable y metaestable (puntos 3 y 4, respectivamente). De este modo, ocurre la nucleación de ferrita en la interfaz austenita/grafito y de perlita en los contornos de células.

Al cortar la línea final de las reacciones (punto 5), la matriz metálica contendrá perlita y ferrita en proporciones que dependen de la velocidad de enfriamiento y también de la cantidad, morfología y distribución del grafito, así como de la composición química de la aleación.

La curva de enfriamiento **C** corresponde a una velocidad de enfriamiento más elevada, en toda la pieza o en partes de esta. Representa también los enfriamientos previstos en los tratamientos térmicos de normalización. La curva **C** corta únicamente el inicio de la línea de la reacción metaestable (punto 6), aumentando el porcentaje de perlita de la matriz hasta intersecar la curva del final de la reacción (punto 7), cuando la matriz será 100% perlítica.

Matrices totalmente perlíticas también pueden obtenerse cuando hay desmoldeo prematuro de la pieza. Cabe destacar que, en este caso, existe el riesgo de aparición de tensiones residuales derivadas del enfriamiento rápido y desigual en secciones de diferente espesor. Piezas con geometría compleja, donde la contracción está restringida por la forma y el material de la cavidad de los moldes o corazones, presentarán un mayor nivel de tensiones residuales que aquellas de configuración simple.

Las regiones más delgadas se enfrían más rápidamente y su contracción ejerce compresión sobre las gruesas. Si las áreas gruesas aún están suficientemente calientes, ocurre deformación plástica y el sistema queda libre de tensiones. Una contracción adicional de las regiones gruesas será restringida por las secciones delgadas que ya están mucho más frías, ocasionando el desarrollo de tensiones residuales de tracción en las regiones gruesas, que son compensadas por tensiones de compresión en las áreas delgadas(31).

Un nivel elevado de estas tensiones puede dar origen a grietas, generalmente en las uniones de secciones, ya en la pieza desmoldeada, o durante la retirada de los sistemas de canales y mazarotas y su posterior operación de acabado.

Si el desmoldeo anticipado no puede ser evitado, o es obligatorio en virtud del diseño de las líneas de producción, debe realizarse la simulación del vaciado y enfriamiento de las piezas con softwares específicos, para intentar igualar las temperaturas de las distintas secciones mediante el diseño del sistema de canales de vaciado y mazarotas. Al mismo tiempo, se evalúa la necesidad de aplicar un tratamiento térmico de alivio de tensiones, si no aparecen microgrietas en las piezas tras el desmoldeo. El objetivo es evitar grietas o distorsiones durante las operaciones de maquinado. Se vuelve inevitable el uso de inspección con partículas magnéticas o con "líquido penetrante" en zonas de piezas con geometría más compleja.

2.3 PARÁMETROS DE CALIDAD PARA LOS HIERROS FUNDIDOS GRISES Y NODULARES

Aun obteniéndose la matriz y la forma, cantidad y distribución del grafito preestablecidas en el proceso de fundición, muchas veces no es posible alcanzar algunas de las propiedades mecánicas especificadas si existen defectos relacionados con:

- gases (principalmente *"pinholes"*);
- concentración de inclusiones y compuestos frágiles (carburos, steadita, por ejemplo);
- escorias y *"drosses"*; y
- defectos de contracción secundaria – micro-rechupes, incluso cuando estos se verifican solo a nivel de observación con el microscopio óptico (ver figura 12).

Existen propiedades más o menos sensibles a estos defectos. La dureza, por ejemplo, generalmente se ve poco afectada, sobre todo cuando el nivel de defectos es de baja intensidad. La **elongación**, en el caso de los nodulares, sería el parámetro más afectado. Cuando el nivel de estos defectos es mayor, incluso el límite de resistencia a la tracción disminuye significativamente.

Se determinaron de manera empírica parámetros que permiten evaluar la calidad de los hierros fundidos, al menos para dar una idea si existe incidencia de defectos en una escala mayor de la tolerable.

- ***Hierros fundidos grises***[6,33]

Para los grises, el "grado de maduración", el "grado de dureza" y la "dureza relativa" establecen relaciones entre los valores del límite de resistencia a la tracción y de la dureza superficial determinados mediante ensayos y los valores calculados a partir del grado de saturación.

- **Grado de maduración**:

$$GM = \frac{\sigma_r \; medido}{\sigma_r \; calculado} \times 100\% = \frac{\sigma_r \; medido}{100 - 80S_c} \times 100\%$$

- **Grado de dureza**:

$$GD = \frac{HB \; medida}{530 - 344S_c} \times 100\%$$

- **Dureza relativa:**

$$DR = \frac{HB \; medida}{100 + 4.3\sigma_r \; medido} \times 100\%$$

Donde:

- σ_r = límite de resistencia a la ruptura en el ensayo de tracción (en kgf / mm^2)

- S_c = grado de saturación = %C / {4.3 – (%Si + %P)/3}

- HB = Dureza Brinell

Es importante señalar que las fórmulas anteriores son el resultado de un trabajo estadístico que toma en cuenta datos experimentales recopilados en fundiciones en Alemania. Los parámetros así calculados serían inicialmente válidos para comparaciones realizadas con resultados de ensayo obtenidos en probetas cilíndricas de diámetro igual a 30 mm.

En consecuencia, no hay precisión con respecto a lo que presentarían las distintas secciones de las piezas. Sin embargo, la utilidad de los parámetros de calidad está ligada al hecho de poder verificar si los resultados obtenidos son coherentes o si existe la influencia de defectos.

Así, valores del grado de maduración iguales o superiores al 100%, o valores del grado de dureza iguales o menores al 100%, indican que se está trabajando en condiciones operativas de fusión y vaciado satisfactorias, consiguiéndose, por lo tanto, la influencia deseada del carbono equivalente. En el primer caso, se alcanzan límites de resistencia a la tracción iguales o mayores que los calculados; en el segundo, valores de dureza iguales o inferiores a los calculados, lo que favorece la maquinabilidad.

En lo que se refiere a la dureza relativa, cuanto menor sea el valor de este parámetro en relación con el 100%, mejor será la calidad metalúrgica, es decir, mayor será la resistencia a la tracción para una determinada dureza, o menor será la dureza para un determinado límite de resistencia a la tracción.

Se ejemplifica a continuación el uso de los parámetros de calidad para hierros fundidos grises.

- Considérese un hierro fundido gris no aleado, cuya composición química base, obtenida a partir de muestras coquilladas, presenta: C – 3.4%; Si – 2.3%, e P – 0.08%). Las propiedades mecánicas medias a tracción y la dureza superficial, medidas en probetas normalizadas con Ø = 30 mm, son las siguientes: σ_r = 23.5 kgf/mm^2 (≅ 230.5 MPa) y HB = 225.

Calculando los parámetros de calidad:

S_c = 3.4 {4.3 – (2.3 + 0.08) / 3} ≅ 0.97

σ_r calculado = 100 – 80 x 0.97 = 22.4

HB calculada = 530 – 344 x 0.97 ≅ 196.3

- $GM = \frac{23.5}{22.4} \times 100\% \cong 105\%$
- $GD = \frac{225}{196.3} \times 100\% \cong 114\%$
- $DR = \frac{225}{100+4.3\times 23.5} \times 100\% \cong 112\%$

Considerando los valores obtenidos, debe esperarse alguna anomalía en el material, dado que el grado de dureza y la dureza relativa están muy por encima del 100%.

El hecho de que el grado de maduración sea superior al 100% muestra que no deberían presentarse defectos relacionados con micro-rechupes, gases o una alta concentración de inclusiones, así como defectos microestructurales graves que comprometerían el límite de ruptura.

Teniendo en cuenta que no hubo desmoldeo prematuro de las probetas, las hipótesis iniciales sobre la mayor dureza serían la presencia de residuales de elementos de aleación que endurecen la ferrita por solución sólida, o la presencia de películas de carburo o steadita intercelulares dispersas en la matriz. Esto puede indicar deficiencia en la inoculación o *"fading"* del inoculante antes del vaciado del molde.

La investigación de la microestructura al microscopio y el conteo de células eutécticas es el camino inicial de la verificación.

***Hierros fundidos nodulares*[6,33]**

Para los nodulares, la fórmula empírica para el índice de calidad está relacionada con la **elongación** y el **límite de resistencia a la tracción** medidos[34].

$$IQ = 0.857 \times A^{0.197} \times \sigma_r^{0.708}$$

Donde:

- σ_r = límite de resistencia a la ruptura en el ensayo de tracción (en MPa)

- A = elongación (%)

Aplicando la fórmula a los datos de la tabla I del capítulo 1, que presenta las clases de hierro fundido nodular de acuerdo con la norma ISO, es posible verificar que el valor de IQ para las propiedades normalizadas se sitúa, a grandes rasgos, alrededor de 100. Esto es válido únicamente para los materiales que presentan matrices con ferrita y/o perlita, es decir, hasta la clase ISO 700-2, con σ_r = 700 MPa, σ_e = 420 MPa y A = 2%. El valor de 100 para el IQ indicaría la calidad adecuada y el mínimo esperado para los materiales de estas clases.

Valores de IQ menores a 100 indican que ciertamente existen defectos microestructurales, como grafito degenerado, micro-rechupes o zonas de inclusiones segregadas.

Como ejemplo, se presenta una comparación de materiales en piezas que se enfrían lentamente, donde se obtuvieron IQs menores a 100 cuando había grafito *"chunky"* en la sección de la pieza de donde se retiró la probeta para ensayos. Por otro lado, se calcularon valores mayores a 100 en el caso en que este tipo de grafito fue eliminado con la adición de bismuto[35].

La tabla abajo presenta dos materiales que ilustran este comportamiento .

Elongacion (%)		σ_r (MPa)		IQ sin grafito chunky	IQ con grafito chunky
Sin chunky	Con chunky	Sin chunky	Con chunky		
20	3	500	440	126	79
22	4.5	405	315	110	68

Tabla I – Índices de calidad calculados para hierros fundidos nodulares en piezas con y sin la presencia de grafito "chunky"[35]

BIBLIOGRAFIA

1. CASTELLO BRANCO & PORTO, R.M. Avaliação do desempenho de alguns inoculantes comerciais utilizados na fabricação de autopeças de ferro fundido cinzento por centrifugação. In: Proceedings do Congresso Nacional da ABIFA, São Paulo, Set. 1989
2. SOUZA SANTOS, A.B. & CASTELLO BRANCO, C.H. Metalurgia dos Ferros Fundidos Cinzentos e Nodulares, São Paulo, SP-BR, ITP, Pub. 1100, 1977, 241p.
3. CHIAVERINI, V. Aços e Ferros Fundidos, São Paulo, SP-BR, ABM – Associação Brasileira de Metais, 5ª edição, 1982, 518p.
4. COLPAERT, H. Metalografia dos Produtos Siderúrgicos Comuns, São Paulo, SP-BR, IPT, Bol. n°40, 1951, 399p.
5. 3. ROCHA VIEIRA, R.; FALLEIROS, I.; PIESKE, A. & GOLDENSTEIN, H. Materiais para Máquinas-Ferramenta, São Paulo, SP-BR, IPT, 1974, 95p.
6. PIESKE, A.; CHAVES FILHO, L.M. & REIMER, J.F. Ferros Fundidos Cinzentos de Alta Qualidade, Joinville, SC-BR, Soc. Ed. Tupy, 2ª edição, 1976, 274p.
7. KRESS, E. & MOTZ, M. Beeinflussung der Gefügeausbildung von Gusseisen mit Lamellen graphit in geringen Wandicken durch Mikrolegieren, Gisserei, 72 (5): 115-122, Mar. 1985
8. CASTELLO BRANCO, C.H. Fabricação de Ferros Fundidos – Aspectos Metalúrgicos. ABM – Curso de Metalurgia dos Ferros Fundidos Nodulares, Rio de Janeiro, RJ-BR, Jul. 1988, 79p.
9. STEFANESCU, D.M. Thermal Analysis – Theory and Applications in Metalcasting, International Journal of Metalcasting, v.9: issue 1, 2015
10. DURAN, P.V. – Emprego de Análise Térmica na Solidificação de Ferros Fundidos. Dissertação de Mestrado em Engenharia Metalúrgica. Escola Politécnica da USP, 1985

11. CABEZAS, C.S. – Metodologia para Estimativa do Potencial de Nucleação de um Banho de Ferro Fundido com Composição Hipereutética via Análise Térmica. Tese de Doutoramento em Engenharia Metalúrgica. Escola Politécnica da USP, 2005
12. GEORGE, A. – Análise Térmica Eutética – Minicurso apresentado no Canal do YouTube Doutor Fundição, Dec. 2021
13. GEORGE, A. – Grafita C: Hipo e Hipereutética. Apresentação post no Linkedin. São Paulo, Maio 2020
14. FUOCO, R. - Análise Térmica como Ferramenta de Processo do Metal Líquido em Ferros Fundidos. Apresentação no Canal do YouTube Doutor Fundição, Dec. 2021
15. JANERKA, K. et ali - Various Aspects of Application of Silicon Carbide in the Process of Cast Iron Melting, Archives of Metallurgy and Materials, v.67, Jul. 2022
16. DAWSON, S. & POPELAR, P. – Thermal Analysis and Process Control for Compacted Iron and Ductile Iron, Keith Millis Symposium in Ductile Cast Iron, 2013
17. CASTELLO BRANCO, C.H. – A Formação de Grafita no Estado Bruto de Fundição em Aços Grafíticos ao Alumínio. Dissertação de Mestrado em Engenharia Metalúrgica. Escola Politécnica da USP, 1979
18. LACAZE, J. et al – Quantitative Analysis of Solidification of Compacted Graphite Irons – A Modeling Approach, ISIJ International, v.61, 10p., 2021
19. LABRECQUE, C. & GAGNÉ, M. - Interpretation of Cooling Curves of Cast Iron: A Literature Review, AFS Transactions, p. 83-90, 1998
20. STEFANESCU, D.M., SUAREZ, R. & KIM, S.B. - 90 Years of Thermal Analysis as a Control Tool in the Melting of Cast Iron, China Foundry - Special Review, v.17, nr.2, Mar. 2020
21. HERAEUS ELECTRO-NITE INT'L N.V. – Booklet: Thermal Analysis Principles and Applications, May 2007
22. GUESSER, W., SCHROEDER, T. & DAWSON, S. – Production Experience with Compacted Graphite Iron Automotive Components, AFS Transactions, p. 01-11, 2001
23. SINTERCAST – Process Control for the Reliable High Volume Production of Compacted Graphite Iron, 2012
24. DAWSON, S. – Process Control for the Production of Compacted Graphite Iron. May 2002
25. CASTELLO BRANCO, C.H., DURAN, P.V. & BECKERT, E.A. – Princípios de Alimentação de Ferros Fundidos Cinzentos e Nodulares. IX Encontro Regional de Técnicos Industriais – ATIJ-ETT-ABM, Aug. 1981.
26. SANGAME, B.B. et al. – Thermal Analysis of Ca-FeSi inoculated Ductile Iron, Int. Journal of Science, Eng. & Mangt., v.2, nr. 2, Feb. 2017
27. SHINDE, V.D. – Thermal Analysis of Ductile Iron Casting, Chap. 2 of the book Advanced Casting Technologies, May 2018
28. REGORDOSA, A. et al. – When is a Cast Iron Eutectic? International Journal of Metalcasting, May 2021
29. GUESSER, W.L. – Ferro Fundido com Grafita Compacta, Metalurgia & Materiais, Jun. 2002
30. SANTOS, E.G. – Avaliação da Carburação de um Ferro Fundido Nodular em Fornos de Indução de Média Frequência. Dissertação de Mestrado em Engenharia de Materiais, Universidade Estadual de Santa Catarina, 2014
31. BCIRA – Residual Stresses in Grey Iron Castings, BCIRA Broadsheet nr.32, 1971
32. ASENJO, I. et al. – Effect of Mould Inoculation on Formation of Chunky Graphite in Heavy Section Spheroidal Graphite Cast Iron Parts. International Journal of Cast Metals Research, Dec. 2007
33. VDG – Giesserei-Kalender. VDG Giesserei Verlag, 1974
34. GUESSER, W.L. – Propriedades Mecânicas dos Ferros Fundidos, 1ed., 2009
35. GODOY, A.F. – Análise da Influência do Teor de FeSi-Bi e do Módulo de Resfriamento na Formação da Grafita Chunky em Ferro Fundido Nodular Ferrítico. Dissertação de Mestrado apresentada ao Curso de Pós-graduação em Ciência e Engenharia de Materiais da UDESC, 2017

3. SELECCIÓN DE LA COMPOSICIÓN QUÍMICA

Como se discutió anteriormente, la calidad de las piezas de hierro fundido, considerando el aspecto metalúrgico, depende del control ejercido sobre las variables ligadas a los parámetros termodinámicos y/o cinéticos, que determinan las condiciones en que se procesan las reacciones de transformación de fase durante todo el proceso de solidificación y enfriamiento de dichas piezas.

La comprensión de la interacción entre estos factores permite definir el proceso de fusión, vaciado, enfriamiento en el molde y eventual tratamiento térmico, de modo de alcanzar las propiedades mecánicas y físicas especificadas, que resultan de la obtención de microestructuras preestablecidas y de la limitación del nivel de defectos y de eventuales tensiones residuales.

La composición química es reconocida como un factor muy relevante, especialmente por permitir, junto con la inoculación, una acción y control más directos durante la producción, desempeñando un papel importante en los siguientes aspectos (1):

- cantidad, morfología y distribución del grafito;
- presencia o ausencia de carburos;
- estructura de la matriz metálica (perlita/ferrita, en general, así como otras estructuras resultantes de tratamientos térmicos);
- formación de defectos microestructurales (formas anormales de grafito e inclusiones), de contracción (rechupes y porosidades) y/o relacionados con gases.

Con la finalidad de seleccionar la composición química, es habitual definir como **composición base** el conjunto de elementos que normalmente se encuentran presentes en los hierros fundidos, tales como: C, Si, Mn, S, P, y además el Mg en el caso de los hierros fundidos nodulares y con grafito compacto. Estos elementos son fundamentales para el control de la reacción eutéctica en la solidificación.

Se denominan **elementos de aleación** aquellos que son adicionados de manera específica o cuyos niveles residuales se controlan con el propósito de influir en la formación de la matriz metálica durante la reacción eutectoide en estado sólido. Entre ellos, los más usuales son: Cu, Sn, Cr, Mo, Ni, V y Nb.

Aún se definen como **elementos residuales** los que se encuentran en niveles muy bajos en los hierros fundidos y tienen su origen habitualmente en los componentes de la carga metálica de los hornos, así como en los procesos de tratamiento del baño metálico durante la fusión y el vaciado. Los más comunes son: Al, Pb, Ti, Bi, Sb, As, Ce, La, O, N y H. En la mayoría de los casos, estos elementos son considerados nocivos e indeseados, siendo responsables de la aparición de defectos microestructurales o relacionados con gases. En algunas circunstancias, sin embargo, la adición controlada de algunos de estos elementos proporciona corrección de anormalidades en la forma del grafito, incremento de la resistencia mecánica, mejora de la maquinabilidad y/o control del número de células eutécticas.

En la operación normal de la fundición, la composición química de los productos fabricados suele seguir especificaciones definidas en normas suministradas por los clientes, quedando a cargo de los responsables del proceso metalúrgico la determinación de los intervalos más adecuados de los elementos químicos, dentro de las especificaciones recibidas, para garantizar la obtención, con reproducibilidad, de las microestructuras y propiedades mecánicas y físicas requeridas.

El monitoreo de los elementos residuales, usualmente ausentes de las especificaciones de los clientes, deberá realizarse para evitar defectos o problemas en el control del proceso de fusión (aquí principalmente en el caso de los gases O, N y H).

Sin embargo, cuando existe la tarea de desarrollar una pieza fundida en conjunto con los equipos de diseño de los clientes, sea un producto nuevo o con modificaciones para mejorar propiedades y desempeño, es necesario conocer con mayor detalle el efecto de los distintos elementos químicos, a fin de definir el proceso metalúrgico de fabricación.

Como el objetivo final es siempre alcanzar las propiedades mecánicas y físicas requeridas para la aplicación específica de las piezas fundidas, se discute a continuación la influencia básica de los elementos químicos bajo este aspecto, lo que orientará la elección preliminar de los niveles y tipos de elementos a utilizar.

La elección de los contenidos de carbono y de silicio es el primer paso para seleccionar la composición química. A continuación, se ajustan los niveles de manganeso, azufre y fósforo, verificando la necesidad y las ventajas de la utilización de elementos de aleación, normalmente en la fase final del proceso.

3.1 SELECCIÓN DE LA COMPOSICIÓN QUÍMICA BASE

3.1.1 Contenidos de Carbono, Silicio y Carbono Equivalente - CE o Grado de Saturación - S_c

En todos los tipos de hierros fundidos con grafito, los contenidos crecientes de carbono ejercen la siguiente influencia básica:

- aumentan la fluidez del baño metálico para una determinada temperatura de vaciado; el carbono tendría el doble del efecto del fósforo. El aumento de fluidez obtenido por un incremento del orden de 0.1%C (o 0.2%P) equivaldría aproximadamente a un aumento de 15 °C en la temperatura de vaciado para hierros grises hipoeutécticos (6);
- incrementan la cantidad de grafito y la tendencia a la formación de ferrita;
- disminuyen la tendencia a la contracción, al aumentar la cantidad del grafito eutéctico, lo que proporciona un incremento del efecto de expansión del grafito en la autoalimentación durante la contracción secundaria;
- aumentan la propensión a la flotación del grafito;
- reducen las propiedades mecánicas de resistencia, y
- disminuyen la tendencia al coquillado.

Para los hierros fundidos grises:

- aumentan la conductividad térmica y reducen el módulo de elasticidad, favoreciendo la resistencia al ciclado térmico;
- incrementan la capacidad de amortiguamiento de vibraciones;
- dificultan la obtención de superficies lisas en el mecanizado, debido al aumento de la cantidad de grafito laminar;
- incrementan la cantidad de células eutécticas, y
- disminuyen la tenacidad, debido a la morfología del grafito laminar, que se comporta como una discontinuidad lineal.

Para los hierros fundidos nodulares:

- aumentan el número de nódulos y la propensión a la formación de ferrita, tendiendo a incrementar la elongación y a facilitar el maquinado;
- en aleaciones ferríticas reducen la dureza, la resistencia a la tracción y la elongación (7);

- aumentan la tendencia a la flotación de nódulos de grafito, y
- tienden a reducir la resistencia al impacto.

El silicio, por su parte, tendría el siguiente efecto:

- facilita la reacción eutéctica estable durante la solidificación. En la reacción eutectoide, amplía el rango de equilibrio entre la ferrita, la austenita y el grafito, aumentando el porcentaje de ferrita en equilibrio a temperaturas más elevadas;
- facilita la formación de ferrita y, en los nodulares, el aumento de la elongación;
- proporciona una alta capacidad de desoxidación del baño;
- endurece la ferrita por solución sólida, aumentando la resistencia a la tracción y la dureza en materiales ferríticos y reduciendo la elongación en los hierros nodulares;
- eleva la temperatura de transición de fractura dúctil a frágil en los nodulares y, en consecuencia, reduce la resistencia al impacto;
- contenidos crecientes incrementan la resistencia a la tracción para un mismo CE, y
- con mayor porcentaje de Si, la disolución de carburos eutécticos y de la perlita ocurre más rápidamente durante los tratamientos térmicos.

Hierros fundidos grises

Para los hierros grises, los rangos de carbono y de silicio encontrados para las diversas aplicaciones son bastante amplios: 2.5 a 4.0% C y 1.0 a 3.0% Si [2,3]. Sin embargo, los rangos operativos son mucho más estrechos, dependiendo de las propiedades que se planea alcanzar.

El “approach” para definir los niveles preliminares de carbono y de silicio se realiza a través de la relación entre el CE o el Sc y el límite de resistencia a la tracción del material a producir, así como de su influencia en la tendencia a la formación de perlita, ferrita y carburos. No se toma en consideración en esta etapa la utilización de elementos de aleación ni la influencia de diferentes niveles de inoculación en la cantidad de células eutécticas y en la morfología del grafito.

Si, por acaso, se especifica otra propiedad mecánica como principal, aún puede utilizarse el límite de resistencia a la tracción, calculado mediante las fórmulas de correspondencia presentadas en la tabla I, para la determinación del CE[4].

TABLA I: Correspondencia aproximada entre las principales propiedades mecánicas y el límite de resistencia a la tracción para hierros fundidos grises [4]

PROPIEDADES MECÁNICAS	RELACIÓN CON EL LÍMITE DE RESISTENCIA A LA TRACCIÓN – R
Límite convencional de fluencia (0.2%)	(0.8 a 0.9) R
Resistencia a la flexión	(1.5 a 2.5) R
Resistencia al corte (MPa)	R + (40 a 100)
Resistencia a la compresión	(2.5 a 4.0) R
Resistencia a la torsión	(0.9 a 1.5) R
Límite de fatiga (torsión – flexión)	(0.3 a 0.5) R

Partiendo de este principio, la figura 1 muestra la relación entre el CE y la resistencia a la tracción, considerando el efecto de la velocidad de enfriamiento de las piezas con diversas secciones [2].

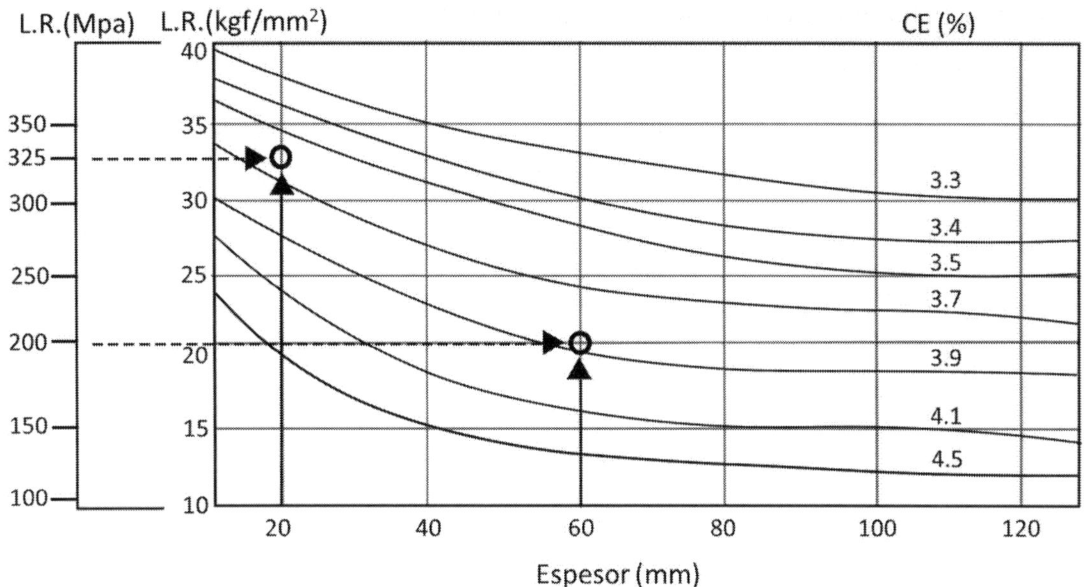

***Fig.1: Variación* del límite de resistencia a la tracción en función del espesor y del CE** [(2)]

La figura 2 correlaciona el CE y el espesor con las estructuras probables a obtener.

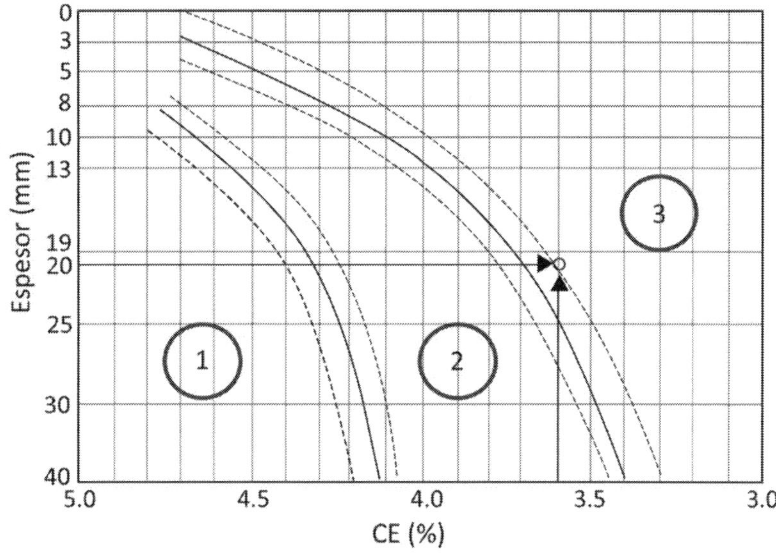

1. **Ferrita y Perlita – baja dureza y fácil maquinabilidad**
2. **Perlita – mayor dureza / resistencia a la tracción con buena maquinabilidad**
3. **Presencia relevante de carburos o hierro blanco. No maquinable por procesos usuales**

Fig.2: Relación entre el CE, el espesor de barras cilíndricas y las estructuras probables [(5)]

Es importante comentar que los espesores de las piezas no son habitualmente uniformes. Además, los perfiles de enfriamiento de secciones con el mismo espesor varían de acuerdo con sus *módulos de enfriamiento* (relación volumen / área efectiva de enfriamiento) y con la influencia de las secciones adyacentes. A esto se suma el efecto que tienen en el enfriamiento:

- diferentes tipos de materiales de moldeo,
- tamaño, material y geometría de los corazones,
- temperaturas y tiempos de vaciado, que definen el gradiente inicial de enfriamiento; y
- uso de enfriadores (pinturas con efecto coquillante, coquillas metálicas, pines, rebabas, aletas, entre otros) o insertos aislantes.

Por esta razón, para estimar inicialmente el CE y verificar la estructura probable, se elige el espesor de la parte de la pieza de donde será retirada la probeta para el ensayo de tracción, o el espesor que predomina en la geometría de la pieza. Resulta evidente que será necesario realizar experimentos para llegar a valores de CE más confiables y también para correlacionar los resultados de tracción de la pieza con los obtenidos en probetas especificadas en las normas técnicas.

Primer ejemplo de aplicación: Determinar el CE y los contenidos preliminares de C y Si para un hierro fundido gris no aleado destinado a la fabricación de piezas cuyo espesor predominante es de 20 mm, especificándose una resistencia mínima de 325 MPa en la pieza.

A través de la figura 1, se verifica que el carbono equivalente para las condiciones requeridas es aproximadamente igual a **3.6%**.

Se observa en la figura 2 que, para la espesura de 20 mm y CE = 3,6%, existe un riesgo considerable de aparición de zonas con carburos de hierro en las regiones de la pieza que se enfrían más rápidamente. Además, puede presentarse grafito de morfología asociada a mayor sobre–enfriamiento (tipos D y E), lo que puede comprometer tanto la resistencia mecánica como la dureza de la pieza, y también su maquinabilidad. Adicionalmente se debe recordar que los más bajos valores de CE pueden llevar a menor fluidez y una mayor tendencia a la formación de rechupes.

En casos como este, se recomienda aumentar el CE y alcanzar la resistencia a la tracción requerida a través de la adición de elementos de aleación y del control más preciso del baño metálico en el horno, así como del proceso de inoculación mediante análisis térmico. De manera complementaria, también puede realizarse tratamientos térmicos posteriormente.

Para la determinación preliminar de los contenidos de carbono y silicio, se utilizan la fórmula del CE y la relación Si/C, que se recomienda esté entre 0.6 y 0.8 [1].

Teniendo en cuenta un contenido de fósforo de 0.1% y una relación Si/C de 0.7, se tiene:

$$3.6\% = \%C + \frac{1}{3}\,(0.7 \times \%C + 0.1) \;\therefore\; \%C \cong 2.9\,\%$$

El contenido de Si será: $\%Si = 0.7 \times 2.9\% \cong 2.0\,\%$

El contenido final de silicio relativamente bajo es otra razón para usar carbonos equivalentes más altos en el ejemplo dado, ya que muchas veces resulta difícil obtener un nivel de Si más bajo en el horno (antes de la inoculación), principalmente cuando se emplean retornos y arrabio como componentes de la carga.

Varias normas técnicas que especifican las propiedades de los hierros fundidos grises muestran indicaciones de intervalos de CE (o Sc), %C y %Si + %P en función de la resistencia a la tracción que se desea alcanzar, de acuerdo con los espesores de las piezas. La tabla II presenta tal recomendación [6].

TABLA II: Indicación de contenidos de CE, C y Si+P en función de la resistencia a la tracción y del espesor de la pieza [6]

Límite de Resistencia a la Tracción (MPa)	ESPESOR DE PIEZAS								
	Hasta 15 mm			De 15 a 25 mm			De 25 a 50 mm		
	% C	% (Si+P)	CE	% C	% (Si+P)	CE	% C	% (Si+P)	CE
140 a 170	3.5 - 3.8	2.6 - 3.4	4.35 - 4.95	3.4 - 3.6	2.5 - 3.1	4.20 - 4.65	3.1 - 3.3	2.4 - 2.8	3.90 - 4.25
170 a 210	3.3 - 3.5	2.4 - 2.9	4.10 - 4.45	3.2 - 3.4	2.3 - 2.8	3.95 - 4.35	3.0 - 3.3	2.1 - 2.5	3.65 - 4.15
210 a 240	3.2 - 3.4	2.2 - 2.6	3.95 - 4.25	3.1 - 3.3	2.2 - 2.6	3.80 - 4.15	2.9 - 3.2	1.8 - 2.4	3.50 - 4.00
240 a 280	3.1 - 3.3	2.1 - 2.5	3.80 - 4.15	3.0 - 3.2	1.9 - 2.4	3.65 - 4.10	2.8 - 3.1	1.7 - 2.2	3.35 - 3.85
280 a 350	3.0 - 3.2	2.0 - 2.4	3.65 - 4.10	2.8 - 3.1	1.8 - 2.3	3.50 - 3.90	2.7 - 3.0	1.6 - 2.0	3.25 - 3.70

Se puede verificar que los valores calculados para el ejemplo se encajan en los intervalos indicados en la tabla II. Como regla general, para los hierros fundidos grises, el CE es menor que 4.35%, es decir, hipoeutéctico en relación con el diagrama de equilibrio Fe-CE.

Segundo ejemplo de aplicación: Determinar el CE y los contenidos preliminares de C y Si para un hierro fundido gris no aleado destinado a la fabricación de piezas cuyo espesor predominante es de 60 mm, especificándose una resistencia mínima de 200 MPa en la pieza.

En la figura 1 es posible verificar un CE aproximado de 3.9% para las condiciones solicitadas.

Teniendo en cuenta un contenido de fósforo de 0.1% y una relación Si/C = 0.7, se tiene:

$$3.9\% = \%C + \frac{1}{3}\,(0.7 \times \%C + 0.1) \ \therefore\ \%C \cong 3.15\,\%$$

El contenido de Si será: $\%Si = 0.7\ \times 3.15\ \% \ \cong 2.20\ \%$

La figura 2 no presenta datos para espesores superiores a aproximadamente 40 mm. No obstante, es fácil verificar que el campo relacionado con materiales de estructuras perlíticas más resistentes y con buena maquinabilidad aumenta para intervalos mayores de CE cuando se incrementa el espesor de la pieza.

Hierros fundidos nodulares (SGI) y con grafito compacto - vermiculares (CGI)

Para los nodulares, la selección de los contenidos de CE, de carbono y de silicio tiene como propósito fundamental la obtención de un número elevado de nódulos con buena distribución a lo largo de las secciones. De este modo se evitan segregaciones, la formación de porosidad – rechupes de contracción secundaria – y la aparición de carburos, dificultándose además la flotación y degeneración del grafito en las áreas sometidas a menor velocidad de enfriamiento.

La mayor cantidad de nódulos de menor diámetro y mejor distribuidos, obtenida mediante el control de la inoculación, reduce la sensibilidad del material al efecto de la variación de la velocidad de enfriamiento en las distintas secciones de la pieza y en los "puntos calientes" (uniones, esquinas vivas, secciones afectadas por concentración de corazones o en las regiones cercanas a las mazarotas), así como en superficies con enfriadores metálicos o con pintura que intensifica el enfriamiento en zonas específicas.

El efecto sobre el número de nódulos y su distribución depende, en esencia, de la eficiencia de la inoculación. Sin embargo, el aumento del CE y de la cantidad de grafito, además de contribuir al número de nódulos, constituye el factor fundamental en el incremento del rendimiento metalúrgico de la pieza y en la reducción de la porosidad (rechupe) de contracción secundaria[7,8].

Como orientación inicial, la tabla III presenta intervalos de carbono (C), silicio (Si) y carbono equivalente (CE) para materiales no aleados, considerando la influencia del espesor de la sección de la pieza en la constitución de la matriz metálica.

TABLA III: Indicación general para la selección de los contenidos de carbono, silicio y CE en hierros nodulares [4,7]

MATRIZ	SECCIÓN DE LA PIEZA								
	Hasta 25 mm			De 25 a 50 mm			Por encima de 50 mm		
PERLÍTICO - FERRÍTICA	%C	%Si	%CE	%C	%Si	%CE	%C	%Si	%CE
	3.6 - 3.8	2.3 - 2.5	4.35 - 4.60	3.5 - 3.7	2.2 - 2.5	4.25 - 4.50	3.4 - 3.6	2.1 - 2.3	4.10 - 4.35
FERRÍTICA	%C	%Si	%CE	%C	%Si	%CE	%C	%Si	%CE
	3.6 - 3.8	2.6 - 2.9	4.45 - 4.65	3.5 - 3.7	2.4 - 2.7	4.30 - 4.55	3.4 - 3.6	2.2 - 2.5	4.20 - 4.45

Es necesario señalar que los valores indicados en la tabla III, a pesar de representar los rangos encontrados en la producción de nodulares comerciales, deben considerarse como meramente orientativos y sirven como un paso inicial para la determinación de la composición química deseada para un determinado tipo de pieza y especificación.

Conviene llamar la atención, en lo que respecta a este contexto, que:

- El aumento de la cantidad de grafito y del número de nódulos conseguido a través del incremento del CE y de la eficiencia de la inoculación facilita la formación de ferrita, por la disminución del espacio para la difusión del carbono durante la reacción eutectoide. Este efecto se ve favorecido por el aumento del intervalo de equilibrio entre ferrita, grafito y austenita en la región del diagrama de equilibrio correspondiente a la transformación eutectoide cuando el carbono equivalente se eleva, aumentando el porcentaje de ferrita en equilibrio a temperaturas más altas.
- La obtención de diferentes relaciones entre perlita y ferrita está determinada, en realidad, por los contenidos de manganeso y de elementos de aleación (Cu, Sn, Nb, Ni, Cr y Mo, en general), para un espesor de pieza, temperatura de vaciado y tiempo de desmoldeo establecidos, considerando el número de nódulos obtenidos y su distribución. El uso de elementos de aleación reduce, en este caso, un efecto más pronunciado de las diferentes velocidades de enfriamiento en la pieza, causadas por la geometría, concentración de corazones o práctica de direccionamiento de la solidificación (como el uso de insertos aislantes o enfriadores).
- El espesor indicado en la tabla III se refiere a barras con secciones rectangulares o cuadradas, usualmente encontradas en las probetas especificadas por las normas técnicas. No reflejan, por lo tanto, el efecto de la velocidad de enfriamiento de las secciones de las piezas con módulos diferentes, sus uniones o el impacto térmico entre las distintas áreas y secciones de la pieza. Se recomienda aquí elegir el "espesor medio" de la pieza o, de manera más aconsejable, el espesor (o módulo) de la sección de la pieza donde serán retiradas probetas para la determinación de la resistencia a la tracción, dureza u otras propiedades mecánicas.

Cuando se producen piezas con secciones gruesas ($\geq$ 100 mm), el carbono equivalente objetivo es $\leq$ 4.35%. No deben utilizarse valores más elevados, porque las piezas con secciones gruesas tienden a comportarse de manera más próxima al equilibrio termodinámico reflejado en el diagrama de equilibrio. Por lo tanto, valores de CE > 4.35% tienden a comportarse efectivamente como hipereutécticos, con la formación de grafito primario principalmente en las áreas con menor velocidad de enfriamiento.

Nódulos grandes flotarán y formarán áreas concentradas, que pueden considerarse como "vacíos" en la pieza por no poseer resistencia mecánica. Además de afectar la integridad de la sección, generan defectos superficiales si la superficie es maquinada. Adicionalmente, si existe interacción con la segregación de elementos residuales (a discutir en el ítem 3.3), podrá producirse la degeneración del grafito en áreas más extensas, volviendo más crítico el problema de heterogeneidad microestructural y de las propiedades mecánicas resultantes, que no cumplirán con las especificaciones.

Un intervalo de CE de 4.10 a 4.35% es, entonces, recomendado en la fabricación de piezas gruesas, reduciendo la propensión a la formación de grafito "explotado" y a la flotación de nódulos, que aún puede agravar defectos relacionados con "drosses". Se busca siempre los valores más altos de CE para reducir el uso de mazarotas y la porosidad derivada de la contracción secundaria. El carbono es normalmente mantenido por debajo de 3.8% y el silicio máximo indicado es de 2.3%.

Para piezas con secciones más delgadas, como por ejemplo los componentes fabricados para la industria automotriz, la solidificación hipoeutéctica característica se verifica usualmente para CE hasta 4.60%, en virtud del efecto de la inoculación y de las velocidades de enfriamiento conferidas por los moldes, entre otras variables, como se discutió en el capítulo anterior.

Cuando las secciones tienen un espesor $\leq$ 3 mm, se recomienda un intervalo de CE entre 4.5% y 4.7%, para ayudar a eliminar el coquillado. El Si final debe mantenerse por debajo de 2.8%, para evitar la disminución de la resistencia al impacto.

Para piezas con secciones delgadas, se considera que el baño líquido debe ser preacondicionado, idealmente con 0.2 – 0.7% de SiC en la carga, por ejemplo, o con la adición de productos específicos para preacondicionamiento, que son añadidos cuando el baño ya está líquido, conforme se discutió en el capítulo 2. La inoculación debe realizarse por etapas, dividiéndose el porcentaje total de adición del inoculante entre la olla de vaciado y el chorro del metal durante el vaciado y/o mediante el uso de insertos inoculantes en el molde. Para este tipo de piezas, denominadas "paredes delgadas (thin-walled)", sigue siendo útil la adición de Bi y de tierras raras para potenciar el efecto nucleante, obteniéndose, en consecuencia, un elevado número de nódulos, como se discutirá posteriormente.

Sin embargo, conviene recordar que, incluso en piezas con secciones más delgadas, pueden existir regiones en las que la velocidad de enfriamiento sea menor por cualquiera de las razones ya mencionadas anteriormente. El líquido residual en estas regiones se vuelve hipereutéctico debido a la concentración de carbono resultante de la solidificación de secciones adyacentes, constituyendo este un factor adicional a considerar en la elección del intervalo de CE a emplear.

En los hierros nodulares, en términos generales, los contenidos finales de silicio se sitúan entre 2.0 y 2.8%[9], estando la relación Si/C usualmente entre 0.6 y 0.8 (como en los grises). La selección del silicio, sin embargo, debe considerar al mismo tiempo sus efectos sobre las propiedades mecánicas. El Si endurece la ferrita por solución sólida, tendiendo a reducir la elongación, además de aumentar la dureza en materiales ferríticos, principalmente después del recocido. Cuando se requiere mayor resistencia al impacto, deben considerarse contenidos de silicio inferiores a 2.3%.

En el caso de los hierros fundidos con grafito vermicular/compacto (CGI), el intervalo recomendado para el CE es de 4.35 a 4.60%, variando el carbono entre 3.60% y 3.80% y el silicio entre 2.10% y 2.40%.

Como la inoculación es bastante menor en comparación con los nodulares, el CE puede ser más alto, garantizando las condiciones para la autoalimentación que conduce al aumento del rendimiento metalúrgico y a la reducción de rechupes de contracción secundaria, sin el riesgo de ocurrencia de grafito primario, como se discutió anteriormente. Como en el caso del SGI, se recomienda examinar las áreas o secciones que se enfrían más lentamente. Si hubiera formación significativa de grafito hipereutéctico (que aquí siempre será nodular), o bien se reduce el CE (disminuyendo el carbono), o bien se actúa sobre el enfriamiento de esas secciones con enfriadores, rebabas, salidas de metal (pernos) o pintura a base de telurio.

Cuando las secciones son delgadas (< 4 mm aprox.), el porcentaje de nódulos en el CGI tendrá a superar la especificación usual de 20% máx., debido al efecto nodulizante conferido por las mayores velocidades de enfriamiento. Es posible encontrar entre 30 y 60% de grafito nodular con matriz perlítica fina, dependiendo de la geometría de la pieza y del sistema de canales de vaciado. Sin embargo, esta microestructura podrá ser ventajosa para secciones sometidas a mayores esfuerzos mecánicos, ya que la resistencia mecánica y la rigidez serán más elevadas (550 a 600 MPa) en esas regiones [10,98].

Por otro lado, para garantizar una transferencia de calor eficiente y una buena maquinabilidad en la región de los cilindros de bloques de motor con paredes nominales de 2.7 mm (± 0.8 mm)[98], se evita este aumento del porcentaje de nódulos mediante un diseño adecuado del sistema de canales, además de añadir masa metálica en esas regiones para reducir la velocidad de enfriamiento. Este exceso de metal se elimina posteriormente por maquinado, sin afectar, por consiguiente, el peso final de la pieza.

3.1.2 Contenidos de Azufre y Manganeso

Es habitual analizar en conjunto los efectos del manganeso y del azufre cuando se realiza la selección de la composición química de los hierros fundidos grises.

Inicialmente, la razón de este procedimiento está vinculada a la necesidad de obtener contenidos de manganeso suficientes para combinarse con el azufre formando MnS y, de este modo, evitar la generación de FeS, que es un compuesto frágil de elevada dureza, que se segrega en las regiones intercelulares durante la solidificación [11].

Para que esto ocurra, la relación entre los porcentajes de manganeso y de azufre debe ser de 1.7, considerando la estequiometría de la reacción de formación del MnS. Sin embargo, como práctica habitual en las fundiciones, para garantizar que todo el azufre forme MnS y que exista Mn libre para actuar como perlitizante, se utiliza normalmente un exceso de Mn sobre ese valor, conforme a la fórmula que se indica a continuación:

$\%\,Mn = 1.7\ \times\ \%\,S +\ X$[11,12], donde X normalmente varía entre 0.3 y 0.7.

Se han realizado estudios y experimentos para determinar qué combinaciones de azufre y manganeso promoverían las mejores condiciones para obtener la mayor resistencia a la tracción en los materiales[11,12]. Sin embargo, para alcanzar la optimización esperada, es necesario considerar:

- el efecto del grado de nucleación del metal final después de la inoculación, y su influencia en el número de células eutécticas, forma, tamaño y distribución del grafito laminar. El objetivo es siempre obtener grafito del tipo A;
- la tendencia a una mayor o menor segregación del azufre en el líquido residual intercelular y su acción en el desarrollo de formas anómalas de grafito, y
- el efecto del manganeso y de la velocidad de enfriamiento de la pieza en la formación de perlita y su espaciamiento interlaminar (perlita gruesa o fina).

Se recomienda que las piezas de hierro gris producidas a partir de metal fundido en hornos de inducción tengan un contenido de azufre mayor que <u>0.03%</u> para facilitar la nucleación y la acción de los inoculantes grafitizantes, que pueden contener elementos químicos (como el bário, el estroncio y el cerio) que también forman sulfuros estables. El intervalo sugerido sería de <u>0.04% a 0.09% S</u>.

A medida que el porcentaje de azufre aumenta, se debe incrementar el valor de *X* para garantizar materiales con mayor resistencia dentro de los límites esperados para cada clase de materiales especificados en las normas técnicas. El efecto perlitizante del Mn, en este caso, pasa a tener una influencia más visible, contribuyendo al aumento de la resistencia a la tracción.

El uso de porcentajes de Mn superiores a 0.8%, con el objetivo de promover y controlar la cantidad de perlita en la microestructura, sin embargo, puede conducir a un aumento excesivo de la dureza superficial, aunque esté asociado a límites de resistencia a la tracción más elevados. Para no afectar demasiado la dureza, se controla el grado de nucleación para evitar la formación de carburos y garantizar un número adecuado de células eutécticas que aseguren uniformidad en la forma y distribución del grafito. Se minimiza, al mismo tiempo, una eventual segregación de otros elementos químicos. Adicionalmente, se debe reducir el nivel de Mn (empleando valores más bajos de *X*) y añadir elementos con efecto perlítico, como el Cu, Sn y Ni, en sustitución.

Para niveles de azufre superiores a 0.12%, lo que ocurre habitualmente en materiales no aleados provenientes de cubilote, la resistencia tiende a disminuir, independientemente del contenido de manganeso utilizado.

Puede haber, en este caso, formación de grafito tipo D en los contornos de células[13]. Sin embargo, el efecto de estas regiones en la reducción de la resistencia solo se manifiesta cuando se desarrollan microestructuras ferríticas asociadas a estas áreas. Si el contenido de manganeso es más alto, especialmente en secciones sometidas a velocidades de enfriamiento más elevadas, se forma perlita, evitando así el efecto de los puntos blandos en la resistencia mecánica. Cabe destacar que el aumento del número de células eutécticas, mediante una inoculación más eficiente, minimiza o evita la formación de grafito tipo D en las últimas etapas de la solidificación para altos contenidos de azufre.

Puede ocurrir, adicionalmente, una fragilización de la estructura, incluso con alteración del mecanismo de fractura de los hierros grises, cuando el contenido de azufre es demasiado alto y no está compensado por el manganeso. La segregación del azufre libre puede promover la aparición de grafito "spiky"[(13)], ejemplificado en la figura 3.

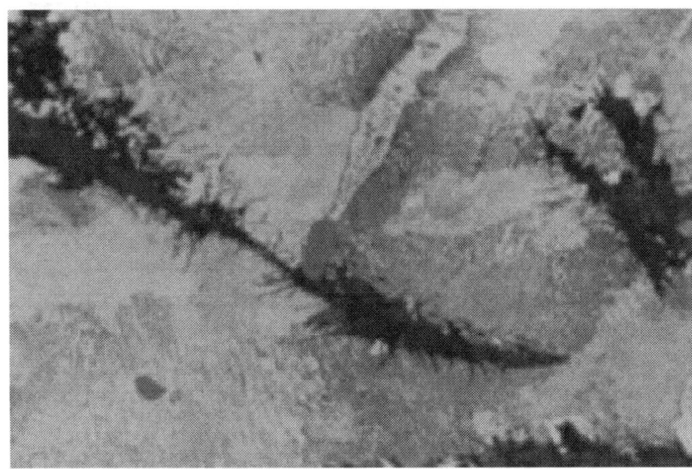

Fig.3: Grafito "spiky" en hierro fundido gris (nital, 400x)

Para los materiales con contenidos de azufre superiores a 0.12%, se recomienda adicionar elementos de aleación para garantizar que las clases normalizadas de hierros grises sean producidas de manera consistente, posibilitando la reducción del valor de *X*. De este modo se mantienen los porcentajes de manganeso por debajo de 0.8%, lo que disminuye la tendencia a la formación de carburos y/o el aumento de la dureza superficial. Como ejemplo, se cita la obtención de materiales con resistencia a la tracción y dureza Brinell compatibles con la clase ISO 250, conteniendo azufre entre 0.12% y 0.18% y aleados con Cu (0.60–0.65%), Sn (0.06–0.07%) y Cr (0.15–0.25%), siendo los porcentajes de Mn calculados para *X* = 0.3. Con CE alrededor de 4.15%, la microestructura de todas las aleaciones indicó la presencia de grafito tipo A en matriz predominantemente perlítica [(14)].

Niveles de Mn < 0.8% también ayudan a reducir la formación de óxido de manganeso. Escorias ricas en óxidos de manganeso atacan los revestimientos refractarios ácidos y, al ser más fluidas, su entrada en los moldes durante el vaciado es difícil de contener. Durante la solidificación, estos óxidos y silicatos reaccionan con el grafito generando CO y originando "blow holes" esféricos. Muchas veces subsuperficiales, las burbujas solo son observadas después de la primera operación de acabado. Temperaturas bajas de vaciado (en general por debajo de 1380 °C) aumentan la incidencia de estos defectos, lo que se agrava cuando el contenido de azufre es mayor que 0.09%. El examen metalográfico indica la presencia de sulfuros de manganeso segregados en áreas de escoria asociadas a los defectos. En metales provenientes de cubilote, muchas veces es necesario efectuar una desulfuración continua del metal líquido para evitar la ocurrencia de estos defectos.

Para SGI o CGI, el nivel de azufre debe ser bastante bajo, dado que, al igual que el oxígeno, su presencia es perjudicial para la formación de grafito nodular o compacto[(14)]. Se recomiendan contenidos máximos entre <u>0.02% y 0.03% S</u> en el metal base que va a ser tratado con elementos nodulizantes como el Mg y el Ce (+ otras tierras raras). El rango en el metal final deberá ser de <u>0.005 a 0.020% S</u> [(10)].

En cuanto al manganeso, considerando que no se estén adicionando otros elementos de aleación perlítizantes, se indican contenidos entre 0.5% y 0.8% para obtener matrices predominantemente perlíticas en piezas delgadas o de espesor medio de SGI o CGI. Porcentajes de 0.2% a 0.4% Mn están normalmente asociados a matrices ferríticas o ferrítico–perlíticas.

3.1.3 Contenido de Fósforo

El fósforo tiene una solubilidad limitada en la austenita, que se reduce a medida que aumenta el contenido de carbono. De esta forma, se segrega hacia el baño líquido durante la solidificación.

Incluso presente en bajos contenidos (< 0.05% P), da origen a un eutéctico hierro–fosfuro de hierro, denominado *steadita*, cuyo punto de fusión se sitúa alrededor de 950 °C(16,18). La *steadita* se encuentra en las últimas regiones a solidificar.

Siendo un constituyente duro y frágil, localizado en los contornos de las células, la *steadita* disminuye la ductilidad del material. Dependiendo de la cantidad, también reduce el límite de resistencia a tracción y aumenta la dureza, además de dificultar el maquinado. Por esta razón, se recomienda el uso de contenidos de fósforo inferiores a 0.10%, cuando el propósito es fabricar hierros fundidos grises de mayor resistencia mecánica. Una inoculación adecuada dispersa las partículas de *steadita*, reduciendo su efecto desfavorable, que incluye el riesgo de formación de porosidad debido a la contracción durante su solidificación. Esto se agrava por la propensión a concentrarse en centros térmicos y puntos calientes de las piezas (17,18).

No se recomienda, sin embargo, el uso de porcentajes menores que 0.05% P por la tendencia al aumento de las reacciones metal–molde, con la aparición de defectos de "penetración" y *veining*(17,18). Contenidos de fósforo entre 0.02% y 0.05% son frecuentemente encontrados en el metal líquido producido a partir de cargas metálicas que utilizan elevadas proporciones de chatarra de acero.

Porcentajes de fósforo por encima de 0.15–0.20% promueven la formación de partículas de *steadita* con formato parcialmente triangular, en la unión de tres células eutécticas(19), como se presenta en la figura 4(a). Niveles más elevados que 0.4% P originan una red de *steadita* alrededor de las células eutécticas y de las dendritas de austenita, como se muestra en la figura 4(b).

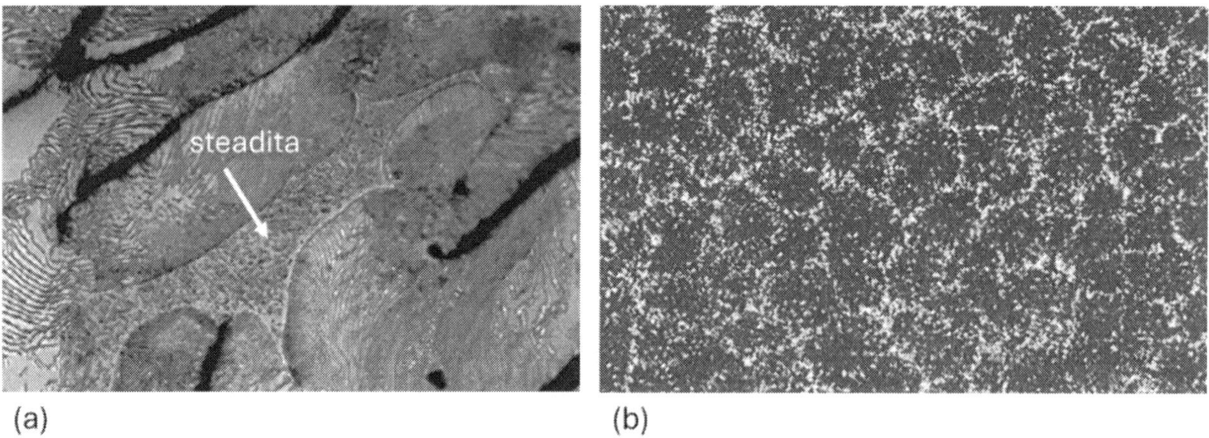

Fig.4: (a) *Steadita* en hierro gris (nital, 500x)(20); (b) Macrografía de hierro fundido gris mostrando red intercelular de *steadita* (reactivo de Stead, 10x) (3)

Microestructuras como la presentada en la figura 4(b), para contenidos de P entre 0.4% y 0.7%, son deseadas para aplicaciones donde se objetiva resistencia al desgaste por abrasión.

Camisas de cilindro para motores producidas por moldeo en arena verde o por fundición centrífuga constituyen probablemente el mejor ejemplo de aplicación de este material. Se producen hierros fundidos grises compatibles con la clase ISO 225, con dureza Brinell en el rango de 240 a 280 HB (22). Las aleaciones presentan 0.4% a 0.7% P, CE < 4.3% (con relación Si/C de 0.5 a 0.7), S < 0.09%, y adiciones de

Cu (< 0.5%), Cr (< 0.5%) y Mn (< 0.8%). La inoculación debe ajustarse para obtener grafito del tipo A en matriz perlítica. La incorporación de molibdeno en porcentajes inferiores a 0.5% en este tipo de material permite alcanzar clases de resistencia más elevadas (ISO 250 a ISO 300) por fundición centrífuga, sin alterar el rango de dureza Brinell [21].

Camisas de cilindro con alta resistencia mecánica a temperaturas elevadas también se producen con bajo contenido de fósforo (P < 0.10%), añadiendo molibdeno y níquel en niveles elevados (Mo entre 1.0% y 1.5% y Ni > 1.0%). Para Mn < 0.5% y sin la adición de otros elementos de aleación (Cr y Cu), se obtiene una matriz predominantemente bainítica. El límite de resistencia a la tracción se sitúa en el rango de 400 – 600 MPa, con dureza entre 270 y 330 HB, siempre que la inoculación sea adecuada para garantizar la prevalencia de grafito tipo A, sin presencia de carburos.

Hierros fundidos grises con 2.5 – 3.5% P se utilizan para fabricar zapatas de freno para trenes. La alta resistencia al desgaste, asociada con una baja tendencia a la formación de chispas, convierte a estos materiales en la elección ideal para esta aplicación [19].

Cuando la finalidad es aumentar la fluidez, para la producción de piezas con paredes muy delgadas o piezas artísticas y rejas para cercas, se emplean porcentajes de 1.0% a 1.6% P. Sin embargo, se recomienda que la fluidez sea incrementada en la medida de lo posible mediante el aumento de los contenidos de carbono y silicio, y/o de la temperatura de vaciado, antes de elevar excesivamente el nivel de fósforo [16,23].

En términos de fluidez, el efecto del fósforo corrige la fórmula del CE, generando el CEF – Carbono Equivalente de Fluidez (también llamado "factor de composición en la fluidez"), según lo siguiente [23]:

$$CEF = \%C + \frac{\%\,Si}{3} + \frac{\%\,P}{2}$$

Los hierros fundidos con el mismo CEF (grises, nodulares, con grafito compacto y blancos no aleados o con bajo contenido de elementos de aleación) presentan fluidez similar para una determinada temperatura de vaciado[23,24], lo que se indica en la figura 5.

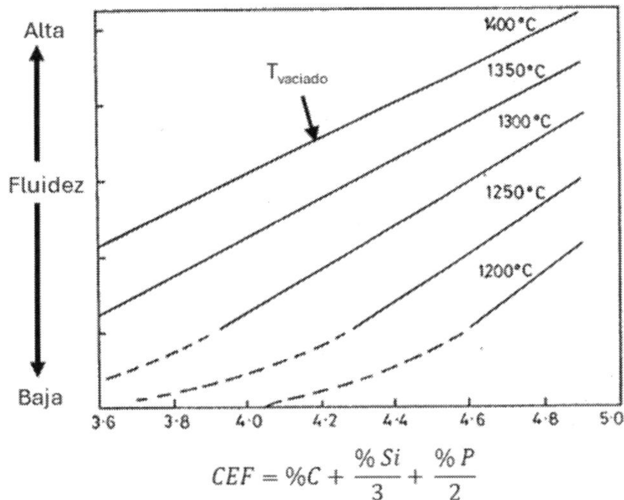

Fig.5: Relación entre la fluidez y el valor del CEF – Carbono Equivalente de Fluidez [23,24]

La fluidez se mejora con el aumento del contenido de uno o más de los elementos químicos de la expresión del CEF, para una determinada temperatura de vaciado, hasta el valor de 4.6%. Valores superiores resultan en materiales "viscosos", con fluidez bastante baja. Un incremento de 14–17 °C en la temperatura de vaciado tendría el mismo efecto sobre la fluidez que un aumento de 0.1% en el CEF para una temperatura de vaciado constante[23]. La fluidez no se ve afectada por ningún otro componente de la composición química de los hierros fundidos.

Para los hierros fundidos nodulares o con grafito compacto, el rango de 0.05% a 0.10% P suele especificarse. Sin embargo, se recomiendan valores entre 0.02% y 0.05% P para evitar una reducción pronunciada de la elongación y un aumento de la dureza superficial, o cuando se requiere elevada resistencia al impacto[25], principalmente en materiales con matriz ferrítica obtenida en el estado bruto de fundición o mediante tratamiento térmico. Niveles de fósforo inferiores a 0.02% y Mn < 0.4% se indican cuando el contenido final de Si sea superior a 2.6%[26]. El efecto fragilizante del fósforo potencia el del silicio en la elevación de la temperatura de transición frágil–dúctil. P < 0.05% también se prescribe cuando el material estará sometido a condiciones fragilizantes, como tratamientos superficiales en caliente (como galvanización, por ejemplo), o tratamientos de temple y revenido [27].

3.2 ELEMENTOS DE ALEACIÓN

Se presenta en el cuadro I a continuación un resumen de los efectos y de los límites de adición habituales de los principales elementos de aleación empleados para aumentar las propiedades mecánicas, cuya suma porcentual en general no sobrepasa el 3% en los hierros fundidos comerciales. El uso de estos componentes permite aumentar el carbono equivalente de los hierros fundidos, facilitando la reacción eutéctica estable y el incremento del rendimiento metalúrgico en el molde (relación peso pieza / peso pieza + sistema de alimentación y vaciado). No se aborda aquí el caso de los "hierros fundidos especiales" con alto contenido de elementos de aleación.

CUADRO I : Efectos principales de los elementos de aleación habitualmente adicionados a hierros fundidos para incrementar las propiedades mecánicas [1-3, 6, 28-46]

ELEMENTO QUÍMICO	CONTENIDOS TÍPICOS		EFECTOS PRINCIPALES	
	GRISES	SGI y CGI	HIERRO FUNDIDO GRIS	SGI y CGI
Cobre (Cu)	Hasta 1.5%		Actúa como grafitizante en la reacción eutéctica y perlitizante en la reacción eutectoide	
			No afecta las propiedades de impacto en hierros fundidos perlíticos	
			Se añade generalmente en asociación con Sn y Cr para la obtención de materiales con alta resistencia a la tracción y resistencia al desgaste, calculándose el límite de adición conjunta según la fórmula de Cobre equivalente: %Cu eq = %Cu + 10x%Sn + 0.5x%Mn + 1.2x%Cr, que pondera el efecto de esos elementos en relación con el cobre. Usualmente: Sn < 0.10%; Cr < 0.40%; Mn < 0.6% e Cu < 1.0%	
			También puede añadirse en conjunto con Mo, además del Cr, cuando el objetivo es la resistencia a la fatiga térmica y a la tracción a altas temperaturas. Usualmente: Cu < 1.0%; Cr < 0.40% y Mo < 0.30%. El refinamiento de la perlita también se logra mediante este tipo de adición conjunta, incrementando la resistencia a la tracción y al desgaste	
				Aumenta la dureza superficial de SGI austemperados y de piezas sometidas a temple superficial
Estaño (Sn)	Hasta 0.10%		Actúa como fuerte perlitizante, pero no promueve la formación de carburos. Aumenta la resistencia a la tracción y la dureza, pero tiende a reducir la tenacidad	
			Es eficiente en la eliminación de ferrita en áreas con grafito del tipo D en hierros grises, pero normalmente se añade junto con otros componentes, de acuerdo con la fórmula del cobre equivalente	
			Contenidos superiores a 0.1% Sn pueden fragilizar la matriz metálica, particularmente en los hierros nodulares y con grafito compacto perlíticos. La resistencia a la tracción se reduce, aumentando el riesgo de aparición de grietas	
Níquel (Ni)	Hasta 2.0%		Actúa como grafitizante en la reacción eutéctica y disminuye la estabilidad de los carburos	
			Es perlitizante menos potente en la reacción eutectoide, pero aumenta la estabilidad de la perlita. Tiende a promover perlita fina	
			Añadido para contrarrestar el efecto coquillante del cromo, del vanadio y del molibdeno en aleaciones de alta resistencia mecánica y al desgaste	
			Ayuda a la obtención de matrices bainíticas, en adición conjunta con el Mo (< 1.5%) e Cr (< 0.4%)	

Cromo (Cr)	Hasta 0.60%	Hasta 0.40%	Fuerte promotor y estabilizador de carburos	
			Perlitizante, usualmente añadido en conjunto con otros componentes grafitizantes como el Cu (Cu equivalente) y el Ni	
			Se segrega hacia los contornos de las celulas, aumentando la tendencia a la formación de carburos intercelulares y la propensión a generar microrechupes de contracción secundaria	
			Aumenta el intervalo de contracción primaria (TAL – TSE en la curva de análisis térmico) y, en consecuencia, la tendencia a la formación de rechupes primarios, principalmente cuando está asociado a otro estabilizador de carburos como el molibdeno	
			Muy utilizado para mejorar las propiedades mecánicas a altas temperaturas, particularmente en conjunto con el molibdeno, cuando el objetivo es la resistencia a la fatiga térmica o al choque térmico	
			La adición conjunta de cromo y molibdeno (Cr + Mo entre 0.6% y 1.0%) se realiza para aumentar la resistencia a la fatiga en árboles de levas fabricados con coquillado en los lóbulos, que son después templados	
			Contribuye a la resistencia a la corrosión de los materiales	
Molibdeno (Mo)	Hasta 0.50%	Hasta 0.70%	Promueve y estabiliza carburos, de manera menos intensa en relación con el cromo	
			Perlitizante, favoreciendo la formación de perlita fina	
			Bastante utilizado para mejorar las propiedades mecánicas a temperaturas elevadas, principalmente en piezas sometidas a ciclado térmico y a choque térmico. El CGI con Mo > 0.15% y el SGI con 4% Si y Mo entre 0.5% y 1.0% son recomendados para esta aplicación	
			Con el mismo comportamiento del cromo y, especialmente en asociación con otros estabilizadores de carburos, aumenta la tendencia a la formación de rechupes de contracción primaria y secundaria	
			Se segrega hacia los contornos de células	
			Favorece la obtención de matrices bainíticas en secciones gruesas (generalmente hasta 50 mm), después de martempera	
			Aumenta significativamente la templabilidad	
Vanadio (V)	Hasta 0.5%		Forma carburos bastante estables y resistentes al recocido (aproximadamente 2.5 veces más fuerte que el cromo)	
			Efecto perlitizante menos intenso, favoreciendo la formación de perlita fina	
			Utilizado cuando se requieren elevadas propiedades mecánicas a altas temperaturas	
			Usado en asociación con el cobre (hasta 1.0%), que compensa, junto con la inoculación, el efecto coquillante del vanadio en aleaciones resistentes a la fatiga térmica	
			Reduce la tendencia a la formación de fisuras cuando el contenido de nitrógeno es más alto	
Niobio (Nb)	Hasta 0.80%	Hasta 0.50%	Promotor de la formación de carburos (aproximadamente un 50% menos potente que el Cr) y perlitizante, al interferir en la transformación de la austenita, retrasando la formación de la ferrita	
			Reacciona con el nitrógeno y el carbono formando carbonitruros, cuya presencia en el líquido favorece el refinamiento de las dendritas de austenita y de las células eutécticas. De esta manera, promueve altos niveles de resistencia mecánica	
			Hasta 0.1% Nb combinado con Cr (< 0.50%), Mo (< 0.3%) y Ti (200 – 400 ppm) permite la obtención de hierros fundidos grises hipereutécticos con elevada capacidad de amortiguación de vibraciones y conductividad térmica, asociadas a una mayor resistencia a la tracción y al desgaste	Adiciones de hasta 0.5% Nb en SGI con CE entre 4.30% y 4.50% aumentan la resistencia a la tracción y el límite de fluencia, sin una reducción apreciable de la elongación o incremento significativo de la dureza superficial, lo que favorece la maquinabilidad
			Forma carburos distribuidos a lo largo de la matriz	
			Tiene un efecto en la resistencia mecánica similar al del vanadio	
			Aumenta la resistencia a la tracción sin ocasionar un incremento significativo de la dureza superficial, lo que favorece la maquinabilidad. Reduce la elongación en los nodulares	

3.3 ELEMENTOS QUÍMICOS RESIDUALES

Como se comentó anteriormente, varios elementos químicos están presentes en los hierros fundidos en niveles mínimos y provienen, por lo general, de los materiales de carga utilizados, de las adiciones realizadas durante la fusión y el vaciado, y de la interacción con materiales de moldeo y de corazones. Normalmente indicados en porcentaje o, más frecuentemente, en *partes por millón* (ppm), estos componentes químicos no suelen estar presentes en las especificaciones de composición química de los clientes, sean obligatorias o indicativas.

Estos elementos, denominados "residuales", pueden tener una influencia notable en la calidad de las piezas, por la manera en que afectan la microestructura, la sanidad y las propiedades del material. En la mayoría de los casos, y con niveles que varían de elemento a elemento, dependiendo de la geometría y espesor de las secciones de las piezas, el efecto observado es perjudicial. Por esta razón, el proceso de fabricación, definido en la etapa de desarrollo de la fundición, debe estipular límites máximos para los porcentajes de estos elementos residuales no solo en las piezas, sino también en los retornos que serán utilizados como componentes de las cargas metálicas. La razón es la contaminación progresiva y acumulativa de los retornos por su uso cíclico.

Sin embargo, en casos particulares, el control del porcentaje de ciertos elementos promueve la mejora de las propiedades mecánicas y físicas de las piezas, mediante la elección de materiales de carga y tratamientos del baño, o por la adición intencional y con criterio de los componentes que los contienen. Se puede intentar clasificar los elementos residuales en cuatro grupos, dependiendo de sus efectos principales. No obstante, algunos de estos elementos tienen más de un efecto, dañino o benéfico, y exhiben una relación compleja entre ellos[(44)]. Estas categorías, con ejemplos de los elementos comprendidos, serían:

1. **Formación de carburos eutécticos:** telurio, bismuto y boro;
2. **Formación de perlita:** arsénico, antimonio y nitrógeno;
3. **Forma y distribución del grafito:** telurio, plomo, bismuto, titanio, antimonio, nitrógeno, cerio y otras tierras raras; y
4. **Formadores de defectos relacionados con la sanidad:** hidrógeno, nitrógeno, aluminio y titanio.

Algunos elementos residuales son capaces de estimular o modificar los efectos de otros. Como ejemplo, el hidrógeno incrementa la incidencia de formas anómalas de grafito en hierro fundido gris en presencia de pequeñas cantidades de plomo. En cambio, porcentajes muy reducidos de cerio en el SGI pueden neutralizar la influencia nociva de varios otros elementos residuales [(47)].

A continuación, se presentan los efectos de los elementos residuales considerados más importantes en la manufactura de los hierros fundidos comerciales.

➢ ***Nitrógeno y Titanio***

Parte del nitrógeno contenido en los materiales de carga puede permanecer en el baño líquido durante la fusión. Las fuentes de nitrógeno incluyen chatarra de acero (entre 70 ppm y 200 ppm, dependiendo del historial de fusión del acero), carburantes, como los coques de petróleo y el antracita eléctricamente calcinado (con 0.25% a 2.0%), y el ferromanganeso (con hasta 5%). En los cubilotes, el nitrógeno es absorbido en el líquido junto con el carbono, siendo proveniente del coque de fundición, cuyo contenido de nitrógeno puede variar entre 0.2% y 1.5%, estando los valores más altos del intervalo relacionados con contenidos crecientes de azufre en el coque metalúrgico[(54)]. Existe una gran probabilidad de alcanzar contenidos progresivamente mayores de nitrógeno en el metal fundido en cubilote, cuando el porcentaje de chatarra de acero en la carga aumenta más allá del 50% [(48,49)].

Durante la fusión en hornos de inducción, la solubilidad del nitrógeno en el hierro aumenta cuando los contenidos de carbono y de silicio disminuyen y/o cuando la temperatura del baño se eleva. Otros elementos químicos, como el vanadio, el cromo y el manganeso, tienden a aumentar la solubilidad del nitrógeno. Cuando el porcentaje de nitrógeno se encuentra por debajo del nivel de solubilidad, el baño tiende a absorber nitrógeno de la atmósfera. Con la permanencia en horno de espera ("holding") o durante el sobrecalentamiento, baños con altos o bajos contenidos de nitrógeno tienden a, respectivamente, perder o ganar nitrógeno para alcanzar el valor de la solubilidad en equilibrio para la circunstancia específica del baño (composición química y temperatura). Tal hecho permite cierto nivel de control sobre el metal cuya carga incluyó componentes con alto contenido de nitrógeno (48,50).

El nitrógeno también se origina a través de la interacción del metal con materiales de moldeo y de corazones, cuando estos contienen resinas con altos contenidos de este elemento. Determinados ligantes y catalizadores usados en sistemas de curado en frío, "hot-box" y "shell molding", aun siendo utilizados en bajas cantidades, pueden llevar a elevados contenidos de nitrógeno en el metal. Se alerta sobre el hecho de que la arena de estos moldes y corazones, cuando es recuperada y sometida a continua reciclaje, puede presentar una acumulación gradual del nivel de nitrógeno. Ciertas pinturas aplicadas a los corazones y moldes también pueden contener nitrógeno (51).

Niveles de nitrógeno entre 40 ppm (0.004%) y 90 ppm (0.009%) son usualmente observados en hierros fundidos grises comerciales. Contenidos excesivos de nitrógeno van a originar fisuras en las piezas durante la solidificación, pudiendo también ocurrir la presencia de "pinholes" y "blowholes". En piezas gruesas o con geometría compleja y secciones de espesor variable, valores en el rango de 80 - 110 ppm pueden ser considerados como límite máximo aceptable para el contenido de nitrógeno en el baño. Para piezas con secciones delgadas, la franja máxima sería de 120 – 130 ppm. Debe considerarse aquí la utilización de resinas (fenólicas, por ejemplo), catalizadores y pinturas libres o con bajo porcentaje de nitrógeno (se cita 0.15% máx. en el conjunto)(51), ya que la absorción de nitrógeno relacionado a los moldes y corazones va a ocurrir durante el vaciado y es adicional al contenido medido en el baño metálico. La figura 6 ilustra defectos causados por exceso de nitrógeno en piezas de hierro fundido gris.

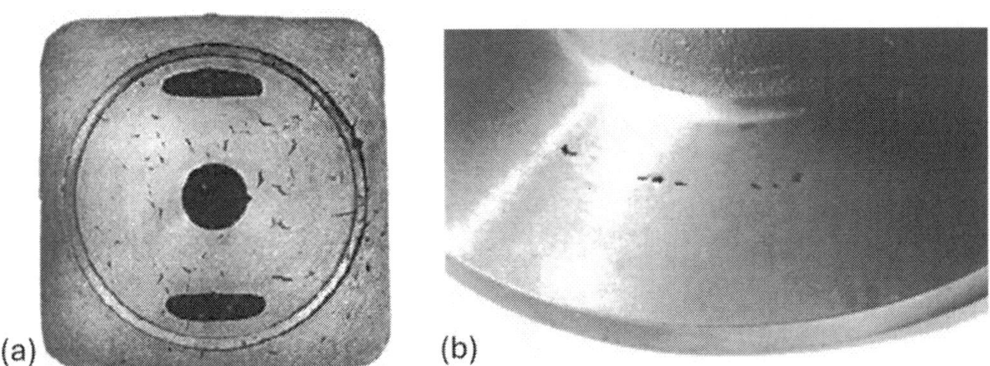

Fig.6: (a) Fisuras causadas por alto contenido de nitrógeno (b) "Pinholes" de nitrógeno originados por el elevado contenido de nitrógeno en resinas aglutinantes de corazones (49)

Las cavidades resultantes de niveles elevados de nitrógeno son con frecuencia subsuperficiales y recubiertas por películas de grafito. En el caso de *pinholes* o *blowholes*, para confirmar que los defectos son causados por el nitrógeno y no por hidrógeno, debe comprobarse que el porcentaje de aluminio no exceda de 0.005% Al. El aluminio, a pesar de neutralizar el nitrógeno, puede causar esos mismos defectos con características similares, particularmente cuando la moldeo se hace en arena verde, como se discute posteriormente.

El nitrógeno, sin embargo, tiene una influencia benéfica en los hierros fundidos grises. Contenidos entre 80 ppm y 120 ppm compactan y engrosan las láminas (vetas más cortas)[52] de grafito, redondeando sus extremos. Con la reducción del efecto de entalla, se obtiene un aumento en la resistencia a la tracción. En probetas normalizadas o extraídas de secciones de las piezas, se verifica la posibilidad de un incremento de 30 a 50 MPa en relación con el material con nitrógeno más bajo[49], sin afectar significativamente la dureza superficial.

Se asocia al efecto en el grafito, ilustrado en la micrografía presentada en la figura 7, la contribución del nitrógeno en la formación de perlita y de una inoculación eficiente, que aumenta el número de células eutécticas y reduce la longitud de las láminas (vetas) de grafito. Tal efecto se nota más en piezas con secciones más gruesas y de geometría más compleja en relación con el efecto térmico entre áreas adyacentes, que en piezas "ligeras".

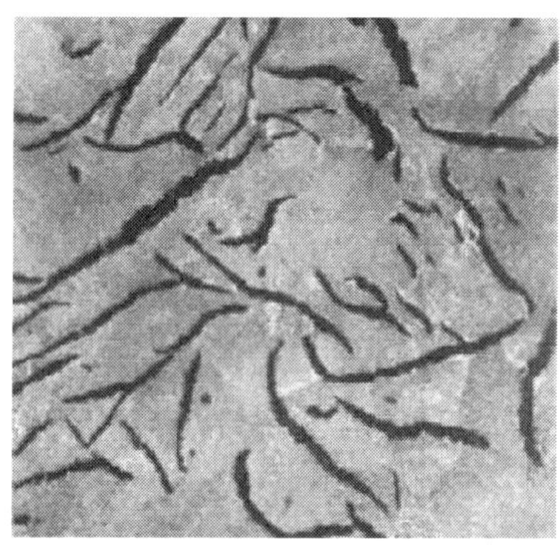

Fig.7: Micrografía realizada en corte transversal de una sección de 300 mm de una pieza de hierro fundido gris que contiene 150 ppm de nitrógeno. Se observa grafito tipo A "compactado" en matriz perlítica. (60x, ataque químico con picral – 4%) [49]

Los materiales de las piezas con secciones más gruesas y que requieren propiedades a tracción compatibles con las clases ISO 300 e ISO 350 son obligatoriamente aleados. Los elementos de aleación usuales son: Cu, Sn, Cr y Mn. También se añade niobio, para incrementar la resistencia a la tracción y al desgaste[33,44,45], y molibdeno, principalmente cuando la pieza va a estar sometida a fatiga térmica. Sin embargo, el cobre equivalente no debe superar el 2.75 – 2.85%. En primer lugar, porque la tasa de aumento incremental de la resistencia a la tracción se vuelve muy baja para valores superiores a este intervalo. Adicionalmente, porque ocurren efectos perjudiciales cuando los contenidos de los elementos de aleación sobrepasan los límites considerados seguros para su utilización, sobre todo teniendo en cuenta su efecto conjunto. Como ejemplo:

- Por encima de 1.0%, el cobre aisladamente tiene poco efecto en el aumento de la resistencia;
- Por encima de 0.1%, el estaño causa fragilización del material;
- Por encima de 0.4%, el cromo promueve fuertemente la formación de carburos y zonas segregadas, además de aumentar la tendencia a rechupes;
- Por encima de 0.8%, el manganeso incrementa sustancialmente la dureza superficial, principalmente en presencia de Cr y Mo, e intensifica la formación de carburos, y
- Por encima de 0.3%, el molibdeno aumenta considerablemente la tendencia a rechupes.

Considerando estas limitaciones, se logra alcanzar las especificaciones de mayor resistencia a la tracción en los hierros grises mediante el control de los niveles de nitrógeno, además de la presencia de elementos de aleación. Esto debe estar acompañado por un incremento en la eficiencia de la inoculación, recurriendo al uso de inoculación secundaria en el chorro del metal durante el vaciado y/o mediante la utilización de tabletas inoculantes en el sistema de canales (inoculación *"in-mold"*).

Para alcanzar el nivel adecuado de nitrógeno en el baño (80 ppm a 120 ppm de nitrógeno, en general) y mantener el control necesario para la confiabilidad y la reproducibilidad en la operación de fusión y vaciado, se debe:

- Evitar el uso de ligantes, catalizadores y pinturas que contengan altos porcentajes de nitrógeno en la fabricación de moldes y corazones;
- Monitorear los elementos residuales de los componentes de carga, con énfasis en el control básico del contenido de nitrógeno y aluminio, así como de los elementos residuales que afectan la forma del grafito;
- Utilizar equipos de análisis rápido de N, O y H, con muestra estándar especificada;
- Adicionar ferromanganeso (70% - 80% Mn y hasta 5% N) en el horno en cantidad suficiente para alcanzar niveles de nitrógeno inferiores al rango especificado. Una vez que el baño llegue a la condición de vaciado y se reciba el resultado del contenido de nitrógeno de la muestra retirada del líquido, se procede a la corrección hasta el nivel objetivo mediante la inyección de Fe-Mn en forma de alambre (usualmente con Ø=9 o 13 mm), retirando una nueva muestra. Esta operación puede realizarse en la olla de transferencia de metal hacia las ollas de vaciado, precediendo a la inoculación con alambres de productos grafitizantes (Ø=9 o 13 mm), realizada con el mismo dispositivo. Además de la rapidez en la absorción del nitrógeno, el equipo de inyección permite correcciones rápidas cuando se necesita aumentar el contenido de nitrógeno y proporciona mayor consistencia al proceso.

Se desarrollaron inoculantes a base de Ca-Si que contienen nitrógeno (3-4% N). Estos productos contienen manganeso (20-50% Mn) o cromo (20-40% Cr). Mediante una sola operación, al adicionar nitrógeno y realizar la inoculación con adiciones de hasta 0.5% de estos productos, sería posible(53) obtener resultados de microestructura y propiedades mecánicas similares a los alcanzados con el proceso descrito anteriormente. A medida que el contenido de nitrógeno se incrementa hasta 150 ppm, el análisis térmico indicó reducciones progresivas de ΔT, con la tendencia a formar perlita fina en la reacción eutectoide. Niveles mayores de nitrógeno, además de definitivamente provocar defectos, aumentan el efecto coquilhante y la formación de grafito de elevado sobre-enfriamiento (D, E). Se advierte, sin embargo, del riesgo de que se produzcan inclusiones en las piezas, debido a la menor velocidad de disolución del Ca-Si como inoculante, en particular aquellos que contienen cromo, cuando la adición se realiza en ollas de vaciado de baja capacidad (<200 kg).

Al igual que en los hierros grises, el nivel de nitrógeno en los baños líquidos con metal base para fabricar SGI dependerá de una serie de factores, como se ha discutido, y el rango esperado antes de la nodularización sería de 50 ppm a 130 ppm para el metal base fundido en hornos eléctricos. Los valores más bajos del rango normalmente consideran la permanencia en horno de espera. En metal de cubilote, el contenido de nitrógeno puede alcanzar 160 ppm(55), cuando las cargas contienen más de 70% de chatarra de acero.

El tratamiento con magnesio, sin embargo, reduce de manera significativa el porcentaje de nitrógeno antes del vaciado. Probablemente la agitación intensa involucrada en la nodularización sea responsable de esta disminución. Como factor adicional, se cita el hecho de que el magnesio es un fuerte formador de nitruros. Como consecuencia, los niveles de nitrógeno en los hierros nodulares tratados son generalmente inferiores a 90 ppm, independientemente del contenido inicial en el hierro base (54).

Debido al bajo contenido, defectos como fisuras y *"blowholes"* no ocurren usualmente en SGI. En cambio, *"pinholes"* pueden aparecer cuando existe interacción del metal vaciado con moldes y corazones producidos con ligantes y catalizadores con alto contenido de nitrógeno.

En relación con la microestructura, no hay evidencia de que los nitruros formados por la interacción con el magnesio sean responsables de aumentar significativamente el número de nódulos. El nitrógeno no tiene, además, efecto sobre la forma del grafito nodular, en la formación de carburos o en la perlitización, independientemente de su contenido dentro del rango normal. Posiblemente, cualquier efecto eventual quede enmascarado por la alta inoculación realizada en los nodulares y por la presencia de elementos de aleación cuando el objetivo es obtener matrices perlíticas.

En el caso de los hierros fundidos con grafito compacto, puede esperarse un comportamiento semejante al del SGI en lo que respecta a los contenidos de nitrógeno y sus efectos en la microestructura y en la aparición de defectos.

Cuando se necesita reducir el porcentaje de nitrógeno en el hierro base para evitar defectos en cualquier tipo de hierro fundido, o para alcanzar el rango objetivo destinado a incrementar la resistencia a la tracción en los hierros grises, se puede efectuar la adición de titanio entre 0.015% y 0.03% Ti, generalmente a través de ferro-titanio (65 – 75% Ti) con bajo aluminio (<3% Al). El titanio se combina con el nitrógeno formando carbonitruros de titanio, que son insolubles, previniendo por lo tanto la liberación del gas(20,45,46).

Es importante el control del porcentaje de aluminio en el baño, porque el titanio, a partir de 200 ppm y en presencia de aluminio (por encima de 0.01% Al), aumenta la severidad de la generación de "pinholes" de hidrógeno.

La formación de carbonitruros y carburos es básicamente la razón por la cual el titanio contribuye al aumento de la resistencia al desgaste y de las propiedades de fricción en hierros fundidos grises empleados en la fabricación de bloques de motor y piezas del sistema de frenos (tambores y discos)(44).

La adición de <u>200 ppm a 400 ppm</u> de titanio se ha realizado, con frecuencia, en conjunto con elementos de aleación como: Cu (< 1.0%), Sn (< 0.1%) y Mn (< 0.7%), para proporcionar, además de las propiedades de desgaste, buena resistencia a la tracción en hierros grises con alto contenido de carbono y elevada cantidad de grafito, cuyo objetivo es conferir buena conductividad térmica y alta capacidad de amortiguamiento de vibraciones. Se recomienda un rango de carbono entre 3.50% y 3.80%, siendo el silicio final balanceado para alcanzar un CE igual a 4.45% – 4.50%. Todavía asociase al Mo (< 0.3%), al Cr (< 0.50%) y al Nb (< 0.1%), cuando el objetivo es también mejorar la resistencia a la fatiga térmica.

En los hierros grises, el titanio aumenta el ΔT y tiende a formar grafito tipo D. En algunos casos, tal efecto, asociado a matrices ferrítico-perlíticas, puede ser deseado desde el punto de vista de mejorar la maquinabilidad, presentando incluso un incremento en la resistencia a la tracción respecto a materiales sin Ti. La influencia en el ΔT puede y debe ser controlada a través del nivel de carbono equivalente y, especialmente, de la eficiencia de la inoculación, para alcanzar la microestructura más apropiada para la aplicación deseada. No se aconseja, sin embargo, utilizar contenidos de titanio superiores a 500 ppm, ya que la mayor presencia de carburos y carbonitruros de titanio perjudicará la maquinabilidad, lo que se acentúa por la existencia de steadita en materiales con mayor contenido de fósforo (por encima de 0.10%)(56).

El titanio, sin embargo, no debe ser adicionado al hierro nodular, porque altera el mecanismo de crecimiento del grafito, favoreciendo la formación de grafito compacto o laminar. De hecho, como ya se comentó en el capítulo 1, el primer intento de producción industrial de CGI fue realizado a través del tratamiento con aleaciones que contenían Mg, Ce (y otros tierras raras) y Ti. Se considera, para la fabricación de SGI, que el contenido de titanio no debe superar los 400 ppm, a fin de evitar la formación de grafito vermicular o laminar. En piezas con secciones más gruesas (> 50 mm), el titanio debería estar por debajo de 200 ppm, para evitar la acumulación de carburos de titanio en zonas intercelulares fuertemente segregadas (57). La adición de <u>100 ppm de Ce</u> en aleaciones con porcentaje final de magnesio superior a 0.045% es recomendada para neutralizar el efecto del titanio en la degeneración de la forma del grafito nodular (67).

- ***Aluminio, Hidrógeno y Plomo***

El aluminio como elemento de aleación en los hierros fundidos ha sido utilizado en altos contenidos (18% - 25% Al) para proporcionar una buena resistencia a la oxidación a temperaturas elevadas[(58)]. Cuando se adiciona en niveles más bajos a hierros fundidos grises, el aluminio actúa como elemento grafitizante, provocando un aumento de la temperatura del eutéctico y una reducción del ΔT durante la reacción eutéctica, lo que disminuye la tendencia a la aparición de carburos, principalmente en áreas sujetas a mayor velocidad de enfriamiento.

Se verifican también incrementos de la resistencia a la tracción con poca alteración de la dureza superficial, para contenidos crecientes de aluminio hasta alrededor de 2.5% Al en hierros fundidos grises con CE entre 3.4% y 3.6%. Con matrices predominantemente perlíticas y grafito fino, la ganancia en el límite de resistencia a la tracción puede llegar al 70% en relación con el material sin aluminio, dependiendo de la eficiencia de la inoculación (tipo de inoculante y técnica) [(59)].

Niveles superiores a 2.5% de aluminio aumentan la cantidad de ferrita en la matriz, disminuyendo la resistencia y la dureza. Este efecto se intensifica cuando el CE se eleva a valores cercanos de 4.0%. En este caso, aleaciones con 2.5% Al presentan una matriz metálica totalmente ferrítica.

La influencia notable del carbono equivalente también se constata en lo que se refiere a la forma del grafito. Para CE > 3.6% y % Al > 2.5%, se encuentran niveles crecientes de grafito tipo A. Por otro lado, en hierros fundidos grises bastante hipoeutécticos (CE < 2.8%) y con contenido de azufre < 0.020%, se obtienen microestructuras con grafito compacto y nodular sin tratar el metal con magnesio y/o Ce + tierras raras. Este efecto se verifica particularmente en piezas con espesor menor de 15 mm, para contenidos de aluminio entre 0.15% y 2.7% Al. La cantidad de grafito esferoidal o compacto se reduce gradualmente para secciones superiores a 30 mm de espesor [(15,60)].

La alteración en la morfología de estos materiales, en ausencia de tratamiento con magnesio y/o tierras raras, se debe al hecho de que un mayor ΔT provocado por el incremento de la velocidad de enfriamiento (secciones más delgadas), aliado a la existencia de una gran cantidad de dendritas primarias, causa una sobresaturación de carbono en los espacios interdendríticos, posibilitando la nucleación de grafito hipereutéctico.

El aluminio tendría una influencia múltiple. Actúa como desoxidante y reacciona con el azufre, favoreciendo, de esta manera, la tendencia a la formación de nódulos y grafito compacto. De manera complementaria, se concentra en las regiones interdendríticas y actúa junto con el silicio del inoculante en la interfaz de crecimiento del grafito con el líquido, causando un mayor sobre-enfriamiento constitucional y alterando su estabilidad, como ya se discutió en el capítulo 2. De la misma forma actuarían el boro, el telurio y el selenio.

En lo que se refiere a hierros fundidos nodulares, sin embargo, el aluminio puede provocar la degeneración de los nódulos de grafito en secciones más gruesas, incluso con los niveles de magnesio y azufre usualmente encontrados en SGI[(61)].

La figura 8(a) muestra un ejemplo típico de este tipo de microestructura en sección transversal de una barra cilíndrica de diámetro aproximado de 40 mm. El hierro fundido, con aprox. 3.9% C; 0.6% Si; 2.75% Al; 0.004% S y 0.065% Mg, presentó gran parte del grafito no esferoidal, pudiéndose constatar la presencia de grafito compacto, laminar y otras formas anormales, como grafito “chunky”. Incluso aumentando el silicio hasta 1.60% en una aleación de composición química similar, no hay alteración en el comportamiento de la morfología del grafito. La adición de Ce + tierras raras tampoco contrarresta el efecto dañino del aluminio en los materiales sometidos a tratamiento de nodulización.

Sin embargo, cuando la velocidad de enfriamiento aumentó con la aplicación de un inserto enfriador en esa barra, se obtuvo grafito totalmente nodular, como se ilustra en la figura 8(b). En este caso, la composición química, semejante a la anterior, indicó: 4.00%C; 0.60%Si; 2.90% Al; 0.006% S y 0.075% Mg.

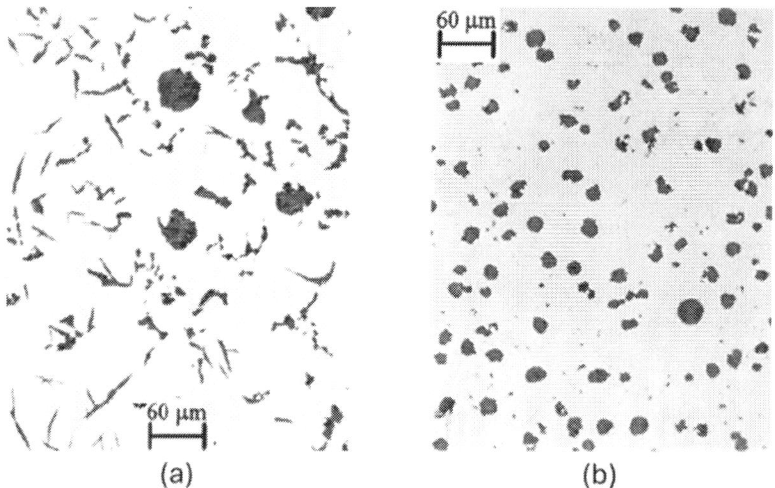

Fig.8: Microestructuras de hierro fundido nodular con 2.7% – 2.9% Al sin ataque químico, observadas en secciones transversales de barras cilíndricas con diámetro aproximado de 40 mm: (a) sin el uso de enfriador en forma de canal en la pared del molde; (b) con el uso del enfriador [61]

Resultados similares (formación de nódulos), con el mismo rango de aluminio, fueron verificados en secciones con espesor menor a 6 mm en otro tipo de pieza, incluso para niveles de magnesio alrededor de 0.020%, corroborando el efecto ya discutido de la velocidad de enfriamiento en el favorecimiento de la nodulización del grafito. El efecto benéfico del aluminio en este caso fue únicamente el de reducir la tendencia a la formación de carburos en estas piezas más delgadas.

En secciones con espesor superior a 75 mm, sin embargo, solamente grafito compacto está presente, aun en el caso de niveles más altos de magnesio. El intento de compensar el efecto del aluminio asociado a la baja velocidad de enfriamiento mediante la adición de Ce + *MishMetal* no tuvo éxito, llevando incluso a la formación de "grafito explotado" para contenidos más elevados de carbono.

El uso del aluminio como elemento de aleación no es, en general, recomendado, incluso en el caso de los hierros fundidos grises, cuando la fundición produce diferentes tipos de materiales. La razón principal es la contaminación del retorno por el aluminio, que incorpora canales, mazarotas y piezas rechazadas. Este no debería ser utilizado en las cargas metálicas para la fabricación de otros tipos de materiales que no sean los aleados con aluminio, pues conduce a niveles residuales entre 0.01% y 0.20% Al, que confieren alta probabilidad de formación de *"pinholes"* de hidrógeno en hierros fundidos grises o nodulares vaciados en moldes de arena verde[62].

Incluso con una administración competente de los diversos retornos en el patio de materias primas, lo que se está creando es una vulnerabilidad en el control del proceso, con un gran potencial de falla. No se debe olvidar que otras fuentes de aluminio, por sí solas, ya pueden contribuir para alcanzar los niveles que provocan el defecto. Estas serían[63.64]:

- chatarra de acero mezclada con piezas de aluminio, o recortes mezclados en paquetes;
- aluminio como componente esencial de la composición química de inoculantes grafitizantes, y materiales utilizados para el tratamiento de nodulización;
- ferroaleaciones para adición de los diversos elementos químicos, particularmente el ferro-silicio utilizado cuando la carga tiene un alto porcentaje de chatarra de acero;

- contaminación de contenedores (barriles, sacos) que contienen ferroaleaciones en su fuente de fabricación;
- uso de retorno de metal de cubilote, específicamente cuando el proceso implica la adición de aluminio para reducir pérdidas durante la operación de fusión, y
- falta de control sistemático del nivel de elementos residuales en los retornos de hierros fundidos ligados o no con aluminio.

Los *"pinholes"* de hidrógeno son pequeñas cavidades esféricas (Ø≈0.8–3.0 mm) o en forma de pera. Generalmente son subsuperficiales y solo se exponen tras la primera operación de maquinado, lo que se traduce en una pérdida elevada por el rechazo de piezas, además de eventuales penalizaciones contractuales relacionadas con los trastornos en la línea de maquinado [62].

Las cavidades son brillantes y presentan en la parte interna una película de grafito cristalino, que puede desaparecer si la pieza fue sometida a tratamientos térmicos. Frecuentemente, la micrografía también muestra una capa de metal sin presencia de grafito alrededor del defecto. En algunos casos, el *pinhole* puede contener material exudado. La figura 9 ilustra estas características.

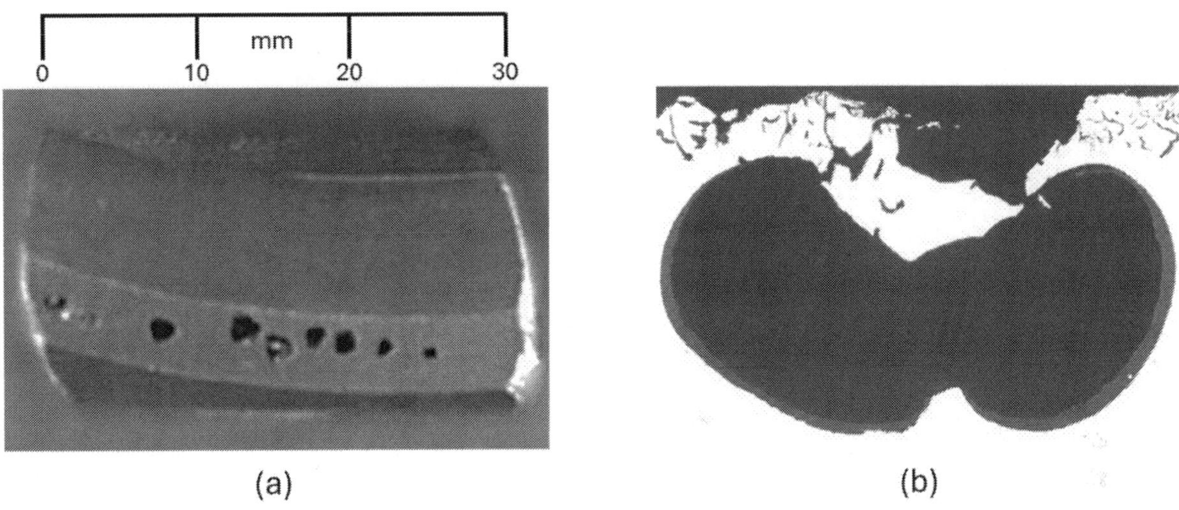

Fig.9: "Pinholes" de hidrógeno. (a) cavidades en la pieza después de pre-maquinado[20] (b) micrografía mostrando la película de grafito en el interior de la cavidad[65]

Los "pinholes" de hidrógeno se originan por la absorción de este gas (en forma "naciente") a partir de la humedad de la arena, que reacciona con el hierro y el carbono y también con elementos desoxidantes como el aluminio y el magnesio (en SGI y CGI). Las reacciones típicas son las siguientes [62]:

$$C + H_2O \rightarrow CO + 2H$$
$$Fe + H_2O \rightarrow FeO + 2H$$
$$2Al + H_2O \rightarrow Al_2O_3 + 6H$$
$$Mg + H_2O \rightarrow MgO + 2H$$

La formación de la cavidad de gas a partir del H disuelto en el metal que se enfría requerirá que la burbuja de gas sea nucleada y crezca en el líquido. Un factor de importancia fundamental en este proceso es la tensión superficial de la interfase gas–líquido. Valores bajos de tensión superficial favorecen la aparición de "pinholes", mientras que tensiones superficiales más altas prevendrán estos defectos, al dificultar la formación de burbujas de gas.

El aluminio, en contenidos bajos (< 0.010% Al) o más altos que 0.15% Al, ocasiona altas tensiones superficiales, no ocurriendo la formación de "pinholes". Los contenidos intermedios están ligados a valores bajos de la tensión superficial, lo que facilita la formación de estos defectos. Adicionalmente, resulta relevante el hecho de que la tensión superficial disminuye considerablemente con el aumento de la temperatura. Temperaturas de vaciado elevadas contribuirán a la formación de "pinholes" en piezas delgadas (< 20 mm de espesor). Sin embargo, en piezas con secciones gruesas, esta tendencia se reduce, ya que hay más tiempo para que el gas escape antes de quedar aprisionado por el metal que se solidifica.

Se recuerda además que la composición química puede afectar la propensión a la formación de "pinholes". Carbonos equivalentes y contenidos crecientes de azufre reducen la tensión superficial. El titanio, como ya se comentó, tiene el mismo efecto y potencia la influencia del aluminio en la formación de los defectos.

Los "pinholes" relacionados con contenidos altos de azufre (> 0.15% S), sin embargo, son típicamente formados por CO, con partículas de escoria e inclusiones de óxidos en su superficie. Frecuentemente presentan forma irregular, comparados con las cavidades esféricas de los "pinholes" de hidrógeno.

Para minimizar o evitar la incidencia de "pinholes", algunos procedimientos han demostrado ser eficientes, tales como [62-66]:

- Disminuir el residual de aluminio en el baño, mediante la selección de materias primas adecuadas:
    - chatarra de acero sin contaminación con piezas o recortes de aluminio;
    - ferroaleaciones para la corrección del baño, inoculantes y nodulizantes con el mínimo de aluminio posible, y
    - retorno de hierro fundido con residual de aluminio controlado.
- Usar ollas de transferencia y de vaciado con revestimiento refractario seco y no utilizadas anteriormente para vaciar materiales aleados con aluminio.
- Utilizar el porcentaje mínimo aceptable de humedad en la arena de moldeo.
- Adicionar en la arena materiales carbonáceos que contengan volátiles, como el polvo de carbón.
- Utilizar pinturas a base de Fe_2O_3 o silicato de sodio, por ejemplo.
- Evitar, en la medida de lo posible, sistemas de canales que aumenten el tiempo de contacto del metal líquido con la superficie del molde de arena verde.

El hidrógeno, adicionalmente, desempeña un papel de gran importancia en la aparición de formas anormales de grafito, cuando existen contenidos residuales de plomo en el metal. Porcentajes bajos de plomo, del orden de 0.0004% Pb, pueden promover la formación de grafito de los tipos *"mesh"*, *"spiky"* y *"Widmanstätten"* en hierros grises vaciados en moldes de arena verde. En esta circunstancia, a pesar del plomo ser un elemento perlitizante, puede ocasionar una reducción de hasta el 50% en la resistencia a la tracción, disminuyendo también el módulo de elasticidad, así como las resistencias al impacto y al choque térmico[67-71]. El efecto sobre la dureza superficial parece ser mínimo, en comparación con la influencia en las demás propiedades. Durante el maquinado, este tipo de grafito anormal actúa como grafito grueso, y el acabado superficial es, por regla general, deficiente.

Cuando el moldeo se realiza por el proceso de curado en frío, sin embargo, incluso con contenidos más elevados de plomo (0.002% Pb – 0.030% Pb), se observa la reducción o incluso la eliminación del grafito anormal, dependiendo del espesor de la pieza. No se debe olvidar, sin embargo, que, aun sin utilizar moldes de arena verde, existe la posibilidad de un incremento de hidrógeno en el baño a partir de:

- oxidación y humedad en la carga metálica del horno;
- humedad en los refractarios del horno de fusión (principalmente cuando el revestimiento es recientemente rehecho) y en las ollas (transferencia y vaciado);
- humedad en corazones y pinturas de corazones no totalmente secas;
- humedad en el coque y en el aire soplado, cuando se utilizan cubilotes;
- hidrógeno contenido en ferroaleaciones y chatarras de acero.

Como consecuencia, podrá ocurrir la presencia de grafito anormal en presencia de contenidos residuales de plomo, mismo en moldeo por curado en frio.

Debido a que el aluminio promueve un aumento en la absorción por el metal del hidrógeno proveniente del vapor generado por los moldes de arena verde y revestimientos refractarios húmedos, como ya se ha discutido, las fundiciones de hierro gris que contienen aluminio y están contaminadas con plomo pueden verse particularmente más afectadas en lo que respecta a la aparición de las formas anómalas de grafito mencionadas [73].

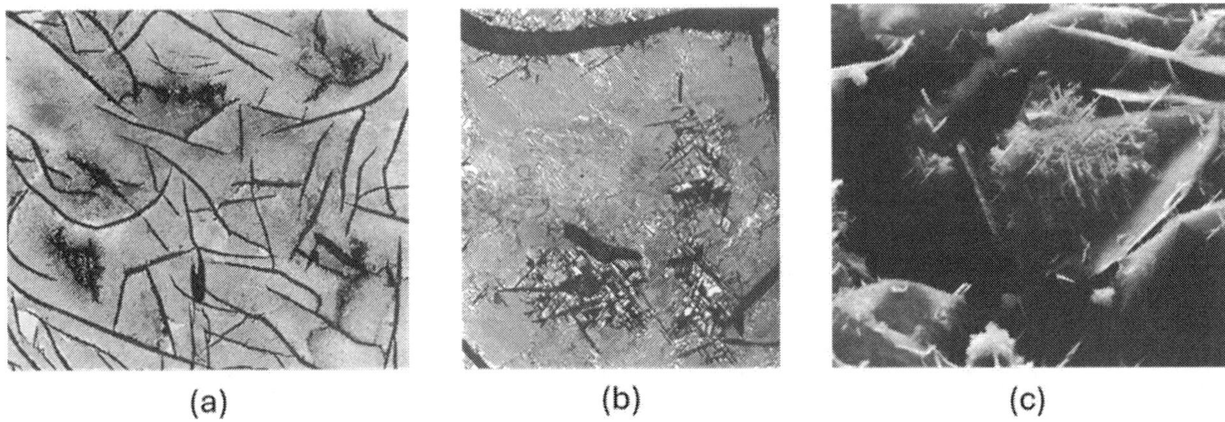

Fig.10: Grafito de "Widmanstätten" en hierro fundido gris (a) 100× - picral al 4%; (b) 600× - picral al 4%, y (c) al microscopio electrónico de barrido [70,71]

El grafito de Widmanstätten, en general, solo se observa en las secciones que se solidifican más lentamente. Usualmente se requieren mayores aumentos en el microscopio óptico para observar este tipo de grafito. La figura 10 ilustra este tipo de morfología.

El grafito de Widmanstäten tiene una morfología acicular con láminas muy finas que se nuclean a lo largo de la superficie de las láminas de grafito formadas durante la solidificación. Su crecimiento está controlado por un proceso de difusión en estado sólido.

Si la pieza es desmoldeada después de mucho tiempo enfriándose lentamente dentro del molde, se observa mayor cantidad de este tipo de grafito. Esto explica también la razón por la cual las piezas con secciones gruesas presentan mayor incidencia de este grafito. Por otro lado, está ausente en piezas delgadas o desmoldeadas aún calientes.

Adicionalmente, el grafito de Widmanstäten se elimina cuando las piezas son sometidas a tratamiento térmico de recocido. Las láminas son aparentemente absorbidas por el grafito del tipo A, produciéndose un crecimiento de protuberancias y resaltes en las superficies de las vetas [72].

Altas temperaturas de vaciado (superiores a 1380 °C), que resultan en un enfriamiento más lento en el intervalo de temperaturas en que ocurre la precipitación del grafito, y/o sistemas de canales más extensos, que mantienen el metal más tiempo en contacto con el molde, acentúan la ocurrencia de la grafito de Widmanstätten. Tal hecho puede estar ligado a una mayor segregación del plomo y también al mayor tiempo para la absorción del hidrógeno.

El grafito "spiky" difiere del grafito de Widmanstätten porque no presenta una morfología acicular. Todavía, muchas veces se confunden, incluso porque su mecanismo de crecimiento aparenta estar ligado a la difusión en estado sólido. A pesar de encontrarse en secciones gruesas, tiene mayor incidencia en secciones entre 30 mm y 70 mm, siendo raramente observada en piezas delgadas, con secciones menores que 25 mm, cuando está relacionada con la contaminación con plomo.

El aspecto del grafito "spiky" ya fue mostrado en la figura 3, en aquel caso asociado a la presencia de altos contenidos de azufre (> 0.12% S), aunque sin la presencia de plomo. Aquí, vale la pena señalar que contenidos superiores a 0.075% S, en presencia de fósforo (> 0.15% P), parecen contribuir a la formación de grafito del tipo "spiky" y de Widmanstätten en hierros fundidos grises contaminados con plomo [74].

Los grafitos "spiky" y de Widmanstätten también pueden ocurrir en secciones gruesas de hierros fundidos nodulares, en presencia de contenidos residuales de plomo (> 0.005% Pb). También se verifica la eventual formación de grafito laminar en la región intergranular [57,71,75.76].

La figura 11 presenta ejemplos de estos tipos de grafito en piezas gruesas de hierro nodular, con un contenido de plomo mayor que 0.010%.

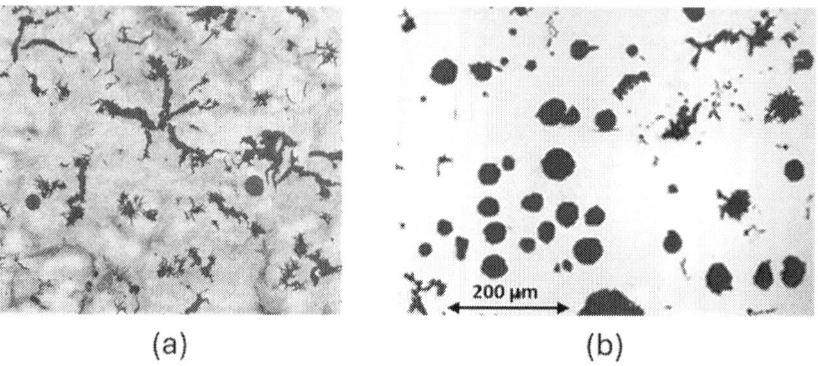

(a) (b)

Fig.11: (a) Grafito "spiky" en hierro fundido nodular con Pb = 0.010%, 100 x – picral 4%[71]; (b) Grafito "spiky", laminar y algo de Widmanstätten en SGI con Pb = 0.012% [75]

Ya el grafito "mesh", formado a partir del líquido, está ligado a mayores ΔTs y, muchas veces, es clasificado incorrectamente como grafito de tipo D. Su efecto aparenta ser más severo en las propiedades mecánicas que el del grafito de Widmanstätten y "spiky". La figura 12 ilustra este tipo de grafito en hierro fundido gris.

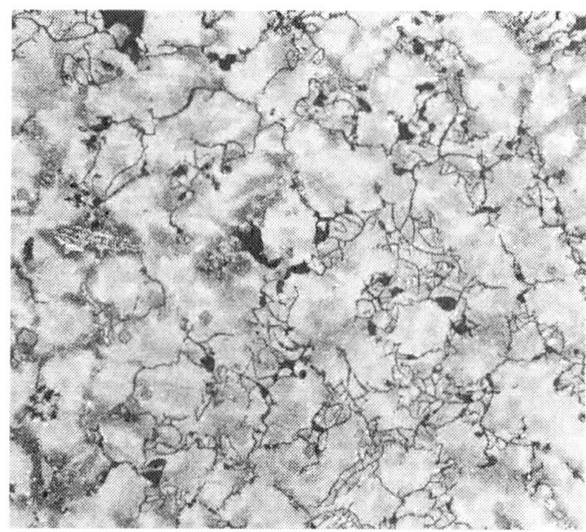

Fig.12: Grafito "mesh" en hierro fundido gris 100× – picral 4% [71].

La contaminación por plomo tiene origen en la adición accidental, por ejemplo, de chatarra de acero mezclada con piezas no ferrosas ligadas con plomo, acero estructural o de corte con pintura que contiene plomo, chatarra de materiales esmaltados, y piezas de instalaciones de la industria petrolera con residuos de productos químicos que contienen plomo.

Cuando la fusión se realiza en cubilotes, la absorción del plomo contenido en los materiales de carga es usualmente muy pequeña, debido a su vaporización y oxidación en las partes más altas de estos hornos. Sin embargo, si existen materiales con plomo encapsulados en la chatarra, el Pb no es liberado hasta que esa parte de la carga llegue a la zona de fusión. En virtud de su alta densidad y baja solubilidad en el baño metálico, tiende a depositarse en el fondo del crisol (pozo), contaminando así el hierro líquido y aumentando su rendimiento de incorporación [(69)].

En hornos de inducción, el rendimiento de incorporación del plomo puede variar de 20% a 50% para cargas con niveles de este elemento entre 0.005% y 0.07%. El rango de rendimiento es amplio, porque hay cierta remoción de Pb del baño en el horno, dependiendo de la temperatura y el tiempo de sobrecalentamiento, y también de la turbulencia durante la fusión. Cuanto más altos, mayor será la reducción de este elemento en el hierro líquido.

No se recomienda, sin embargo, alterar la etapa de sobrecalentamiento establecida en el proceso de fabricación para esta finalidad, debido a su mayor importancia en cuanto al control de los niveles de nucleación del baño (ver capítulo 2) y el nivel de oxidación, así como su efecto en las reacciones metalúrgicas que se procesan durante la fusión (ver capítulo 5). Se resalta además que el decrecimiento de Pb ya puede ser mayor que 20% después de los períodos usuales de sobrecalentamiento (10 – 15 min) a temperaturas más elevadas que 1450 °C. En ausencia de turbulencia, la disminución de los contenidos de plomo parece ser insignificante.

Para neutralizar el efecto del plomo, existe la posibilidad de adicionar mischmetal (50-55% Ce – Cerio; 20-30% La – Lantano; 15-20% Nd – Neodimio; 2-5% Pr – Praseodimio; Fe < 3%). Los elementos tierras raras (TR) forman compuestos estables con el plomo a temperaturas superiores a aquella donde ocurre la reacción eutéctica. La eficiencia de esta remoción del plomo, sin embargo, es motivo de controversia en los hierros fundidos grises, habiéndose verificado que la eliminación del grafito de morfología anómala, y la consecuente mejora de las propiedades mecánicas a la tracción, depende:

- del porcentaje de mischmetal adicionado;
- del contenido residual de plomo en el metal;
- de la cantidad de otros elementos residuales (Ca, Ti, Sb, As, B). Como ejemplo, en baños a partir de materiales de carga más puros (contenido muy bajo de elementos residuales en conjunto), la adición de mischmetal aparenta no tener ningún efecto en neutralizar el efecto del plomo, y no elimina el grafito anómalo, particularmente en las secciones gruesas de piezas vaciadas en moldes de arena verde [(72)];
- de los contenidos de azufre y fósforo presentes – cuanto más altos, menor la eficacia del mischmetal;
- de la intensidad de absorción de hidrógeno a través de la humedad en los moldes de arena verde, pinturas de moldes y corazones, y revestimiento de hornos y ollas, así como del hidrógeno presente en constituyentes de la carga metálica, y
- de la velocidad de enfriamiento de las secciones de las piezas – cuanto más gruesa la sección, menor la efectividad de la adición de mischmetal.

Cuando la carga metálica es del tipo normal para los hierros grises comerciales, adiciones de 0.01% a 0.06% de mischmetal a la olla de vaciado (o de transferencia) con metal que contiene aprox. 0.001% a 0.015% Pb redujeron sustancialmente la presencia de grafito de Widmanstätten y "spiky" en secciones con espesor menor que 60 mm, eliminando prácticamente este tipo de grafito en las secciones más delgadas que 25 mm. La disminución fue menos acentuada en piezas más gruesas, principalmente cuando la sección tenía un espesor superior a 100 mm. La presencia de grafito "mesh", sin embargo, parece no haber sido muy afectada por la adición de mischmetal cuando el espesor era inferior a 15 mm. Como era de esperarse, los niveles más bajos de plomo y el rango más alto de adiciones de mischmetal están relacionados con los mejores resultados [77].

En los hierros fundidos nodulares, la adición de mischmetal neutralizó casi por completo la aparición de grafito anómalo asociado a contenidos residuales de plomo de hasta 0.015% Pb. Se ha reportado que la relación entre los porcentajes de tierras raras y plomo debe situarse entre 0.4 y 0.9 para secciones gruesas, y entre 0.9 y 1.4 para piezas más delgadas. Debe considerarse también que la ferroaleación nodulizante habitualmente ya contiene cerio[75]. Es importante, sin embargo, prestar atención al hecho de que los elementos tierras raras tienen altos puntos de fusión y no se volatilizan, pudiendo, aun con pérdidas por oxidación durante la fusión, aumentar su contenido de manera acumulativa debido al uso repetido de retorno del mismo tipo de material.

Resulta fundamental determinar el rango correcto de adición de mischmetal durante la etapa de definición del proceso de fabricación de la pieza, pues si hay un exceso de tierras raras, puede producirse la formación de grafito "chunky" y también de nódulos "explotados" de grafito, especialmente en secciones más gruesas y/o enfriadas lentamente, así como en materiales con CE más altos [78,79].

El grafito "chunky" empieza a crecer ya en el inicio de la reacción eutéctica y consiste en una red bastante ramificada[75,80], cuya apariencia se ilustra en la figura 13. Los nódulos "explotados son presentados en la figura 14.

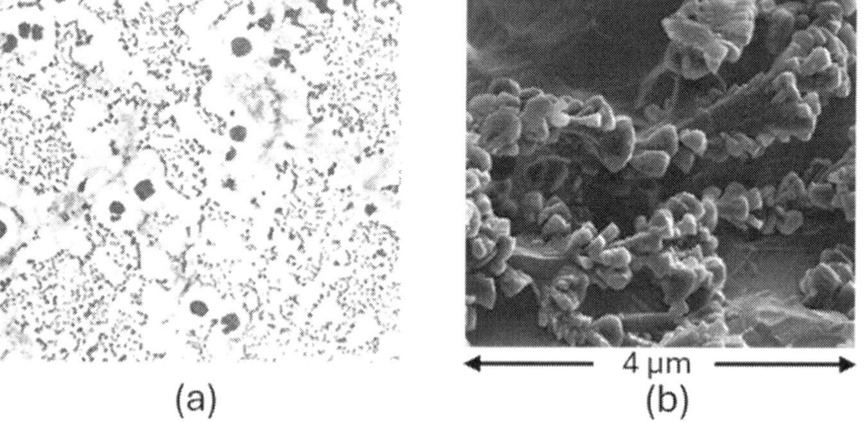

Fig.13: (a) Micrografía de hierro fundido nodular con grafito "chunky", picral 4%, 100×[71]; (b) después de ataque químico profundo en microscopio electrónico de barrido[81]

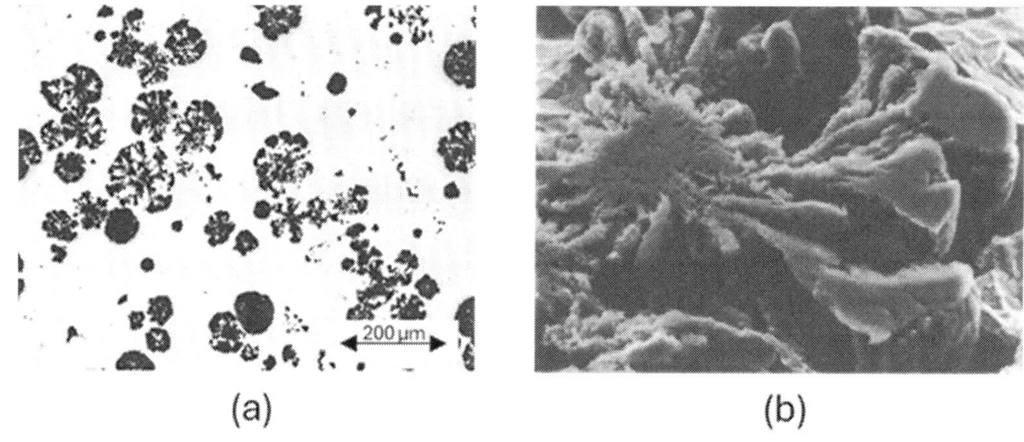

Fig.14: (a) Micrografía de hierro fundido nodular con nódulos de grafito "explotados", 100×, sin ataque químico[82]; (b) al microscopio electrónico de barrido[71]

Ambos estos tipos de grafito degenerado producen una disminución sensible en las propriedades a tracción (particularmente en la elongación), al impacto y a la fatiga. Se encuentran normalmente en los centros térmicos y también en "puntos calientes", como uniones de secciones y áreas adyacentes a mazarotas.

El grafito "explotado" suele aparecer donde también existe flotación de nódulos de grafito. Una cierta reducción del carbono equivalente y de la temperatura de vaciado, así como el uso de enfriadores[79] y pinturas con el mismo objetivo, como las de telurio y bismuto, disminuyen la ocurrencia de este tipo de grafito y también la flotación de nódulos, además de reducir la incidencia de rechupes de contracción secundaria, como ya se discutió.

Este procedimiento debe asociarse a inoculaciones más eficientes para aumentar el número de nódulos y disminuir su tamaño, lo que también reduce la propensión a la formación de grafito "chunky" al disminuir la concentración de elementos residuales segregados.

Es importante destacar que estas pinturas, especialmente la que contiene telurio, ocasionan la aparición de una capa coquillada superficial, observándose muchas veces formas anormales de grafito en la parte inferior adyacente de esta. Si existen áreas donde la pintura se desprende del molde o corazón, es posible encontrar zonas con carburos en otras partes de la pieza. La cantidad de Te y/o Bi debe de ser controlada, así como el espesor de la capa de pintura. Además, se debe evitar o limitar el retorno de piezas en las que se aplicaron estas pinturas debido a la contaminación y al nivel total de elementos residuales[83].

➢ *Antimônio, Bismuto y Cério*

El antimonio, a pesar de presentar un efecto perlitizante, no se añade de forma intencional en los hierros fundidos grises. Además de aumentar la dureza superficial y reducir la resistencia al impacto, provoca la contaminación del retorno usado como componente de carga, sobre todo por el efecto acumulativo tras fusiones secuenciales. Su contenido típico es inferior a <u>0.005%</u>, y el máximo tolerado sería de <u>0.020% Sb</u> en aleaciones comerciales [16, 47,84].

La adición de bismuto tampoco se realiza típicamente en los grises. Contenidos superiores a 35 ppm resultaron en una reducción considerable de las propiedades a tracción, aumentando la tendencia a la formación de carburos y grafito de morfología anómala[67]. Por otro lado, contenidos similares de bismuto, en presencia de 20–50 ppm de cerio, pueden recuperar la resistencia a tracción de materiales contaminados con plomo (< 150 ppm), al incrementar considerablemente el número de células eutécticas, incluso en secciones con espesores > 70 mm. Posiblemente la formación de compuestos como $BiCe_3$ y Bi_3Ce_4 haya sido la responsable del aumento de la nucleación, al mismo tiempo eliminando parte del bismuto y del plomo y su efecto perjudicial [85].

El contenido típico de bismuto encontrado en los grises es inferior a <u>0.003%</u>, siendo el máximo admitido de <u>0.020% Bi</u>[16, 47]. La contaminación acumulativa del retorno también constituye una preocupación.

Por su parte, las adiciones de cerio, más correctamente de mischmetal (Ce + otros TR), se realizan ocasionalmente en los grises con el objetivo de neutralizar la presencia o el exceso de elementos residuales, como el caso del plomo ya discutido.

Su importancia, sin embargo, está vinculada al proceso de fabricación de piezas de hierro fundido con grafito esferoidal (SGI). Las tierras raras (TR) se encuentran habitualmente en las aleaciones nodulizantes y son reconocidas por su papel relevante tanto en la forma de los nódulos, como en el incremento de su número. Al mismo tiempo, tienen la capacidad de eliminar elementos residuales, anulando su efecto nocivo en la formación del grafito esferoidal.

En los nodulares, la presencia usual de antimonio y bismuto es del mismo orden de magnitud porcentual que para los grises. Tanto el antimonio como el bismuto son dañinos con respecto a la formación de los nódulos de grafito. Contenidos crecientes y no controlados por la presencia de cerio y otros tierras raras, dan origen a grafito degenerado y a la formación de carburos eutécticos, siendo este efecto progresivo con el incremento de los contenidos de Sb y Bi.

Estos dos elementos se concentran en la interfaz grafito / líquido, y proporcionarían un incremento del sobre-enfriamiento constitucional (ligado a la saturación de solutos en la interfaz), lo que sería favorable por dar condiciones para el crecimiento de dendritas durante la reacción eutéctica. Esto posibilitaría la nucleación por delante de la referida interfase, caracterizando la denominada zona pastosa de los hierros fundidos, especialmente los nodulares, como se discutió en el capítulo 2.

Por otro lado, Sb y Bi son elementos que causan una reducción de la energía de la referida interfase, como el azufre y el oxígeno, lo que reduce el bloqueo de los elementos nodulizantes y desfavorece el crecimiento del grafito esferoidal, conduciendo a la degeneración de los nódulos de grafito[(86)].

El antimonio y el bismuto, sin embargo, son añadidos a los nodulares con objetivos específicos, y, para garantizar la confiabilidad del proceso definido para fabricar piezas, siempre deben ser acompañados por la adición o existencia de las TR en el metal.

Por esta razón, es primordial la presencia de tierras raras para neutralizar los otros elementos residuales y para disminuir los contenidos de bismuto y antimonio a valores apenas suficientes para los resultados positivos deseados.

La relación apropiada que establece este balance, sin embargo, no sigue una regla general, siendo influenciada por las siguientes variables [(85)]:

- las variadas secciones de las piezas y los tipos de materiales de moldeo, más específicamente la diferencia de la velocidad de enfriamiento de esas piezas;
- la composición química de las aleaciones de mischmetal utilizadas para la adición;
- los diferentes porcentajes de cerio y otros tierras raras contenidos en las aleaciones nodulizantes e inoculantes;
- los contenidos de fósforo, silicio, magnesio y níquel;
- el uso de inoculantes que contienen Ca, Al, Ba o Sr en contenidos variables, y
- el porcentaje total de elementos residuales en el baño líquido.

En virtud de esta variedad de factores, la literatura presenta resultados contradictorios para las relaciones TR / % de elementos residuales. Sin embargo, es razonable adoptar, para iniciar los experimentos en la etapa de establecimiento del proceso de fabricación de las piezas, que las adiciones de TR se sitúen entre <u>50 y 100 ppm</u>, cuando el porcentaje total de elementos residuales es <u>menor que 0.10%</u>. Los valores más bajos del intervalo se utilizan para las piezas que tienen una velocidad de enfriamiento más lenta.

En las piezas con secciones gruesas, o que se enfrían lentamente, las adiciones de antimonio y bismuto son habituales para reducir la incidencia de grafito "chunky", cuya formación se considera como consecuencia de la presencia de un exceso de tierras raras en relación con la neutralización de elementos residuales, como ya se ha tenido ocasión de discutir en el caso del plomo. Otros elementos, sin embargo, pueden agravar las condiciones para la formación de este tipo de grafito, como el aluminio, el calcio, el silicio y el níquel [(87)].

Las adiciones de antimonio de 20 a 80 ppm a los baños que ya contienen TR pueden evitar la formación de grafito "chunky" y otras formas degeneradas de grafito, aumentando el número de nódulos y la nodularidad del grafito, así como las propiedades a tracción, en piezas que se enfrían más lentamente[81,85,89]. Resultado análogo se obtuvo con adiciones de bismuto de 30 a 90 ppm. En ambos casos, la parte más elevada de los intervalos anteriores se relaciona con los mejores resultados obtenidos para las piezas más gruesas, o que se enfrían más lentamente[85,89,90].

Para facilitar la incorporación del antimonio y del bismuto, se debe utilizar el metal puro (> 99,5%) en piedras o barras, que son triturados hasta obtener granos finos[81,91]. La granulometría deberá ser especificada en el proceso de fabricación, estableciendo los límites máximo y mínimo de tamiz, para garantizar un rendimiento reproducible de incorporación de estos elementos químicos. La adición se hace simultáneamente a la inoculación en la olla de vaciado. Si hubiera necesidad de adicionar mischmetal, el procedimiento es el mismo. Existe referencia sobre la disponibilidad de inoculantes con 10% Ba, conteniendo Sb y TR, lo que facilitaría el proceso de adición del Sb, confiriendo, al mismo tiempo, el efecto grafitizante y dando mayor estabilidad al proceso[97].

Para el caso del bismuto, el método de adición es más preciso y confiable cuando se trabaja con el inoculante comercial FeSiBi, con 65.0% a 75.0% Si, 0.9% a 1.5% Bi y 0.1% a 1.0% TR (los valores varían según los fabricantes dentro de estes rangos), cuyos intervalos granulométricos permiten inoculación en la olla o en el chorro del metal durante el vaciado del molde[90,92,93]. El FeSiBi también se fabrica en forma de alambres rellenos con 5, 9 o 13 mm de diámetro. La composición de los alambres presenta 65.0% a 75.0% Si, 0.4% a 1.0% Bi y 0.4% a 1.0% TR[94]. Tanto el inoculante granulado como aquel en forma de alambre contiene Ca y Al, con diferentes niveles dependiendo de quien los fabrica.

La mezcla de bismuto con TR aún puede encontrarse en forma de insertos / tabletas[96], para inoculación en el molde. Su uso debe estar asociado al preacondicionamiento del baño metálico (ver capítulo 2), y/o a la adición de otros inoculantes. Se registra aquí también la posible disponibilidad de inoculante con Ba, conteniendo Bi y TR[97].

Además de la aplicación en las piezas gruesas, el bismuto ha sido bastante utilizado para incrementar significativamente el número de nódulos también en piezas de SGI con secciones más finas, y que no se enfrían lentamente, como las utilizadas en la industria automotriz, por ejemplo. Este aumento del número de nódulos tiene como ventajas:

- distribución de la segregación, evitando áreas localizadas propensas a la formación de carburos, inclusiones, steadita y micro-rechupes, principalmente;
- mayor homogeneidad entre las diversas secciones y sus uniones;
- incremento de la elongación, incluso con matrices totalmente perlíticas;
- mayor homogeneidad en el tamaño de los nódulos de grafito, y
- facilidad para la obtención de matrices ferríticas al disminuir la distancia de difusión del carbono hacia el grafito en la reacción eutectoide.

El rango de adición de bismuto para piezas con espesor < 50 mm debe ser de 20 a 60 ppm, lo que se obtiene fácilmente con el uso de los inoculantes FeSiBi o con el metal triturado. El nivel de adición de TR debe ser menor que 100 ppm, considerando las contribuciones conjuntas del nodulizante y del inoculante (cuando sea utilizado) y el nivel total de elementos residuales existente en el líquido.

Sin embargo, la determinación de los rangos a utilizar en la producción de las diversas familias de piezas, agrupadas de acuerdo con la velocidad/tiempo de enfriamiento de las secciones típicas, va a exigir la realización de pruebas durante la etapa de desarrollo del proceso de fabricación. El diseño de experimentos debe considerar combinaciones de adiciones de TR y Bi, de modo a alcanzar los mejores resultados en relación con la microestructura y las propiedades mecánicas.

Para identificar el tiempo de enfriamiento de las secciones de las cuales serán retirados cuerpos de prueba para ensayos de propiedades físicas y mecánicas, se realizan simulaciones de solidificación de las piezas con softwares apropiados.

Para todos los casos, deben ser determinados, a priori, los materiales de moldeo y de corazones, incluyendo las pinturas para moldes y corazones, los tipos de enfriadores e insertos aislantes eventualmente necesarios. Adicionalmente, deben ser fijados los parámetros relacionados con la preparación y preacondicionamiento del horno, las temperaturas y tiempos de sobrecalentamiento, y las temperaturas y tiempos de vaciado. En continuación, las etapas básicas serían:

- Seleccionar los componentes de carga (ver capítulo 6), teniendo en cuenta el total de elementos residuales considerados nocivos.

- Para matrices predominante o totalmente ferríticas, además de no añadir elementos de aleación perlíticos, debe establecerse un umbral límite para su presencia total a nivel residual. Los porcentajes de manganeso deben mantenerse por debajo de 0.25% de preferencia.

- Si la adición de bismuto se realiza con FeSiBi, debe usarse el FeSiMg con TR < 0.8%. Añadiendo Bi metálico granulado, puede usarse el FeSiMg con TR entre 0.8% y 1.2%. El umbral de adición final (< 100 ppm TR) debe garantizar que el efecto perjudicial de los elementos residuales sea razonablemente neutralizado por la adición de tierras raras, con control del efecto de niveles eventualmente excesivos de Bi.

- Para piezas con corto tiempo de enfriamiento, el nivel de CE debe ser de <u>4.40 a 4.60%</u>, siendo los valores más altos indicados para las piezas con paredes de espesor < 5 mm. Para secciones gruesas, el CE habitualmente es de <u>4.20 a 4.35%</u>.

- Determinar el nivel total de inoculación, considerando aquí la adición en la olla con FeSi o FeSiBi, con base en el resultado del análisis térmico en el metal del horno (ver capítulo 2).

- Para calcular los contenidos añadidos, se considera que el rendimiento de incorporación de la aleación nodulizante se sitúa entre 40% y 60%, siendo usual adoptar 75% para el FeSi o FeSiBi (ver capítulo 7). Si el inoculante utilizado es el FeSiBi y los totales de TR y/o Bi exceden el límite superior de las franjas especificadas, debe reducirse el porcentaje de este inoculante y compensar con una inoculación en el chorro de metal durante el vaciado con FeSi, y/o utilizar tabletas de inoculantes en el canal de distribución en el molde (ver capítulo 4).

- Para piezas con secciones < 50 mm, vaciar también bloques "Y" normalizados con espesor en la barra de: 12.5 mm, 25 mm y 50 mm, que deben ser moldeados en la misma caja, con separación razonable para que no haya mucha interferencia térmica entre ellos. <u>La idea aquí es establecer una correlación entre la curva de enfriamiento obtenida por el análisis térmico, la microestructura y las propiedades de las secciones consideradas críticas en la pieza y en los cuerpos de prueba normalizados</u>.

- En el caso de secciones gruesas, como no se pueden realizar vaciados experimentales con piezas, el procedimiento más apropiado es el vaciado en mangas exotérmicas o aislantes insertadas o apoyadas en moldes de arena(90). Ofrecidas con diversos módulos de enfriamiento(95), se puede realizar una simulación de su solidificación y seleccionar las mangas que presenten tiempos de enfriamiento equivalentes a las secciones de la pieza elegidas. Como referencia, también se vacían bloques "Y" normalizados con 25 mm, 50 mm y 75 mm. También en este caso, se busca establecer una correlación con los parámetros de las curvas de enfriamiento y otros resultados del análisis térmico.

Es de suma importancia que las ollas utilizadas para el vaciado de metal en que se ha adicionado Bi no sean empleadas para vaciar piezas de hierro fundido gris, nodular o con grafito compacto que no tengan la adición de Bi como parte del proceso de fabricación. El resultado para los grises es la pérdida total del lote por coquillado. Para los nodulares, no es tan crítico la tendencia al aparecimiento de grafito vermicular, si la nodulización se realiza con FeSiMg que contenga TR.

BIBLIOGRAFIA

1. SOUZA SANTOS, A.B. & CASTELLO BRANCO, C.H. – Metalurgia dos Ferros Fundidos Cinzentos e Nodulares. IPT S.A. (P.1100), São Paulo, 1977, 240p.
2. ROCHA VIEIRA, R. et al. – Materiais para Máquinas-Ferramenta. STI/IPT, São Paulo, 1974, 90p.
3. AFS CAST IRON HANDBOOK COMMITTEE – Iron Castings Engineering Handbook. AFS, Schaumburg, 2008, 420p.
4. Choix de la composition chimique d'une fonte grise non alliée, en fonction des fabrications. Aide-Mémoire du Fondeur: Fondeur d'aujourd'hui, (311): I-III, Jan. 1980.
5. BCIRA Broadsheet nr. 4 – Relationship between composition, strength, and structure (or hardness) of grey cast iron. 4p., 1961
6. PIESKE et al. – Ferros Fundidos Cinzentos de Alta Qualidade. Soc. Ed. Tupy, Joinville, SC, 1974, 274p.
7. BARTON, R. – The selection of carbon and silicon contents in the production of as-cast and heat treated nodular (SG) iron. In: Third International Conference of Licensees for the +GF+ converter process. Schaffhausen, Switzerland. Oct. 7-10th, 1979.
8. REGORDOSA, A. & LLORCA-IERN, N. – Microscopic characterization of different shrinkage defects in ductile irons and their relation with composition and inoculation process. International Journal of Metalcasting. (11), 2017.
9. BCIRA Broadsheet nr. 211-1 – Effects of silicon in nodular (SG) iron. 4p., Mar. 1982
10. SINTERCAST – Supermetal CGI – Material Data Sheet, www.sintercast.com
11. AMERICAN FOUNDRY SOCIETY – Iron Castings Engineering Handbook, 2008
12. GOODRICH, G.M. et al – How do Manganese, Sulfur Levels Affect Gray Iron Properties, Modern Casting, Jan. 2006
13. GUNDLACH, R. – Finding the Right Balance of Manganese and Sulfur to Increase Cast Iron Strength, Modern Casting, Nov. 2018
14. PEREIRA, A.A. – Influência do Teor de Enxofre na Microestrutura, nas Propriedades Mecânicas e na Usinabilidade do Ferro Fundido Cinzento FC 25. Dissertação de Mestrado em Engenharia Mecânica – Universidade Federal de Santa Catarina. Fev. 2005
15. CASTELLO BRANCO, C.H. – A Formação de Grafita no Estado Bruto de Fundição em Aços Grafíticos ao Alumínio. Dissertação de Mestrado em Engenharia Metalúrgica. Escola Politécnica da USP, 1979

16. CASTELLO BRANCO, C.H. & REIMER, J.F. – Aspectos Metalúrgicos na Produção de Ferros Fundidos em Fornos de Indução a Cadinho. Operação de Fornos de Indução, ABM, 1988
17. BCIRA Broadsheet nr. 162 – The Importance of Controlling Low Phosphorus Contents in Grey Iron Castings. 2p., Nov. 1977
18. REIMER, J.F. et al. – Defeitos em Ferros Fundidos Cinzentos Ligados à Composição Química. In: Seminário da revista Máquinas & Metais – "Defeitos de Fundição em Ferros Fundidos Cinzentos e Nodulares.
19. ABBASI, H.R. et al. - Effect of Phosphorus as an Alloying Element on Microstructure and Mechanical Properties of Pearlitic Gray Cast Iron. Materials Science and Engineering: A, v.144, issue 1-2: 314-317, Jan. 2007
20. ECOB, C.M. et al. - Common Metallurgical Defects in Grey Cast Irons. Elkem AS publication.
21. PORTO, R.M. & CASTELLO BRANCO, C.H. - Avaliação do desempenho de alguns inoculantes comerciais utilizados na fabricação de autopeças de ferro fundido cinzento por centrifugação. In: Proceedings do Congresso Nacional da ABIFA, São Paulo, Set. 1989
22. ORLOWICZ, A.W. et al. – Shaping the Microstructure of Cast Iron Automobile Cylinder Liners Aimed at Providing High Service Properties. Archives of Foundry Engineering – ISSN, v.15, Issue 2, 2015
23. BCIRA Broadsheet nr. 159 – Factors Affecting the Fluidity of Molten Cast Iron. 2p., Jul.1977
24. BCIRA Broadsheet nr. 175 – Carbon Equivalent Formulae, 2p., 1979.
25. BCIRA Broadsheet nr. 211-2 – Effects of Phosphorus in Nodular (SG) Iron. 2p., 1982
26. BRZOSTEK, J.A. – Estudo e Maximização da Tenacidade em Ferros Nodulares Ferríticos Brutos de Fundição. Dissertação de Mestrado em Engenharia de Materiais, Universidade Federal de Santa Catarina, Dec. 2000
27. BCIRA Broadsheet nr. 214 – Temper Embrittlement in Nodular Iron. 3p., 1982
28. CASTELLO BRANCO, C.H. & SOUZA SANTOS, A.B. – Efeitos da Adição de Cobre em Ferro Fundido Nodular Hipereutético, Metalurgia ABM, 31(216): 737-47, Nov. 1975
29. BCIRA Broadsheet nr. 30 – Addition of Copper to Cast Iron, 2p. 1982
30. BCIRA Broadsheet nr. 45 - Addition of Tin to Cast Iron, 2p. 1982
31. De SY, A.L. – Copper in Cast Iron and in Steel. CEBRACO, 1968
32. LIMA, M.L. et al. – Pearlite Refining Strategies for Hypoeutectic Gray Cast Iron. 2nd Carl Loper Cast Iron Symposium, Bilbao-Spain, 2019
33. CASTELLO BRANCO, C.H.; BECKERT, E.A. & GUIMARÃES, J.R.C. – Niobium in Gray Cast Iron, Niobium Technical Report, NbTR-5/84, 25p., Mar. 1984
34. WANG, H. et al. – Effect of Niobium on Microstructure and Mechanical Properties of Ductile Iron with High Strength and Ductility, Journal of Materials Engineering and Performance, Mar. 2023
35. SELIN, M., HOLMGREN, D. & SVENSSON, I.L. – Influence of Alloying Additions on Microstructure and Thermal Properties in Compact Graphite Irons. International Journal of Cast Metals Research, v.22, nr. 1-4, 2009
36. STUEWE, L.; TSCHIPTSCHIN, A.P.; GUESSER, W.L. & FUOCO, R. – Avaliação da Influência do Cromo e Molibdênio na Solidificacão e Formação de Rechupes em Ferros Fundidos Cinzentos. 16º Congresso de Fundição – CONAF, Sep. 2009
37. SAMPAIO, A.S. & PENZ, A.L. – Estudo do Efeito da Adição de Cobre sobre a Dureza de um Pinhão de Ferro Fundido Nodular Temperado Superficialmente. SETIS – III Seminário de Tecnologia, Inovação e Sustentabilidade, Nov. 2014
38. BCIRA PROJECT REPORT – Cast Irons for Thermal Cycling Applications, May 1989
39. DAWSON, J.V. – Vanadium in Cast Iron, Modern Casting, v.72(6), Jun. 1982
40. McDONALD, A.K. – Chill-cast camshaft developments, Foundry Trade Journal, 1986
41. KRUSE, S – Should you Add ADI, CGI, SiMo to your Iron Menu? Modern Casting, Jul. 2006
42. SUBRAMANIAN, S.V. & GENUALDI, A.J. – Optimization of Damping Capacity and Strength in Hypereutectic Gray Iron, AFS Transactions, v.104:995-1001, 1996
43. DAWSON, J.V. & SAGE, A.M. – High Strength, High Carbon Grey Irons Containing Vanadium and their Resistance to Thermal Fatigue Cracking, Foundry Trade Journal International, Jun. 1989
44. GUESSER, W.L.; BAUMER, I.; TSCHIPTSCHIN, A.P.; CUEVA, G. & SINATORA, A. – Ferros Fundidos Empregados para Discos e Tambores de freio. SAE Brazil - Brake Colloquium, 2003
45. SOUZA, T. N. F. et al. – Mechanical and Microstructural Characterization of Nodular Cast Iron (NCI) with Niobium Additions. Materials Research, 17(5): 1167-1172, 2014
46. FRANÇA, E. et al. – Ferro Fundido com Nióbio para Freios de Alta Performance, Fundição e Matérias Primas: 60-77, May 2023

47. BCIRA Broadsheet nr. 192 – Effect of Some Residual or Trace Elements in Cast Iron, 3p., Jan. 1981
48. GREENHILL, J.M. – Some Important Aspects of Technical Control in the Production of High-quality Grey Iron Castings. BCIRA Presentation to Disamatic Convention, 1977.
49. BCIRA Broadsheet nr. 41 (revised) – Nitrogen in Cast Iron, 2p, 1989
50. BCIRA Broadsheet nr. 165 – Changes in the Nitrogen Content of Cast Iron During Melting and Holding in a Coreless Induction Furnace, 2p, 1978
51. BCIRA Broadsheet nr. 49 – Holes in Castings Caused by High Nitrogen Content Resin Binder Systems, 2p, 1972
52. McGRATH, M.C. et al. – Effects of Nitrogen, Titanium and Aluminum on Gray Cast Iron Microstructure, AFS Transactions, 2009
53. RONGDE, L. et al. – The Effects of Nitrogen on Solidification Process of Gray Iron, AFS Transactions, 2003
54. FARQUHAR, J.D. – Nitrogen in Ductile Iron – A Literature Review, AFS Transactions, 1979
55. ROBINSON, M. – Nitrogen Levels in Ductile Iron: AFS Committee 12-H Report, AFS Transactions, 1979
56. LERNER, Y.S. – Titanium Effect on Structure and Properties of Gray Iron Permanent Mold Castings, AFS Transactions, v.104, 1996
57. BARTON, R. – Nodular (SG) Iron: Possible Structural Defects and their Prevention. Paper presented to the 4th International Conference of Licensees for the +GF+ Converter Process, Sep. 1981
58. TAKAMORI, S. et al. – Aluminum – Alloyed Cast Iron as a Versatile Alloy, Materials Transactions, 43(3),2002
59. SOUZA SANTOS, A.B.; CASTELLO BRANCO, C.H. & SINATORA, A. – Alumínio em Ferros Fundidos Cinzentos de Alta Resistência, Metalurgia ABM, 3(236): 389-395, Jul.1977
60. CASTELLO BRANCO, C.H. & PIESKE, A. – Influência da Velocidade de Resfriamento na Morfologia da Grafita de Ferros Fundidos de Baixo Carbono Equivalente Ligados com Alumínio. Metalurgia ABM, 37(281): 217-223, Apr. 1981
61. MAMPAEY, F. – Aluminum Cast Irons: Solidification, Feeding and Oxygen Activities, AFS Transactions, 2005
62. HERNANDEZ, B. & WALLACE, J.F. – Mechanisms of Pinhole Formation in Gray Iron, AFS Transactions, 1979
63. BCIRA Broadsheet nr. 43 – Small Amounts of Aluminium in Cast Irons up to 0.2%, 2p., 1971
64. KATZ, S. – New Source for Gas Defects Found, Modern Casting, Jun. 2006
65. BCIRA Broadsheet nr. 07 – Pinholes Formed by Hydrogen Gas During Solidification of Iron Castings, 2p., 1985
66. ZINS, E.J. & POPOVSKI, V. – Reducing Pinhole Porosity, Modern Casting, May 2007
67. FALLON, M.J. – The Effect of Some Trace Elements in Cast Iron, Indian Foundry Journal, Jun.1980
68. LOPER Jr., C.R. & PARK, J.Y. – Influence of lead and interaction of moisture on gray iron microstructure. AFS Transactions: 397-405, 1999
69. LOPER Jr., C.R. et al. – Recovery of lead in cupola melting of cast iron. AFS Transactions: 545-551, 1998
70. HUGHES, I.C.H. & HARRISON, G. – The combined effects of Lead and Hydrogen in Producing Widmanstätten Graphite in Grey Iron. BCIRA Journal, v.12: 340-360, 1964
71. BCIRA Broadsheet nr. 138-2 – Abnormal Graphite Forms in Cast Irons, 4p., 1979
72. LOPER Jr., C.R. et al. – Effect of Calcium on the Widmanstätten graphite formation in Lead-contaminated gray cast iron. AFS Transactions, 2001
73. BCIRA Broadsheet nr. 50 – Harmful Effects of Trace Amounts of Lead in Flake Graphite Cast Irons, 1972
74. BATES, C.E. & WALLACE, J.F. – Trace Elements in Gray Iron. AFS Transactions, 1966
75. TONN, B. et al. - Degenerated Graphite Growth in Ductile Iron. Materials Science Forum, Trans Tech Publications Inc. 925: 62-69, 2018
76. MARKS, J.R. – Metallography of Ductile Iron. AFS Transactions, 1999
77. LOPER,Jr., C.R. & PARK, J. – Neutralization of Lead in Gray Iron Melts Using Mischmetal. AFS Transactions, 2000
78. SOUZA SANTOS, A.B. – Microestruturas de Ferros Fundidos Nodulares Esfriados Lentamente. Dissertação de Mestrado em Engenharia Metalúrgica. Escola Politécnica da USP, 1976
79. DURAN, P.V. et al. – Defeitos de Microestruturas Relacionados à Solidificacão dos Ferros Fundidos Nodulares. Seminário "Inoculação e Nodulização de Ferros Fundidos, ABM, 1990
80. GAGNÉ, M. & LABRECQUE, C. – Microstructural Defects in Heavy Section Ductile Iron Castings: Formation and Effects on Properties, AFS Transactions, 2009
81. DEKKER, L.; TONN, B. & LILIENKAMP, G. – Effect of Antimony on Graphite Growth in Ductile Iron. 2nd Carl Loper Cast Iron Symposium, 2019
82. ECOB, C.M. – A Review of Common Metallurgical Defects in Ductile Cast Iron – Causes and Cures. Elkem AS publication

83. BCIRA Broadsheet nr. 153 – Bismuth and Tellurium Coatings for Moulds and Cores, 1977
84. DATASHEET – How Master and Tramp Elements Affect the Structures of Cast Irons. Metal Progress, p.64-67, Oct. 1978
85. PAN, E.N. & CHEN, C.Y. – Effects of Bi and Sb on Graphite Structure of Heavy-Section Ductile Cast Iron, AFS Transactions, 1996
86. CASTELLO BRANCO, C.H. – Aspectos Fundamentais do Mecanismo de Crescimento da Grafita Esferoidal em Ferros Fundidos. In: Seminário sobre Nodulização e Inoculação de Ferros Fundidos, ABM, 1990.
87. KÄLLBORN, R. et al. – Chunky Graphite in Ductile Iron Castings. 6th World Foundry Congress, 2006
88. JAVAID, A. & LOPER, C.R.,Jr. – Production of Heavy-Section Ductile Cast Iron. AFS Transactions, 1995
89. LIU, B.C. et al. – The Role of Antimony in Heavy-Section Ductile Iron. AFS Transactions, 1990
90. GODOY, A.F. – Análise da Influência do Teor de FeSi-Bi e do Módulo de Resfriamento na Formação da Grafita Chunky em Ferro Fundido Nodular Ferrítico. Dissertação de Mestrado apresentada ao Curso de Pós-graduação em Ciência e Engenharia de Materiais da UDESC, 2017
91. CASTRO, C.P. & CASTELLO BRANCO, C.H. – Efeito do Bi na Morfologia da Grafita em Ferro Fundido Nodular Ferrítico. Trabalho não publicado, 1981
92. GEORGE, A. & BATAIER, P. – Benefícios do Uso de Inoculante com Bismuto na Fabricação de Ferro Fundido Nodular. Apresentação Frog Minerais, 2018
93. MILLER & COMPANY – FeSiBi | Search Results | Miller and Company , 2025
94. ASMET - Inoculation Cored Wire | Asmet , 2025
95. FOSECO - https://www.foseco.com/en/products/feeding-systems/high-exothermic-spot-feeder-sleeves#c369
96. ASK CHEMICALS – Farewell Chunky Graphite Thanks to SMW Inserts. Press Release, 2013
97. FAY, A. & PINEL, P. – Inoculation Solutions Against Metallurgical Problems. International Journal of Metalcasting. 14: 1123-1135, 2020
98. FERRARESE, A.; CABEZAS, C. & DAWSON, S. – Cast Iron with the Same Weight as Aluminum. Modern Casting, p.34-41, May 2024

4. EL PROCESO DE INOCULACIÓN

En el ámbito operativo, la inoculación de compuestos grafitizantes es, probablemente, el procedimiento más importante para el control de la microestructura, ya que actúa sobre la cinética de la solidificación y permite una mayor flexibilidad de actuación durante la etapa de fabricación de piezas. Su relevancia se observa claramente en el cuadro II del capítulo 2, que muestra la interrelación de las variables de proceso en la obtención de las propiedades especificadas para los hierros fundidos con grafito.

Objetivamente, es a través de una inoculación eficiente que se logra [1,2]:

- evitar la formación de carburos eutécticos, principalmente en piezas (o regiones) que se enfrían rápidamente;
- aumentar el refinamiento y la homogeneidad de la estructura a lo largo de las diferentes secciones de las piezas, mediante el incremento del número de células eutécticas / nódulos, evitando y dispersando, en consecuencia, zonas muy segregadas que están asociadas a la formación de fases fragilizantes, como carburos y steadita, así como micro-rechupes;
- controlar el nivel de nucleación, de modo que se obtengan los niveles de sobre-enfriamiento (ΔT) y de recalescencia (R) en la curva de enfriamiento obtenida por análisis térmico para:
    - obtener la morfología y distribución adecuada para el grafito laminar o compacto;
    - favorecer la formación de grafito esferoidal para un mismo grado de modificación (ver fig. 4 en el capítulo 2), obteniendo nódulos de forma más perfecta y de tamaño más uniforme en SGI, y
    - evitar la presencia de rechupes de contracción secundaria;
- facilitar la obtención de hierros fundidos nodulares ferríticos, en el estado bruto de fundición o reduciendo el tiempo de tratamiento térmico de recocido;
- mejorar la maquinabilidad;
- iniciar de manera más homogénea la solidificación a lo largo de toda la pieza, disminuyendo la sensibilidad térmica inherente a las secciones que se enfrían de manera diferente, ya sea por su geometría y módulo, o por la influencia de las condiciones de enfriamiento conferidas por los distintos tipos de molde y corazones utilizados, y
- mejorar las propiedades mecánicas de manera uniforme a lo largo de las secciones.

Todos los inoculantes comerciales se fabrican a base de aleaciones FeSi (conteniendo Ca y Al) o, en menor escala, de aleaciones CaSi. El efecto fundamental de la inoculación es la creación de microrregiones saturadas en silicio, donde, gracias a la fuerte desoxidación, además de aumentar la actividad del carbono y favorecer la precipitación de grafito, se evita la oxidación de otros elementos químicos presentes que son formadores potenciales de partículas que sirven de sustrato para nuclear el grafito [3].

Al margen de las controversias existentes —lo que sólo indica la naturaleza compleja de los mecanismos involucrados en la formación de los centros efectivos para la nucleación del grafito— lo que se ha observado, con respaldo en la actuación de inoculantes comerciales, es que los núcleos de mayor eficacia e importancia son sulfuros/oxisulfuros y nitruros/carbonitruros, seguidos por óxidos[1,5]. Existe referencia, sin embargo, sobre la probabilidad de que algunos de estos compuestos constituyan sustratos para silicatos, principalmente el de calcio, que serían núcleos eficientes para el grafito[4]. En el caso de los nodulares, debe considerarse la influencia de silicatos complejos originados durante la reacción de nodulización, cuando se utilizan adiciones de Mg o ferroaleaciones que lo contienen.

4.1 PRODUCTOS INOCULANTES COMERCIALES

Por la observación de la composición de los inoculantes comerciales más utilizados para hierros grises y nodulares, es evidente que los elementos químicos que tienen afinidad principalmente con el azufre son constituyentes principales de estos productos (aparte de la predominante presencia del silicio). De hecho, se comprueba que la presencia de bario, estroncio y calcio (alcalinotérreos) confiere un fuerte poder inoculante a los productos en los que el silicio y el hierro son los componentes mayoritarios, ya sea en la reducción de la tendencia a la formación de carburos eutécticos, en el aumento del número de células eutécticas, y/o en la reducción del *"fading"* del inoculante, es decir, la atenuación o desactivación de los núcleos formados con el tiempo después de su adición al metal líquido.

El Cuadro I presenta un ejemplo de los inoculantes disponibles que contienen Ba y Sr.

PRODUCTO	COMPOSICION						USO
	% Si	% Ba	% Ca	% Al	% Sr	% Mn	
FeSiBa	65 - 75	0.8 - 1.2	0.8 - 1.2	1.5 máx.	-	-	GRIS CGI SGI
	70 - 80	0.8 - 1.2	0.75-1.25	0.75-1.25	-	-	
	70 - 80	1.5 - 2.5	0.5 - 2.0	1.5 máx.	-	-	
	65 - 75	2.0 - 2.5	1.5 - 2.0	1.2 - 1.7	-	-	
	70 - 75	4.0 - 5.0	2.0 - 2.5	1.2 máx.	-	-	
	30 - 35	4.0 - 6.0	0.3 - 0.6	0.6 - 0.8	-	-	
	65 - 75	9.0 - 11.0	1.2 - 1.7	1.2 - 1.7	-	-	
	60 - 65	4.0 - 6.0	1.5 - 3.0	0.5 - 1.5	-	9.0 - 12.0	
FeSr	70 - 80	-	0.1 máx.	0.5 máx.	0.6 - 1.2	-	GRIS
	70 - 80	-	0.1 máx.	0.5 máx.	0.8 - 1.4	-	CGI

CUADRO I – Ejemplo de inoculantes disponibles que contienen Ba o Sr[1,4-7]

Se observa que existe disponibilidad de inoculantes con diferentes intervalos de silicio, aluminio y calcio. Esto permite un mejor control del nivel final de estos elementos, de acuerdo con lo especificado en el proceso de fabricación de la pieza y/o del efecto deseado. En lo que respecta al bario, se hace referencia a que los intervalos de 4 – 6% Ba y 9 – 11% Ba son los más utilizados para los nodulares [8].

El porcentaje de silicio en el baño líquido dependerá de la composición de la carga del horno. Bajos contenidos de silicio en el horno proporcionan mayor flexibilidad en el balance final, considerando los porcentajes introducidos por las adiciones de inoculante y además teniendo en cuenta el nodulizante en el caso del SGI y CGI. Por otro lado, el baño tiende a quedar menos nucleado.

Si, en este caso, el análisis térmico indica la necesidad de una mayor adición de inoculante para alcanzar los parámetros ΔT y R apropiados, se debe examinar si también aumenta la propensión a la formación de rechupes, prefiriéndose en tal situación preacondicionar el baño líquido de manera que se obtenga un mayor grado de nucleación en el horno, reduciendo la necesidad de inoculación.

Una opción es utilizar una menor cantidad de inoculante en la olla de vaciado, seguida de una inoculación en el chorro de metal durante el llenado del molde o mediante el uso de insertos (tabletas o briquetas) inoculantes en el propio molde, como se discute más adelante. También puede sustituirse la inoculación con producto granulado por la inyección de alambres, siempre que se disponga del equipo necesario para este fin. De esta manera, la cantidad total de inoculante se reduce, pero la eficiencia de la inoculación se mantiene o incluso se intensifica, sin que se introduzcan niveles adicionales de silicio.

Hay que considerar aquí, con igual importancia, el tipo de inoculante que se va a utilizar. Mientras que la inoculación de SGI con FeSi (75-80% Si; 0.8-1.5% Al y 0.75-1.25% Ca, por ejemplo) requiere adiciones usuales entre 0.5% y 0.8%, un inoculante como el FeSiBa (4.0-6.0% Ba, por ejemplo) permite reducir este rango a 0.2% - 0.40%, disminuyendo en consecuencia el nivel de silicio introducido.

Los inoculantes con bario (hasta 11%) confieren inicialmente un número elevado de células eutécticas/nódulos, siendo muy eficientes en la reducción de la tendencia al coquillado. En comparación con otros productos, es el que presenta la menor tasa de desvanecimiento ("fading"), es decir, la velocidad de desactivación de núcleos con el tiempo después de su adición es más uniforme y baja. Por esta razón, el FeSiBa está indicado para piezas con largo tiempo de solidificación y/o vaciado muy prolongado. Sin embargo, incluso con estos productos, la inoculación realizada únicamente en la olla no es eficiente para reducir el "fading" en piezas pesadas, siendo necesario realizar la adición en etapas, mediante inoculación en el chorro de metal y/o con el uso de tabletas en el sistema de canales[9].

Se observa en el cuadro I un ejemplo de FeSiBa con Mn. El manganeso reduce la temperatura de fusión de los inoculantes que lo contienen, facilitando su disolución. Debe considerarse aquí el contenido de manganeso introducido a través de los inoculantes, ya que su porcentaje en estos productos suele ser elevado.

Para los hierros fundidos grises, cuando la mayor preocupación es la reducción de la propensión a rechupes de contracción secundaria, el inoculante más indicado es el FeSiSr. Aunque proporciona alta eficiencia en la reducción de la formación de carburos eutécticos, conduce a una formación inicial de menor cantidad de células eutécticas en comparación con cualquier otro producto. Esto disminuye la presión interna en el molde, reduciendo la fuerza de expansión en las paredes de los moldes y la tendencia a la formación de rechupes de contracción secundaria, como ya se discutió. Además, su bajo contenido de aluminio, como se observa en el cuadro I, disminuye la tendencia a la aparición de "pinholes" de hidrógeno.

El FeSiSr es muy efectivo en la eliminación del coquillado en piezas con secciones delgadas o regiones que se enfrían rápidamente, incluso en hierros fundidos grises con bajo contenido de azufre (< 0.04% S). El efecto del estroncio, sin embargo, se reduce significativamente o incluso se anula en cualquier composición base de hierro fundido gris en presencia de aluminio y, principalmente, de calcio[10]. Por esta razón, los niveles de estos dos elementos químicos son significativamente bajos en los inoculantes a base de Sr.

En los nodulares, la eficiencia del FeSiSr también es notoria, superando el efecto del FeSi con Ca y Al. Incrementa progresivamente el número de nódulos con adiciones crecientes, mientras que el FeSi conduce a un incremento asintótico. Normalmente no se recomienda el uso de FeSiSr para los nodulares, porque el cerio (tierras raras en general), presente de forma habitual en las ligas nodulizantes comerciales en gránulos o en alambres, reduce considerablemente su eficiencia de inoculación. A este efecto de los TR se suma la presencia en esas ligas de calcio y aluminio en contenidos que pueden ser bastante altos. Conviene recordar, además, que el FeSiSr puede no ser apropiado incluso para los hierros fundidos grises cuando se adiciona mischmetal para neutralizar el efecto de elementos residuales.

Sin embargo, en la producción de CGI, el uso de FeSiSr puede ser considerado, ya que las adiciones de FeSiMg son menores que en el caso del SGI y los porcentajes de Al y Ca introducidos son más bajos como consecuencia. Si el tratamiento se realiza con alambres de magnesio puro, no existe razón para no evaluar la utilización del inoculante con Sr.

En cuanto a los alcalinotérreos, se observa, como ejemplificado en el cuadro I, que el calcio está presente en bajos contenidos (hasta 3.0 – 3.5% Ca) en las aleaciones a base de silicio y hierro. En mayor cantidad (hasta 35% Ca) da origen a las aleaciones CaSi.

Para las aleaciones FeSi (60 – 80% Si), contenidos crecientes de calcio parecen conducir a un mejor desempeño en cuanto al efecto inoculante en hierros fundidos en general. Sin embargo, se observó en los nodulares una disminución del número de nódulos cuando los contenidos de calcio superan el 2% en los inoculantes, en asociación con niveles de aluminio superiores al 1%(11).

Con respecto a las aleaciones CaSi, aunque presentan buenos resultados en la inoculación de hierros fundidos grises e incluso un excelente desempeño cuando el nivel de azufre es muy bajo (< 0.02% S), por lo general no muestran el mismo comportamiento en los hierros fundidos con grafito esferoidal, salvo cuando están presentes pequeñas cantidades de Ce y La, donde se nota cierta mejora en la eficiencia nucleante de estas aleaciones(12). El efecto desfavorable en nodulares parece estar relacionado con la dificultad de disolución de las aleaciones CaSi a las temperaturas usuales en que se realiza la inoculación, lo que conduce a una formación más pronunciada de escorias. De hecho, incluso en el caso de los grises, hay una mayor tendencia a la aparición de inclusiones cuando se adicionan porcentajes más elevados de CaSi.

Efectos similares a los comentados para los alcalinotérreos se observan con los inoculantes que contienen tierras raras, que también reaccionan con el azufre y el oxígeno.

Los productos a base de FeSi que contienen altos niveles de cerio y de otras tierras raras (hasta 10% Ce y hasta 12% TR, por ejemplo)(8,14) se indican usualmente solo para los hierros fundidos grises. No se recomiendan para los nodulares porque pueden incrementar, en ciertas circunstancias, la tendencia a la formación de carburos. Particularmente en piezas de SGI que se enfrían lentamente, estos inoculantes no deben utilizarse, ya que niveles más elevados de tierras raras dan origen a grafito "chunky" y/o explotado, como ya se comentó.

Por otro lado, las aleaciones FeSi con Ce, La + TR < 2.0% dan buenos resultados en relación con la nucleación de nodulares(15). El lantano aparentemente confiere un mejor poder nucleante que el cerio, por la formación de sulfuros complejos. Existen inoculantes a base de este elemento disponibles, que contienen otras TR, como en el siguiente ejemplo: 1.8 – 2.2% La; 1.8 – 2.2% TR; 40 – 50% Si; 1.5 – 2.5% Ca, y 1.5% Al máx.(7).

Entre los constituyentes principales de inoculantes comerciales también se encuentran otros elementos importantes como el circonio y el aluminio, que no reaccionan preferentemente con el azufre, sino con el nitrógeno y el oxígeno, formando nitruros y óxidos.

Existe referencia, tanto para hierros fundidos grises como nodulares, de que los nitruros podrían ser los primeros núcleos en formarse, lo que explicaría el buen desempeño que, por lo general, se observa en los inoculantes a base de circonio y, en parte, la presencia intencional de aluminio en la mayoría de los productos grafitizantes. Su efecto inicial, sin embargo, sería la fuerte desoxidación que confiere, lo que favorece la acción de otros elementos en la formación de núcleos.

Vale la pena recordar que los nitruros y carbonitruros de Zr y Al actuarían como nucleantes de la austenita[16]. Este hecho también podría representar un efecto indirecto relevante en la grafitización, dado que se constata la presencia de dendritas de austenita durante la reacción eutéctica de todos los hierros fundidos, y que estas son básicamente responsables de la creación de microrregiones ricas en carbono, favoreciendo la formación de núcleos. Es a través de este mecanismo que se explica la existencia de una interfase difusa en la solidificación del eutéctico, la cual constituye la zona pastosa ya discutida anteriormente.

Como ventaja adicional de la presencia de estos elementos desoxidantes y formadores de nitruros, se observa una disminución de la tendencia a la formación de defectos relacionados con gases. Para los grises, la incorporación de titanio en inoculantes también tendría este mismo efecto.

El cuadro II muestra ejemplos de inoculantes a base de Zr, observándose que la inclusión de bario confiere mayor eficacia a estos productos, gracias a la activación de otros grupos de partículas que pueden ser centros efectivos para la nucleación del grafito, además de la sinergia conferida por el bario en la menor tasa de *fading* de estos productos.

Especialmente en el caso de piezas que se enfrían lentamente, la asociación del Zr con el Ba en el inoculante puede conducir a mejores resultados. Mientras que el producto solamente con Zr resulta en un mayor número de nódulos[17], los inoculantes con bario reducen visiblemente el *fading*. La asociación de ambos elementos en los productos grafitizantes, por lo tanto, proporciona mayor eficiencia en la inoculación de los hierros fundidos en general, cuando se producen este tipo de piezas.

Para uso en hierros fundidos grises, al FeSiSr presentado en el cuadro I se le puede incorporar circonio (1.0 – 1.5% Zr), potenciando su efecto grafitizante mediante la formación de nitruros y carbonitruros.

PRODUCTO	COMPOSICION						USO
	% Si	% Ba	% Ca	% Al	% Zr	% Mn	
FeSiZr	70 - 80	-	0.5 - 2.0	1.5 máx.	1.0 - 3.0	-	GRIS CGI SGI
	75 - 80	-	2.0 - 3.0	1.2 máx.	1.0 - 2.0	-	
	70 - 80	-	2.0 - 2.5	1.3 - 1.7	1.5 - 2.0	-	
	65 - 75	-	2.0 máx.	1.5 máx.	3.0 - 4.5	3.0 - 4.5	
	80 - 85	-	3.0 - 4.0	0.5 máx.	1.5 - 2.5	-	
	70 - 75	-	2.5 - 3.5	0.6 - 0.8	5.0 - 6.0	-	
	65 - 70	-	2.0 - 2.5	1.0 máx.	5.0 - 6.0	5.0 - 6.0	
FeSiZrBa	70 - 80	1.0 -2.0	0.5 - 2.0	1.2 máx.	1.0 - 3.0	-	GRIS CGI SGI
	60 - 70	2.0 - 3.0	4.0 - 6.0	1.2 máx.	2.0 - 3.0	-	
	65 - 75	3.0 - 4.0	2.0 - 3.0	1.2 máx.	1.0 - 2.0	-	
	45 mín.	7.0 - 11.0	1.0 - 2.0	0.5 - 1.5	1.0 - 2.5	1.5 - 2.5	
	60 - 65	0.6 - 0.9	0.5 - 1.0	0.7 - 1.2	5.0 - 7.0	5.0 - 7.0	

CUADRO II – Ejemplo de inoculantes disponibles que contienen Zr [1,4-7]

En el ámbito de los inoculantes es importante discutir la relevancia de las aleaciones FeSiBi con TR, utilizadas exclusivamente para los hierros fundidos con grafito esferoidal, tema ya tratado en el capítulo 3. En el cuadro III se presentan ejemplos de estos productos.

PRODUCTO	COMPOSICION						USO
	% Si	% Bi	% Ca	% Al	% Ce	% TR	
FeSiBi	60 - 70	0.8 - 1.2	1.8 - 2.4	1.5 máx.	0.4 - 0.6	0.8 - 1.2	SGI
	65 - 75	0.4 - 1.0	1.0 - 2.0	1.5 máx.	-	0.4 - 1.0	
	60 - 70	1.0 - 1.5	1.0 - 1.5	0.6 - 1.0	-	0.6 - 1.0	
	65 - 75	0.3 - 1.0	2.0 máx.	1.0 máx.	0.5 máx.	0.5 - 1.0	
	68 - 75	0.9 - 1.1	1.5 - 2.0	1.5 máx.	-	0.1 - 0.5	

CUADRO III – Ejemplo de inoculantes disponibles que contienen Bi + TR [7,15,18,19]

Estos productos se emplean para adicionar Bi con el objetivo de reducir la incidencia de grafito "chunky" en piezas que se enfrían lentamente. La proporción adecuada de TR (existente en la aleación nodulizante y en el inoculante) y de Bi también proporciona un aumento de la nodularidad y del número de nódulos en estas piezas[20].

Por incrementar de manera considerable el número y la distribución de nódulos de grafito en el caso de piezas con secciones más delgadas, estos inoculantes resultan bastante efectivos:

- en la eliminación de carburos eutécticos;
- en la homogeneización de la solidificación en las distintas secciones de piezas con geometría compleja;
- en el control del tamaño de los nódulos y de su uniformidad;
- en la reducción de regiones altamente segregadas;
- en el aumento de la elongación en materiales con matrices totalmente perlíticas;
- en el control de la solidificación para la reducción de rechupes de contracción secundaria, y
- en la obtención de matrices ferríticas en el estado bruto de fundición.

Con menor importancia comercial, aún se mencionan las aleaciones de FeSi que contienen porcentajes elevados de carbono (30 – 60% C), las cuales no son, sin embargo, utilizadas a gran escala en la actualidad. Se hace referencia a su uso para el preacondicionamiento cuando el baño ya está líquido en el horno, principalmente cuando se necesita corregir los niveles de carbono y de silicio.

En el caso de la inoculación en la olla de vaciado, se sabe que los grafitos naturales y otros materiales carbonosos son inoculantes pobres. Tal hecho ocurriría en virtud de los diferentes grados de cristalinidad, de los contenidos variables de cenizas y de la mayor dificultad de disolución de esos materiales. La asociación con aleaciones FeSi altera este efecto, por la acción del propio silicio y, principalmente, por la incorporación de calcio y de aluminio en esos productos.

Durante la etapa de establecimiento del proceso de producción de las piezas, comparando las curvas de enfriamiento obtenidas por análisis térmico en probetas normalizadas, antes y después de la inoculación, con la microestructura y propiedades mecánicas obtenidas en probetas y en las secciones consideradas críticas, es posible definir no solamente el tipo de inoculante a utilizar, sino también los rangos de ΔT y R que se establecen como control del proceso durante la fabricación, y que determinan el nivel de adición del inoculante elegido. En términos generales, los nodulares van a exigir un mayor porcentaje de inoculantes. Los grises normalmente requieren, a valores aproximados, la mitad de los porcentajes usados para los nodulares. Los hierros fundidos con grafito compacto usualmente utilizan muy poca inoculación, en virtud del alto grado de nucleación alcanzado intencionalmente en el metal líquido del horno.

Los inoculantes comerciales están disponibles en forma granulada, en general suministrados en tambores, con rangos granulométricos que varían según el fabricante. Como ejemplo:

- para inoculación en olla: 0.3 – 3.0 mm y 2.0 – 6.0 mm, y
- para inoculación en el chorro de metal durante el vaciado del molde: 0.2 – 0.7 mm.

Como en el caso de las ferroaleaciones nodulizantes, también existen disponibles cables o alambres tubulares de acero revestidos ("*cored wires*") rellenos con inoculantes, con diámetros de 5, 9, 13 y 16 mm, y espesor de la capa de acero entre 0.3 y 0.5 mm. Estos se suministran en bobinas de varios tamaños, que normalmente ocupan un espacio de almacenamiento mucho menor que los contenedores de la versión granulada. Los alambres de mayor diámetro se utilizan típicamente cuando la inyección se realiza en ollas con grandes cantidades de metal, pudiéndose, en este caso, reducir la velocidad de alimentación de estos alambres, el tiempo de tratamiento y la pérdida de temperatura.

Se fabrican también insertos / tabletas de diversos tipos de productos grafitizantes, para la inoculación en el molde. La figura 1 ilustra las diversas formas ofrecidas para los inoculantes.

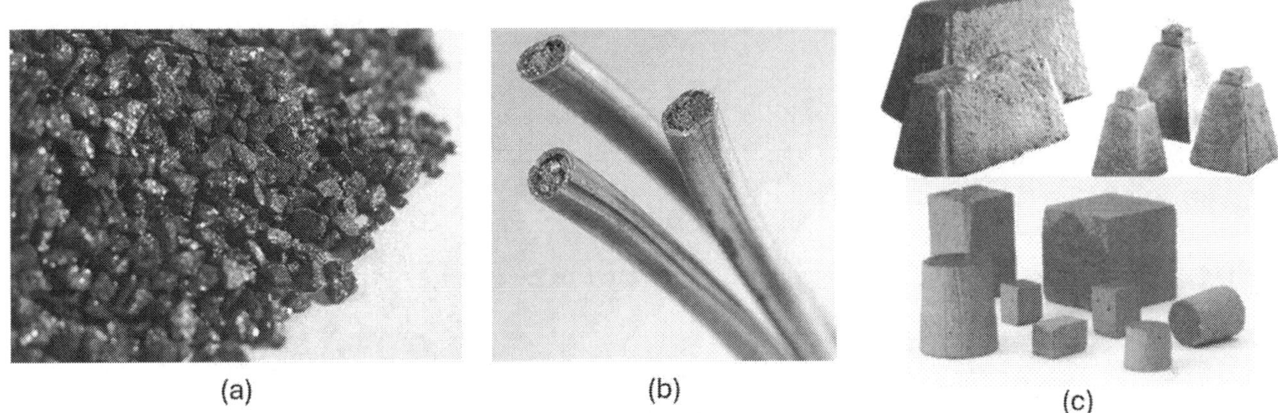

(a) (b) (c)

Fig.1: Inoculantes: granulado (a)(7); alambres tubulares rellenos (b)(7); insertos/tabletas (c) [21,22]

4.2 TÉCNICAS DE INOCULACIÓN

En relación con la parte operacional de la inoculación, los esfuerzos están concentrados en el desarrollo de técnicas que permitan añadir los productos grafitizantes momentos antes de la solidificación de las piezas, con el fin de garantizar la homogeneidad de los lotes producidos y la constancia de calidad, mediante la reducción del período de tiempo en que ocurre la desactivación de los núcleos.

➢ *Inoculación en ollas*

La inoculación con material granulado en el chorro durante la transferencia del metal del horno a la olla de vaciado es, probablemente, el proceso de inoculación de los hierros fundidos grises más utilizado en las fundiciones, principalmente en aquellas que no disponen de sistemas de vaciado automático, como hornos vertedores de colada, por ejemplo, o equipos de inyección de alambres tubulares rellenos con inoculantes.

La cantidad de inoculante se calcula en función del volumen de metal recibido, garantizando que el último molde vaciado con el metal tratado en la olla retenga, de manera razonable, el nivel de nucleación equivalente al del primer molde. Este valor se determina a través de los parámetros obtenidos de la curva de enfriamiento (ΔT y R), resultantes de los análisis térmicos realizados para el metal del horno, considerado listo y en las condiciones esperadas para iniciar el vaciado, así como para el metal inoculado que se destinará al último molde. Como ya se mencionó, los intervalos de valores de estos indicadores deben obligatoriamente formar parte del proceso de fabricación y constituir un ítem importante del control del proceso.

La granulometría del inoculante, que depende principalmente del tamaño de la olla, de los rangos de temperatura de vaciado y del tiempo entre la inoculación y el vaciado del último molde, también debe estar especificada en el proceso de fabricación de las piezas, para garantizar la eficiencia esperada de los inoculantes según el tipo de material y de pieza que se está produciendo.

Cuando la olla que recibe el metal del horno es del tipo de transferencia, usualmente se realiza lo que algunos denominan "doble inoculación", dividiendo el porcentaje de inoculante entre esta olla y cada una de las que van a ser utilizadas para el vaciado de los moldes.

En el caso de los nodulares, lo que ocurre en primer lugar es el tratamiento de nodulización del metal del horno, previamente controlado en términos de composición química y nivel de nucleación. La inoculación con material granulado ocurre en la transferencia de la olla de nodulización a las ollas de vaciado (o de transferencia), considerándose aquí lo que fue especificado en el proceso de fabricación respecto a los tiempos entre la nodulización, la inoculación y el último molde a vaciar. La preocupación no es solamente el "fading" del inoculante, sino también el del nodulizante. Para el SGI tanto la nodulización como la inoculación pueden realizarse mediante la inyección de alambres tubulares con los productos específicos para cada caso.

En cuanto a la producción de hierros fundidos con grafito compacto, la adición de la aleación nodulizante ocurre también en primer lugar, después de que el metal del horno ha sido liberado dentro de las especificaciones de proceso. La inoculación del CGI, sin embargo, no se realiza con material granulado añadido manualmente a la olla, como ya se describió en el capítulo 2, sino mediante alambres rellenos después de procesado el análisis térmico, como se comenta en el ítem que sigue.

Fig.2: Inoculación manual en la olla durante la transferencia de metal desde el horno [4]

La inoculación con material granulado en ollas se realiza normalmente de manera manual, llevándose a cabo de forma continua desde el inicio hasta el final de la transferencia del metal: del horno a la olla, de la olla de transferencia a la de vaciado, o de la olla de nodulización a la de vaciado o de transferencia. Por ser manual, la reproducibilidad de esta operación no se considera alta, lo que hace importante el entrenamiento de los operadores, así como el resultado del análisis térmico posterior a la inoculación. A este hecho se suma la posibilidad de pérdida de inoculante en la escoria formada en las ollas. La figura 2 ilustra una operación de inoculación durante la transferencia del horno a la olla.

➢ *Inyección de alambre tubular relleno con inoculante*

La alimentación continua de un alambre tubular de acero relleno con material nodulizante o inoculante granulado en su núcleo (como se ilustra en la figura 1-b) al metal líquido contenido en las ollas constituye un método más preciso y consistente para realizar los tratamientos de nodulización e inoculación.

Las adiciones se efectúan introduciendo los alambres en el metal líquido dentro de ollas adecuadas para cada operación. En el caso de la nodulización, normalmente se emplean ollas cuya relación entre altura y diámetro es de 2:1, siendo importante que la superficie del metal se encuentre, como mínimo, a 300 mm del borde superior de la olla [24]. El equipo mide la longitud del alambre y su velocidad de introducción, lo que determina la cantidad del producto nodulizante o inoculante, considerando la densidad del relleno y el diámetro del alambre (ver capítulo 7).

La adición se realiza de manera continua y uniforme, programada y monitoreada mediante computadora, que recibe información proveniente del análisis térmico y/o de la composición química (especialmente el azufre, en el caso de los nodulares), además del peso del metal en la olla y de su temperatura. Este tipo de operación evita la imprecisión de la pesada y adición manual de los productos de tratamiento, que compromete la reproducibilidad y, por lo tanto, la capacidad del proceso. La figura 3 presenta esquemáticamente la operación de inyección de alambres.

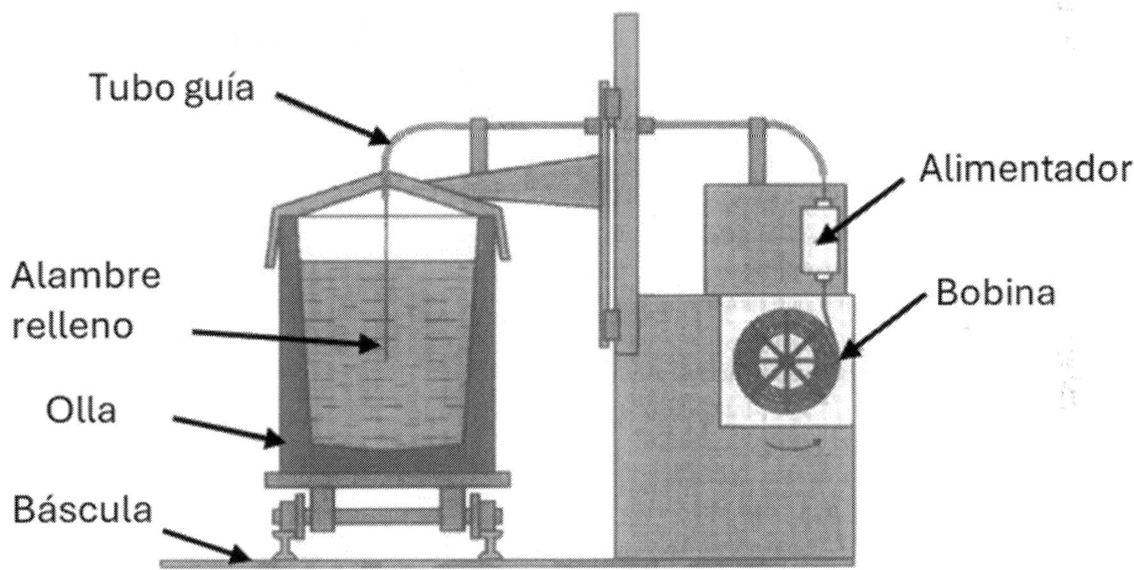

Fig.3: Esquema del sistema de inyección de alambres rellenos para nodulización o inoculación [23]

En la figura 3 se enseña una cubierta para la olla, cuyo uso está generalmente asociado al tratamiento de nodulización, no siendo necesaria cuando únicamente se inocula el metal líquido. La estación de inyección cuenta con un sistema de extracción que recoge los humos producidos durante los tratamientos de nodulización o inoculación, reduciendo así la contaminación ambiental en la fundición.

Antes de poner en marcha la estación de tratamiento, deben verificarse las condiciones generales de las bobinas de alambres, observando su apariencia (presencia de grietas o fugas del relleno), así como el estado del equipo de inyección, asegurando que los dispositivos y guías del alambre estén correctamente posicionados. Esto es fundamental para evitar doblados o bloqueos que puedan interrumpir los tratamientos y ocasionar el rechazo del metal tratado.

Se utilizan dos alimentadores para la inyección de alambres en la misma olla cuando:

- el volumen de metal líquido es elevado en ollas de gran capacidad y/o se busca reducir el tiempo de tratamiento sin comprometer la homogeneidad de la disolución de nodulizantes o inoculantes. Aun se garantiza que no hay perdida considerable de la temperatura;
- se realiza la nodulización y, justo después de la introducción del alambre nodulizante, se efectúa una preinoculación. En este caso, lo habitual es completar el proceso de inoculación mediante la adición en el chorro del metal durante el vaciado de la pieza, o mediante el uso de insertos / tabletas en el sistema de canales de los moldes [25];
- se produce hierro nodular en máquina (horno) horizontal de fundición continua. La inoculación sigue al tratamiento con las aleaciones nodulizantes, y
- en la producción de CGI, cada olla de vaciado con el material pretratado con aleación nodulizante (por el proceso sándwich o por inyección de alambre) se lleva a una estación para realizar el análisis térmico de una muestra de su metal utilizando copas especiales (ver capítulo 2). La olla, a continuación, se conduce a una instalación de inyección de alambres. Con la introducción simultánea de alambres nodulizante e inoculante, se corrige el grado de modificación, obteniéndose los porcentajes de grafito compacto y nodular especificados [26].

Solo para la inoculación, aunque en menor escala y para tipos específicos de piezas y líneas de moldeo, la inyección de alambres también puede realizarse en instalaciones fijas con ollas de vaciado automáticas, alimentando el alambre directamente al chorro de metal en el vaciado de los moldes. En este caso, se recomiendan alambres con diámetros de 5 y 9 mm, dependiendo del peso de la pieza [27,28].

El inicio y el final de la inoculación son determinados por una célula fotoeléctrica situada en el cabezal guía del alambre, que se encuentra posicionado sobre la cubeta de vaciado del molde que llega a la estación de tratamiento. La figura 4 ejemplifica, de manera esquemática, esta aplicación.

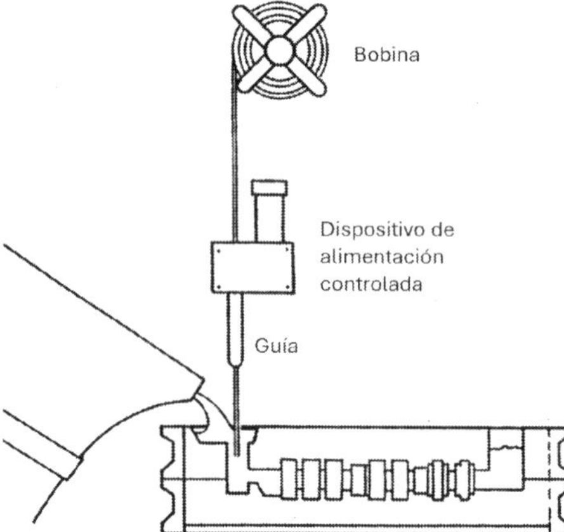

Fig.4: Esquema del sistema de inyección de alambres tubulares al chorro de metal para el molde [1]

Las ventajas de los tratamientos con alambres alimentados al metal líquido para la nodulización y la inoculación pueden resumirse de la siguiente manera [24,25,28,29]:

- **operación automatizada y estable**, minimizando el riesgo de errores humanos y aumentando la productividad;
- **las bobinas son más fáciles de almacenar, identificar y manipular**, ocupando menos espacio;
- **posibilita la documentación y recolección confiable y automática de datos**, lo que mejora la calidad y el control del proceso;
- **reducción de los costos de mano de obra**, gracias a la automatización y la mejor eficiencia;
- **reducción de emisiones y salpicaduras de metal**, sobre todo durante la nodulización;

- **mayor rendimiento en el tratamiento**, con menor consumo de aleaciones nodulizantes e inoculantes, lo que reduce el costo operativo. En el caso de la nodulización, se observan rendimientos de incorporación de Mg de hasta 60%. El mismo tipo de FeSiMg, cuando se utiliza en el proceso sándwich, presenta valores inferiores al 45%. Es importante resaltar que no se recomienda el uso de alambres con alto contenido de Mg, ya que provocan una reacción intensa durante la nodulización, reducen el rendimiento de incorporación y aumentan considerablemente la formación de escoria;
- **menor introducción de aluminio**, debido a la reducción en la cantidad de productos nodulizantes e inoculantes utilizados, lo que disminuye la propensión a la formación de *pinholes* y *drosses*. Además, permite incrementar el uso de retorno en la carga, dado el menor contenido de silicio incorporado en los tratamientos, y
- **menor pérdida de temperatura durante los tratamientos**, especialmente en la nodulización (30 a 50 °C), lo que brinda la posibilidad de operar con temperaturas de vaciado más elevadas, si fuera necesario.

➢ *Inoculación en el chorro de metal durante el vaciado de los moldes*

Este método consiste en la adición de inoculante granulado, cuya granulometría suele estar en el rango de 0.2 mm a 0.7 mm, directamente en el chorro de metal durante el llenado de los moldes.

El inoculante se introduce de manera continua y uniforme durante todo el vaciado del molde por el metal, eliminando prácticamente la diferencia en el grado de nucleación del metal en las distintas partes de la pieza o entre diferentes piezas de un mismo molde, lo que asegura una mejor homogeneidad estructural entre ellas [30].

Este tipo de procedimiento, en general, se utiliza como la etapa final de un proceso de inoculación por fases, cuando existe una preinoculación en cualquier punto después de la salida del metal del horno. El objetivo principal aquí sería minimizar el "fading" del producto grafitizante, dado que la adición se realiza poco antes de la solidificación del metal en el molde.

Incluso en piezas gruesas, que se enfrían lentamente y cuya solidificación puede tardar horas en completarse dependiendo del espesor de las secciones, se observa un mejor control estructural al asociar esta técnica con el uso de insertos/tabletas inoculantes en el sistema de canales, como se discute más adelante. Se presupone, en este caso, que el inoculante utilizado en cualquier etapa previa al vaciado contenga bario en su composición.

El dispositivo para este tipo de método debe ser fijo, con unidades para almacenar y dispensar el producto, así como para controlar su flujo. Por lo tanto, su aplicación se restringe a líneas de moldeo que dispongan de sistemas de colada automática, hornos u ollas de vaciado.

La operación se monitoriza mediante sistemas computarizados que utilizan células de visión para controlar el inicio y el fin de la alimentación del inoculante, verificar el posicionamiento y la alineación del tubo de alimentación del producto, así como asegurar que el flujo de sus partículas alcance el chorro de metal y no se disperse en la zona periférica.

Existen incluso, para este fin, sistemas con cámaras especiales y que emiten una "cortina" de luz (láser) y detectan las partículas del inoculante iluminadas. Al "filtrar" ópticamente el chorro de metal, es posible determinar si parte de la "nube" de partículas se pierde hacia los lados del chorro.

Un sistema de vídeo permite observar en tiempo real la operación y se pueden programar alarmas para interrumpir la colada cuando ocurre un desajuste [31].

El control del aprovechamiento y disolución de las partículas no es importante solamente en lo que se refiere a la eficiencia de la inoculación, sino también para evitar la formación de inclusiones, que pueden deteriorar las propiedades mecánicas, particularmente la resistencia a la fatiga. En los nodulares, en ausencia de inclusiones, se señala que estas propiedades son siempre más elevadas en las piezas en las que la inoculación fue realizada en el chorro de metal al molde o in-mold, en comparación con las obtenidas cuando la inoculación se efectúa en la olla, lo que demuestra una mejor calidad del material en términos de homogeneidad estructural [32]. La figura 5 ilustra una inoculación en el chorro de metal en línea con un horno vertedor, monitoreada con una "cortina" de láser.

Fig.5: inoculación en el chorro de metal de horno vertedor para el molde [31]

La eficiencia de este tipo de inoculación es considerablemente mayor en comparación con los otros métodos ya discutidos. El porcentaje de inoculante añadido, por regla general, varía entre <u>0.10% y 0.25%</u>, siendo suficiente para el efecto deseado, así como para garantizar la disolución completa en el chorro de metal. Los porcentajes más bajos son normalmente utilizados para los hierros fundidos grises; los más altos son empleados en los nodulares, principalmente para piezas más pesadas que se enfrían lentamente.

La menor cantidad de inoculante utilizada es responsable de reducir el costo de este material. El costo de operación también se ve positivamente afectado por la posibilidad de usar una mayor cantidad de retorno en la carga, ya que el contenido de silicio introducido por la inoculación es bastante reducido. Cabe recordar también que el bajo nivel de aluminio introducido por la inoculación en el chorro de metal también reduce la tendencia a la formación de "pinholes".

- ***inoculación en el molde con insertos / tabletas***

La inoculación en el molde ("in-mold") es el método de adición de los productos grafitizantes que garantiza el efecto de nucleación lo más cercano posible a la solidificación de la pieza ("late inoculation"), reduciendo el "fading" al mínimo posible. La gran ventaja sobre la inoculación en el chorro de metal durante el vaciado es que puede ser realizada en cualquier tipo de línea de moldeo y sistemas de vaciado, manual o automático. Adicionalmente, la inoculación procede de manera uniforme, ya que el inserto se disuelve de manera continua durante el vaciado, no generando escoria por la ausencia de atmósfera dentro del molde.

Consiste en insertar una briqueta o tableta de inoculante aglomerado en la base del canal de bajada o en el canal de distribución. Filtros son usualmente colocados después de la cámara de inoculación en las entradas del canal de distribución. La figura 6 ilustra una configuración típica de la colocación del inserto.

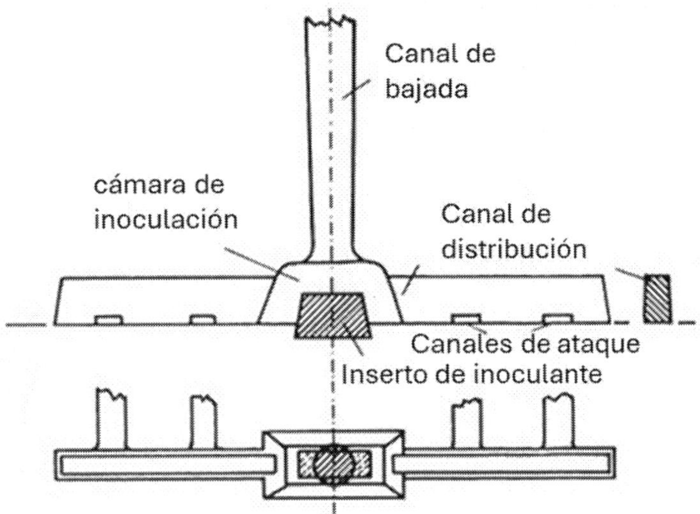

Fig.6: Configuración típica para la inoculación con insertos en el molde

La velocidad de disolución de los insertos y la incorporación continua y regular del inoculante depende del efecto de una serie de variables, citándose como principales:

- el tamaño del inserto, que depende básicamente del tiempo de llenado de la pieza;
- el área de contacto del inserto con el metal líquido que entra en el molde;
- la temperatura de colada, que preferiblemente debe ser mayor que 1380 °C;
- la composición del inoculante y su distribución granulométrica, y
- el tipo y la cantidad del ligante utilizado para briquetar el inserto.

Para un mejor desempeño, se recomienda utilizar insertos / tabletas ofrecidos por fabricantes de inoculantes(21,22,33). Existen tablas con la indicación de los tamaños, conforme la velocidad de llenado del molde, en general asociada al peso de las piezas y tipos de moldes (arena verde o curado en frío), que propician la adición de <u>0.1% a 0.2%</u> del producto grafitizante.

Para los hierros grises hay adicionalmente un parámetro denominado *"factor de disolución – f"* que permite evaluar el comportamiento de la inoculación en el molde.

$$f = velocidade\ de\ vaciado\ (lb/s)\ /\ área\ de\ la\ cámara\ de\ inoculación\ (in^2)$$

Un valor de "f" alrededor de 3 lb/s/in^2 es considerado adecuado. Cuando "f" es mucho más elevado, ocurre "subinoculación" del metal líquido. Por otro lado, valores de "f" muy bajos indican que el primer metal vaciado será "sobreinoculado" y el resto del metal líquido no será inoculado porque el inserto ya se disolvió antes del final del vaciado.

Los insertos comerciales se encuentran con diversas composiciones, ofreciendo diferentes niveles de aluminio y calcio, así como combinaciones de elementos como: Ba, Zr, Ce y Bi, por ejemplo, que garantizan buen resultado para aplicaciones variadas.

La inoculación *in-mold*, al igual que lo discutido para el método de adición en el chorro de metal durante el vaciado, es en general utilizada para complementar una preinoculación realizada después del vaciado del horno y eventual tratamiento con nodulizantes. Su importancia es reconocida particularmente cuando hay tiempo de espera del metal en hornos vertedores, o cuando se producen piezas que se enfrían lentamente, así como piezas con paredes extremadamente delgadas (< 4 mm).

En la producción de hierros nodulares, la permanencia del metal tratado en hornos vertedores causa una degradación sensible y progresiva del metal, reduciendo el nivel de nucleación, lo que se refleja en la disminución del número de partículas de grafito, y provocando la degeneración de su forma esferoidal. Las causas están relacionadas con las temperaturas elevadas y el tiempo prolongado de permanencia, lo que ocasiona la flotación de núcleos que se incorporan a la escoria, junto con óxidos y sulfuros provenientes de la reacción de nodulización. Adicionalmente ocurre la pérdida de magnesio por vaporización [34,35].

La disminución de la calidad del metal a ser vaciado se señala por parámetros de la curva de enfriamiento. Los indicadores recomendados para el control del proceso durante la operación serían (ver figuras 3 y 7 del capítulo 2):

- la temperatura de sobre-enfriamiento del eutéctico – TSE y la recalescencia – R, que se correlacionan con la degeneración de la forma esferoidal y la cantidad de carburos formados. La TSE disminuye de manera relevante mientras que la R aumenta drásticamente con el tiempo de permanencia, y
- la velocidad máxima de enfriamiento al final de la solidificación – *dT/dt máx*, que tiene una correlación razonable con el número de partículas, sugiriendo que este pueda ser un parámetro auxiliar para evaluar la propensión a la formación de micro-rechupes de contracción secundaria.

Los límites mínimos de TSE y máximos de R y ΔT deben ser estipulados en el proceso de manufactura y establecen la condición mínima aceptable para proceder con el vaciado a partir del horno vertedor. En esta condición, el nivel de nodularidad generalmente observado en probetas vaciadas debe estar por encima de 75 – 80%, antes de la inoculación final (en el chorro o *in-mold*).

La inoculación final proporciona una recuperación de la intensidad de nucleación, como era de esperar, pero también una reducción de la degeneración del grafito nodular, mejorando asimismo la forma esferoidal de los nódulos. Tal comportamiento está relacionado con el efecto de la inoculación en la forma y distribución del grafito para un mismo grado de modificación, como ya se discutió anteriormente (ver figura 4 del cap. 2).

Para conducir y controlar de manera más adecuada el efecto de los tiempos de espera más largos en los hornos vertedores, por regla general resultantes de paradas ocasionales en la operación de fusión y vaciado, se recomienda:

- alcanzar una intensidad de nucleación suficientemente alta en el baño del horno de fusión mediante su preacondicionamiento, especialmente cuando se utiliza un alto porcentaje de chatarra de acero en la carga. Los agentes preacondicionadores pueden ser el SiC, que debe ser añadido en la carga inicial, o productos comerciales con esta finalidad que deben ser añadidos cuando el baño ya está líquido y a punto de ser transferido a la estación de nodulización y preinoculación, después de realizada el análisis térmico. Estos productos normalmente pueden contener Ce, Zr, Ba, Al y Mn y contribuyen a la reducción del nivel de oxígeno, ayudando a aumentar el grado de nucleación (ver capítulo 2);

- renovar el metal en el horno vertedor si la parada del vaciado supera los 20 - 30 min. Este tiempo puede variar según la operación de cada fundición y material producido, y debe ser determinado previamente utilizando los parámetros de la curva de enfriamiento citados arriba y su correlación con la microestructura obtenida en probetas vaciadas antes de la inoculación final (número y porcentaje de nódulos). El metal recientemente tratado con nodulizante y preinoculado recupera el nivel de nucleación y nodularidad del líquido en el horno vertedor al nivel suficiente y determinado por el proceso. Si la interrupción del vaciado es muy prolongada y el horno está lleno, debe retirarse líquido del horno vertedor y sustituir esa cantidad con metal recién tratado con magnesio, y

- la inoculación final debe hacerse en el chorro del metal o con insertos dentro del molde.

Para piezas pesadas, que se enfrían lentamente y que se moldean individualmente, la inoculación en el molde ha sido la mejor elección para la etapa final de adición de estos productos grafitizantes. La pérdida de temperatura es mínima, siendo el "fading" virtualmente nulo, lo que garantiza una mejor homogeneidad estructural en las varias secciones de la pieza, reduciendo el efecto de la segregación y la tendencia a la flotación de grafito, ya en parte inhibida por el uso masivo de insertos enfriadores, como se describe en el capítulo 8.

Como ya se comentó, la preinoculación debe hacerse con productos a base de bario o Ba+Zr y el inserto en el molde debe contener al menos uno de estos elementos.

Cuando en la definición del proceso de fabricación (ver capítulo 3) se observa la tendencia a la formación de grafito "chunky" en los hierros fundidos nodulares, puede utilizarse FeSiBi como preinoculante (ver cuadro III anterior), colocándose un inserto en el molde que contenga Ba, o Ba+Zr.

Como otra opción, la preinoculación se hace con FeSiBa o FeSiZrBa (ver cuadros I y II), utilizando insertos en el molde que contengan bismuto y tierras raras(21) para la etapa final de la inoculación. En el caso de piezas con un peso entre 10 t y 50 t, se ha recomendado usar el inserto con Bi+TR en combinación con otro que contiene Zr y Ba, dividiendo el porcentaje de adición entre ellos, como, por ejemplo, 0.1% para cada inserto.

Ya en las piezas con espesor muy fino (< 4 mm), particularmente las de hierros nodulares, se recomienda dividir la inoculación final entre 0.1% en el chorro de metal durante el vaciado y 0.1% in-mold. Si la instalación de vaciado no es automática, la totalidad de la inoculación final se hace con el inserto en el molde. Los inoculantes a base de circonio o Zr+Ba son los preferidos para los nodulares, utilizándose los que contienen estroncio para los grises. Si el objetivo es potenciar el número de nódulos, el inserto a utilizar sería el que contiene Bi y TR, como ya se discutió anteriormente.

BIBLIOGRAFIA

1. PORTO, R.M. & CASTELLO BRANCO, C.H. – Avaliação do Desempenho de Alguns Inoculantes Comerciais Utilizados na Fabricação de Autopeças de Ferro Fundido Cinzento por Centrifugação. 4º CONBRAFUND, Nov. 1987.
2. LOPER Jr., C.R. – Inoculation of Cast Iron – Summary of Current Understanding. AFS Transactions, 1999
3. HARTUNG, C.; MICHELS, L. & LOGAN, R. – The History and Evolution of Inoculants. AFS Transactions, 2021
4. MASIERO, I.; MADEIRA, W. & GUESSER, W.L. – Nucleação de Ferros Fundidos Cinzentos. Trabalho apresentado ao curso de Pós-graduação em Engenharia de Fundição = SOCIESC, 2004
5. SOUZA SANTOS, A.B. & CASTELLO BRANCO, C.H. – Metalurgia dos Ferros Fundidos Cinzentos e Nodulares. IPT S.A. (P.1100), São Paulo, 1977, 240p.
6. JK ALLOYS - https://jkalloys.com.br/ 2025
7. ASMET - https://www.asmet.com/ 2025
8. PATTERSON, H. – Impfen Gusseisen mit Kugelgrafit. Giesserei-Praxis, (18): 295-305, 1978
9. MASCHKE, W. & JONULEIT, M. – Inoculation of Cast Iron. Technical Article - ASK Chemicals

10. DAWSON, J.V. – The Stimulating Effect of Strontium on Ferrosilicon and Other Silicon-containing Inoculants. AFS Transactions, 1966
11. STEFANESCU, D.M. et al. – Influence of the Chemical Analysis of Alloys on the Nodular Count of Ductile Iron. AFS Transactions, 1985
12. HECHT, M & CLOAREC, P. – L'inoculation des Fontes a Graphite Spheroidal. Fonderie – Fondeur D'Aujourd'hui, 16: 23-36, Jul.1982
13. JIANZHONG, L. – Inoculation Mechanism of ReSiFe for Gray Cast Iron. AFS Transactions, 1989
14. CHAVES FILHO, L.M.; PIESKE, A. & CASTRO, C.P. – Avaliação do Comportamento de Alguns Inoculantes para Ferros Fundidos Cinzentos. FINEP/Soc. Ed. Tupy, 167p., 1975
15. SUÁREZ, R. et al. – Influência de Diferentes Productos Inoculantes Sobre el Poder de Nucleación y la Tendencia a la Contracción de la Fundición con Grafito Esferoidal. Revista de Metalurgia, 45 (5): 339-350, 2009
16. TARTERA, J. – Mecanismo de la inoculación de las Fundiciones. Colada, 11 (12): 324-331, 1978
17. YAMAMOTO, S. et al. – Influence of Inoculation on the Mass Effect in Heavy Section Ferritic Spheroidal Graphite Cast Iron. International Journal of Metalcasting, 18: 1994-2002, 2024
18. SUZIGAN, W.B. – Inofrog 46. Boletim Técnico – Frog Minerals rev. 01, 2015
19. MILLER & COMPANY – FeSiBi | Search Results | Miller and Company , 2025
20. GLAVAS, Z. et al. – Effect of Bismuth and Rare Earth Elements on Graphite Structure in Different Section Thicknesses of Spheroidal Graphite Cast Iron Castings. Archives of Metallurgy & Materials, 63: 1547-1553, 2018
21. ASK CHEMICALS – Press Release for SMW – FeSiBiTR inserts, 2013
22. ASK CHEMICALS – Press Release for Germaloy inserts, 2021
23. OLAWALE, J.O. et al. – Processing Techniques and Productions of Ductile Iron: A Review. International Journal of Scientific & Engineering Research, v.7, Sep. 2016
24. JONULEIT, M. & MASCHKE, W. – Production of GJS with Cored Wire. Technical Article - ASK Chemicals L.P.
25. SOCHA, L. et al. – Implementation of Cored Wire Technology into Production of Ductile Iron for Castings Designated for Extreme Conditions. Paper presented to METAL 22, May 2022
26. DAWSON, S. – Process Control for the Production of Compacted Graphite Iron. Presentation to AFS Casting Congress, May 2002
27. NEUMANN, F. – Metallurgische Betrachtungen zum Vergießen von Gusseisen Mittels induktiv beheizter Speichergefaesse sowie Erörterungen zum CQ – Impfprozess. Elektrowaerme International, 35 (B-1): 25-34, Feb. 1977
28. PEARCE, J. – inoculation of Cast Irons: Practices and Developments. FJT, Jan./Feb. 2008
29. GUZIK, E. & WIERZCHOVSKI, D. – Modern Cored Wire Injection 2PE-9 Method in the Production of Ductile Iron. Archives of Foundry Engineering, v.12, issue 2, 2012
30. BCIRA Broadsheet 193 – Late Metal – Stream Inoculation, 1981
31. VIKING TECHNOLOGIES – Monitoring System for Inoculation Delivery Could Improve Process Control. Modern Casting, May 2015
32. GUNDLACH, R.B. – Further Investigation of Late-Stream Inoculation and Mechanical Properties of Pearlitic Ductile Iron. AFS Transactions, 1999
33. CARPENTER BROTHERS, INC. – Tenbloc Inserts. https://www.carpenterbrothersinc.com/, 2025
34. ALONSO, G. et al. – The Effects of Holding Time in the Heating / Pouring Unit on the Metallurgical Quality of Spheroidal Graphite Iron. International Journal of Metalcasting, Sep. 2022
35. ALONSO, G. et al. – Evolution of the Metallurgical Quality of Spheroidal Graphite Iron during the Thermal Cycle of the Melt: Furnace – Ladle – Heating / Pouring Unit. AFS Transactions, 2023

5. LAS REACCIONES METALÚRGICAS EN LOS HORNOS DE INDUCCIÓN

Durante la fusión en los hornos de inducción, entre las reacciones que presentan interés desde el punto de vista metalúrgico, algunas son inherentes a la operación de estos hornos, como las reacciones relacionadas a la formación de escoria, cuando el baño metálico interacciona con el oxígeno introducido por el aire y con el revestimiento refractario. Otras se refieren a la absorción de elementos químicos a través de los materiales de la carga, teniendo relevancia la carburación (1).

Se discuten a continuación los aspectos más importantes de estas reacciones.

5.1 REACCIONES DE FORMACIÓN DE ESCORIA

La forma cilíndrica de los hornos de inducción con crisol determina una interfase aparentemente pequeña entre el baño líquido y la atmosfera.

En realidad, el área de contacto aumenta considerablemente mientras la agitación del baño ocurre en función del proceso de calentamiento inductivo, lo que torna importante examinar las reacciones del metal con el oxígeno introducido por el aire(2).

Estas reacciones llevan a la formación de óxidos que son los constituyentes principales de las escorias. Estas, cuando penetran en las piezas, originan defectos como la inclusión de partículas o películas de óxidos bien como defectos relacionados a gases, si no se proporciona su adecuada remoción y /o retención en los hornos, en las ollas de transportación y vaciado, o en los sistemas de canales y mazarotas(3). Vale recordar la importancia del grado de oxidación en la eficiencia del proceso de inoculación grafitizante y en los tratamientos necesarios a la obtención de los hierros con grafito nodular o compacto, de acuerdo con lo que ya se ha discutido anteriormente.

Entre las reacciones de oxidación más usuales que conducen a la formación de constituyentes de la escoria, se destacan (4):

$$[Fe] + [O] = FeO\ (líquido)^*$$

$$[Mn] + [O] = MnO\ (líquido)^*$$

$$[Si] + 2[O] = SiO_2\ (sólido)^*$$

$$2[Al] + 3[O] = Al_2O_3\ (sólido)^*$$

$$[C] + [O] = CO\ (gás)$$

(*) Estado de los óxidos a temperaturas $\geq 1480^\circ$ C

A medida que la temperatura aumenta, la velocidad de estas reacciones se incrementa (efecto cinético), originando una escoria compuesta básicamente por SiO_2, MnO y FeO, que normalmente es retirada junto con los residuos de los materiales de carga.

Por otro lado, la oxidación del hierro, del manganeso y del silicio es menos espontánea con el aumento de la temperatura durante la fusión (efecto termodinámico). Lo inverso ocurre con la reacción de formación del CO, lo que puede ser observado en la figura 1.

De esta manera, la mayor afinidad del oxígeno por el carbono en temperaturas elevadas inhibe la oxidación de los otros elementos referidos y, consecuentemente, la nueva formación de escoria. La película de óxidos, paralelamente, se desvanece en la superficie del baño en esta etapa del ciclo de fusión cuando las temperaturas se encuentran más altas. Esto ocurre porque predominan ahora las reacciones de reducción de los óxidos, como también se puede observar en la figura 1. Estas reacciones serian básicamente las siguientes:

$FeO\ (líquido) + [C] = [Fe] + CO\ (gas)$

$MnO\ (líquido) + [C] = [Mn] + CO\ (gas)$

$SiO_2\ (sólido) + [C] = [Si] + CO\ (gas)$

$Al_2O_3\ (sólido) + [C] = [Al] + 3CO\ (gas)$

La reacción de reducción de la sílice es la determinante del desvanecimiento de la película de óxidos y del desgaste del revestimiento refractario.

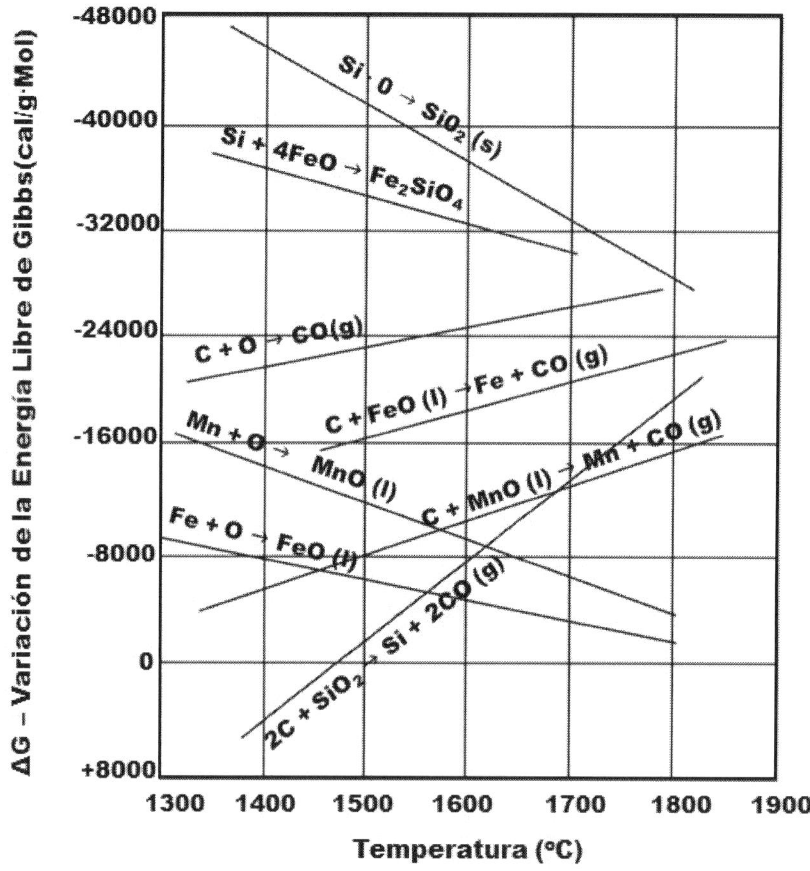

Fig. 1: Variación de la energía libre de Gibbs (ΔG) con la temperatura, para reacciones en hornos de inducción[4]

Observase que todas estas reacciones ocasionan una disminución del contenido de carbono. En paralelo ocurre incremento del contenido del silicio en virtud de la pronunciada propensión a la reducción de la sílice.

Las reacciones de reducción, sin embargo, no pasan en bajas temperaturas, como resultado del predominio de las reacciones de oxidación que involucran el carbono.

La constante de equilibrio resultante del análisis de la expresión de la reacción de reducción de la sílice seria dada por: $K = [Si]/[C]^2$, que es función de la temperatura ($K = (-26630/T) + 14.99$). Esto fue determinado[2] para hornos de inducción con revestimiento refractario acido y formación aproximadamente invariable de CO.

La figura 2 presenta las isotermas de equilibrio en condiciones estándar y también las determinadas a partir de datos experimentales.

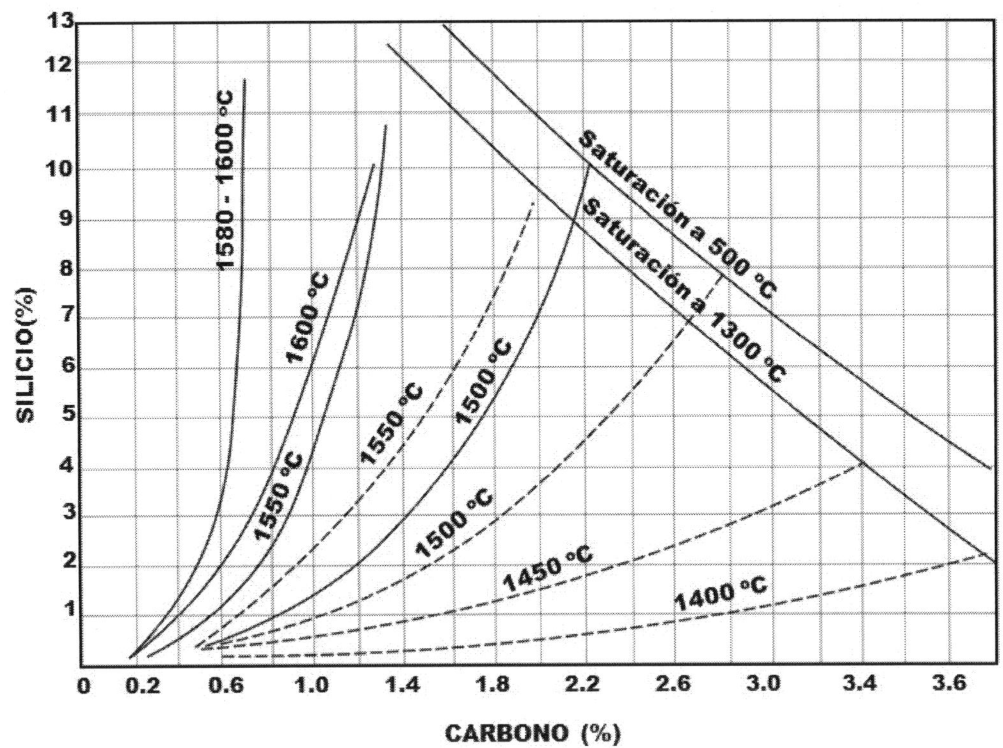

Fig. 2: Temperaturas de equilibrio de la reacción de reducción de la sílice. Condiciones estándar – líneas discontinuas; datos experimentales – líneas completas [2]

En la figura 3 es posible observar con más claridad el efecto de los contenidos del carbono y del silicio en las temperaturas de equilibrio de la reacción de reducción de la sílice, también definidas como las temperaturas de formación de la película de óxidos mientras el baño se enfría [5], o, por otro lado, a partir de las cuales el baño se queda libre de la película de óxidos en la etapa de calentamiento.

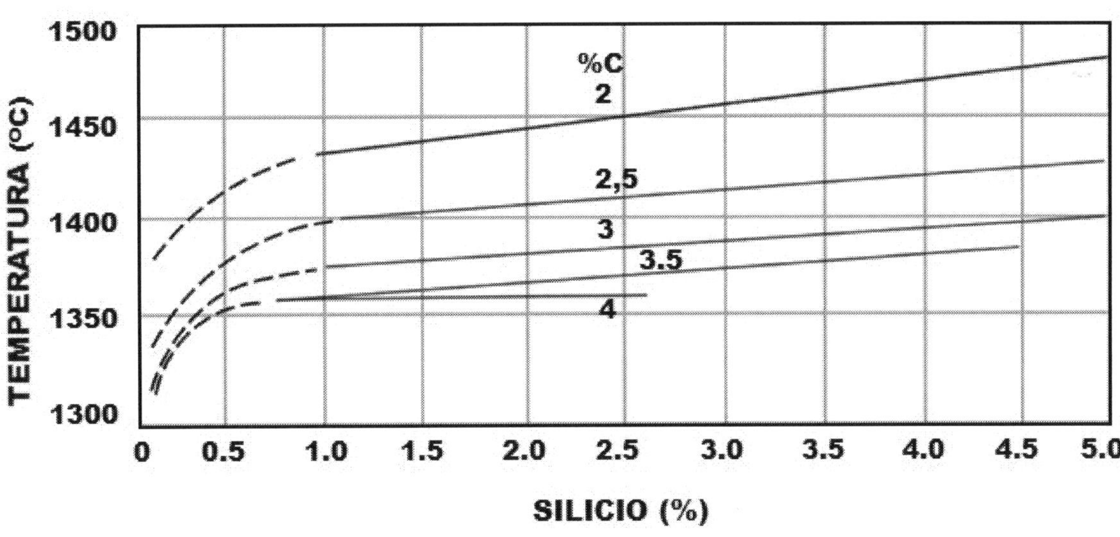

Fig. 3: Efecto de los niveles de carbono y de silicio en la temperatura de equilibrio – formación de la película de óxidos en el enfriamiento / desvanecimiento de la película de óxidos durante el calentamiento [5]

Verificase que el carbono tiene influencia más pronunciada que el silicio, lo que ya se esperaba, llevándose en cuenta la constante de equilibrio y el estudio de la figura 2.

De esta manera, cuanto más elevado sea el nivel de carbono y más bajo el de silicio en el baño metálico, más baja va a ser la temperatura de formación de la película de óxidos en la etapa de enfriamiento del líquido, lo que torna más fácil llegar a las temperaturas de vaciado con menor riesgo de que esto ocurra con mayor intensidad.

Esta temperatura, sin embargo, también es influenciada por otros elementos químicos, como el manganeso y el azufre. La figura 4 enseña esto.

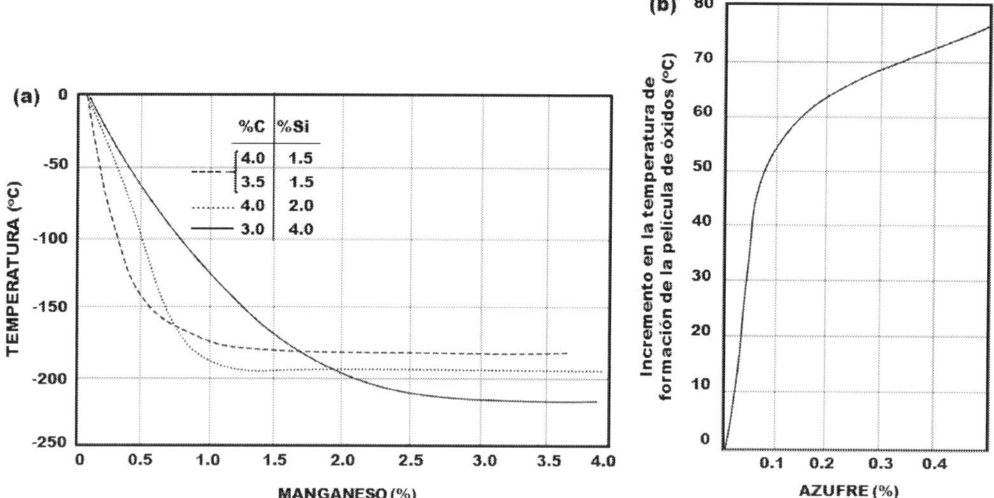

Fig.4: Influencia del manganeso (a) y del azufre (b) en la temperatura de formación de la película de óxidos [5]

El manganeso promueve la disminución de la referida temperatura, mientras el azufre la aumenta. Es importante observar que las variaciones más significativas ocurren para los niveles de manganeso y de azufre bajos, justamente en los rangos encontrados en los hierros fundidos comerciales.

Desde el punto de vista operacional, se recomienda conducir el proceso de modo que la temperatura de sobrecalentamiento se quede cerca de 40° - 80°C arriba de la temperatura de equilibrio de la reacción de reducción de la sílice [2,6].

En este caso, aparte del efecto en la destrucción de núcleos inestables de grafitización en el metal líquido, lo que lo hace más homogéneo, se mantiene un nivel de oxígeno disuelto en el baño de la orden de 20 – 30 ppm [3.6], considerado importante para la nucleación como ya mencionado.

Aún es necesario recordar que, en este rango de temperaturas de sobrecalentamiento, no hay más la tendencia de oxidación del silicio, mientras la oxidación aún no es expresiva para el carbono. El hierro, por otro lado, tiende a ser oxidado, originando escorias que contienen FeO, lo que desgasta el refractario de sobremanera.

El desgaste se ve más crítico para los hornos menores, donde la relación superficie del baño / volumen se queda más alta, lo que aumenta el área de contacto del revestimiento refractario con el metal durante la fase final del proceso de fusión.

Cuando empieza la reacción de reducción de la sílice, el proceso de desgaste se intensifica, lo que es más visible cuanto más elevados son la temperatura y tiempo de sobrecalentamiento. Por esta razón, y por las pérdidas por oxidación, este tiempo es restringido, no debiendo exceder a 10 – 15 min. En el caso de los hierros fundidos con grafito nodular o compacto, este aspecto es crucial, porque temperaturas elevadas son normalmente alcanzadas como contingencia del propio proceso de fabricación de estos materiales.

El ábaco presentado en la figura 5 ayuda a la determinación, en primera aproximación, de la temperatura de sobrecalentamiento más segura, para diferentes relaciones entre los contenidos de Si e C en el baño metálico y 50° C de sobrecalentamiento.

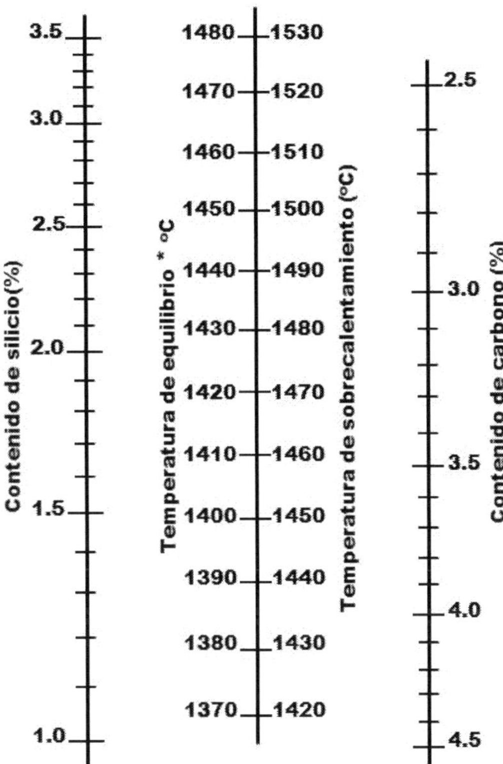

Fig.5: Temperaturas sugeridas para el sobrecalentamiento de hierros fundidos [7]

A partir de estas sugerencias, la determinación del valor más conveniente va a depender del hierro fundido a manufacturar (necesidad de temperaturas más elevadas, de homogeneización o de adiciones para el pretratamiento y preacondicionamiento del baño) y del propio proceso de producción (existencia de hornos de espera o de vaciado, necesidad de transportación del metal, entre otros).

En el enfriamiento del metal a partir de las temperaturas de sobrecalentamiento, aparecen áreas aisladas de escoria, que pueden ser retiradas con facilidad. Cuando las temperaturas de formación de películas de oxido son alcanzadas, de modo general, ya en las ollas de transportación o de vaciado, se forma de nuevo una costra que difícilmente se logra a quitar, una vez que es recompuesta de inmediato por estar en contacto con el aire.

En esta etapa del proceso, si el nivel de manganeso es alto (> 1.0% Mn) es posible que se forme un silicato de manganeso de más bajo punto de fusión. Este, añadido a la oxidación del propio hierro y de otros elementos (Al, Ca, Ti, por ejemplo), tiende a crear escorias fluidas que reaccionan con el carbono y son difíciles de retirar. Asociase a esto la formación de óxidos, silicatos y sulfuros de magnesio en el caso del hierro fundido nodular, llevando a la formación de "drosses", que penetran en el molde. Para niveles de Mg más bajos, como en el caso del CGI, la intensidad de esta ocurrencia es reducida, aunque sea importante que se la considere en el proyecto del sistema de canales para llenado del molde.

En los hierros fundidos grises, si, además del Mn, el contenido de azufre es alto (> 0.12% S), es posible la formación de sulfuros de manganeso en mayores cantidades. Estos flotan y se incorporan a la escoria de óxidos, tornándola aún más fluida, lo que aumenta la tendencia a la ocurrencia de defectos del tipo "*blow holes*", aspecto agravado cuanto más baja es la temperatura de vaciado.

Escorias fluidas y finamente dispersas en el baño liquido originan diminutas burbujas de CO, en las cuales pude penetrar el hidrógeno, usualmente generado por reacciones metal-molde. En este caso, la presencia de aluminio (> 0.01% Al) es prejudicial, porque además de formar escorias fluidas y reactivas, como ya se mencionó, este elemento incrementa la solubilidad del hidrógeno en el baño [(8)].

Las burbujas de hidrógeno originan porosidad ("pinholes") superficial o subsuperficial. La ocurrencia de estos defectos es agravada para los hierros fundidos que contienen magnesio (> 0,02% Mg). La presencia de titanio (> 0.02% Ti) potencia el efecto conjunto del magnesio y del aluminio [(1,9,10)]. (Ver capítulo 3).

A partir de lo que se ha discutido, es posible concluir, que, aparte del control de la reacción de reducción de la silica durante las operaciones de fusión y mantenimiento del baño líquido, es importante monitorear los niveles de los elementos de la composición química base (Mn, S, Mg) y los considerados residuales, como el aluminio y el titanio, que pueden interferir en la "reoxidación" del metal que enfría en los hornos, en las ollas de vaciado o durante los tratamientos para la producción de SGI o CGI.

Enfatizase, de este modo, la grande importancia de la selección de la composición química y de los materiales de carga, llevándose en cuenta su pureza, estado de limpieza y proceso de adición, como ya se ha discutido en el capítulo 3.

5.2 MECANISMO DE DISOLUCIÓN DE CARBONO EN EL METAL A PARTIR DE PRODUCTOS CARBURANTES

La carburación de hierros fundidos es una reacción que depende del tiempo, de la temperatura y de las concentraciones relativas de carbono en las fases reactantes. Su eficiencia está relacionada al contacto entre el material carburante, de baja densidad, y el metal, de alta densidad [(11,12)].

La reacción de disolución del carbono puede ser representada por la expresión: $C_{carb} \rightleftarrows [C]$, asociada a una constante de equilibrio dada por: $K_{eq} = a_{[C]} \div a_{Ccarb}$, onde $a_{[C]}$ e a_{Ccarb} son las actividades del carbono en solución en el metal y en el carburante, respectivamente.

La carburación es un proceso endotérmico, resultando, teóricamente, en la caída de temperatura de la orden de 6°C para cada 0.1% C disuelto, lo que se encuentra razonablemente de acuerdo con datos experimentales [(13)].

Aunque hay dificultad en evaluar el efecto de todas las variables involucradas en el proceso de disolución del carbono, es posible establecer un modelo de la cinética de la reacción, que es considerado útil para fines prácticos [(14-16)].

Cuando el carbono entra en solución, se admite que hay la formación de una capa limite en la interfase sólido – líquido, que es considerada estacionaria y constituida por la solución saturada de carbono en el líquido [(17)].

De este modo, las etapas del proceso para la reacción de disolución de carbono serían las que siguen [(14,16)]:

- reacción de disolución del carbono en el interfase sólido – líquido;
- difusión del carbono a través de capa limite, y
- difusión del carbono para el interior del baño.

Como el transporte de soluto para el interior del baño es más rápido que las reacciones en la interfase y/o la difusión en la capa limite, una de estas dos etapas sería la más lenta y, por consiguiente, la controladora del proceso. No se descarta, sin embargo, la posibilidad de haber control conjunto, donde las etapas involucradas tendrían velocidades equivalentes.

Resultados experimentales con varios tipos de materiales carburantes[(16)] sugieren que, en la mayor parte de los casos, el control es ejercitado por la difusión a través de la capa limite.

Teniendo en cuenta dicho mecanismo, las variables que influyen en la velocidad de incorporación del carbono, que es un parámetro ligado al rendimiento obtenido en el proceso de carburación, serian:

- las composiciones químicas del carburante y del metal;
- el tiempo para procesar la reacción;
- las cantidades relativas del carburante y del metal;
- la granulometría y densidad de los carburantes;
- la técnica para agregar los carburantes, y
- la temperatura en la cual se procesa la reacción.

➢ ***Efecto de la composición química***

El efecto termodinámico de la composición química en la carburación se refiere a la alteración de la actividad del carbono debido a la interacción con otros elementos en la solución.

Los elementos que promueven la formación de carburos, como: Cr, Va, Ti y Mn, por ejemplo, reducen el coeficiente de actividad del carbono, aumentando su solubilidad en el baño. Por otro lado, los elementos grafitizantes, como: Si, Cu, Al, por ejemplo, disminuyen su solubilidad.

El efecto de la composición química puede ser visto en la expresión que calcula el porcentaje del carbono de saturación ($\%C_S$), que es el límite de solubilidad del carbono en el baño metálico [18]:

$$\%C_S = 1.30 + 0.00257 \times T(°\mathrm{F}) + 0.027 \times (\%Mn) - 0.31 \times (\%Si) - 0.33\% \times (\%P) - 0.40 \times (\%S)$$

Es posible notar que el Mn incrementa el límite de saturación del carbono, mientras el Si, S y P lo disminuye.

Cuanto mayor la diferencia entre el carbono de saturación y el contenido de carbono inicial en el líquido, más elevada va a ser la velocidad de disolución del carbono.

El nivel de rendimiento obtenido para la incorporación del carbono varia todavía, dependiendo de la influencia del restante de la composición química, del tipo de material carburante utilizado y de las condiciones operacionales establecidas (forma de adición, tiempo y temperatura).

La figura 6 enseña que, efectivamente, los rendimientos de la carburación son más elevados para los niveles de carbono inicial más bajos. Sin embargo, los valores de la eficiencia del proceso son afectados por los tipos de materiales utilizados[19].

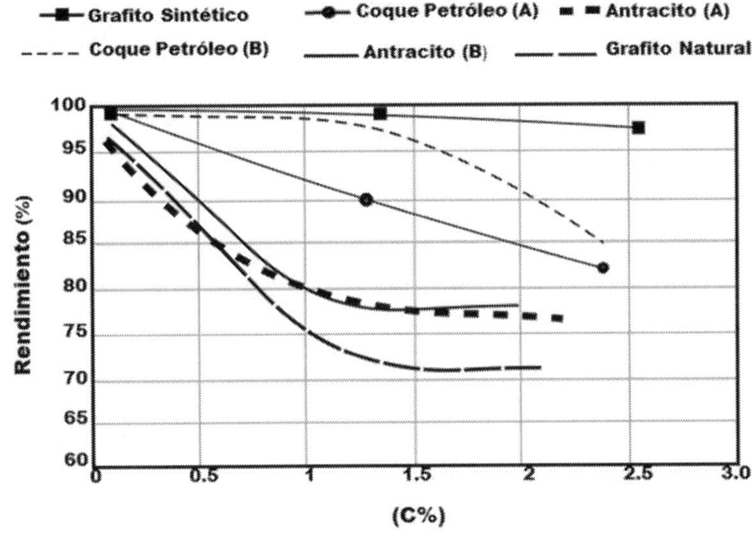

Fig.6: Efecto del nivel de carbono inicial en el rendimiento de carburación para varios tipos de carburantes[19]

Llevándose en cuenta los niveles usuales de los varios elementos químicos presentes en los hierros fundidos, además del nivel de carbono inicial, verificase que el silicio ejerce el efecto más importante en el valor del carbono de saturación en el baño metálico.

La figura 7 presenta la influencia del carbono equivalente en la eficiencia de la carburación.

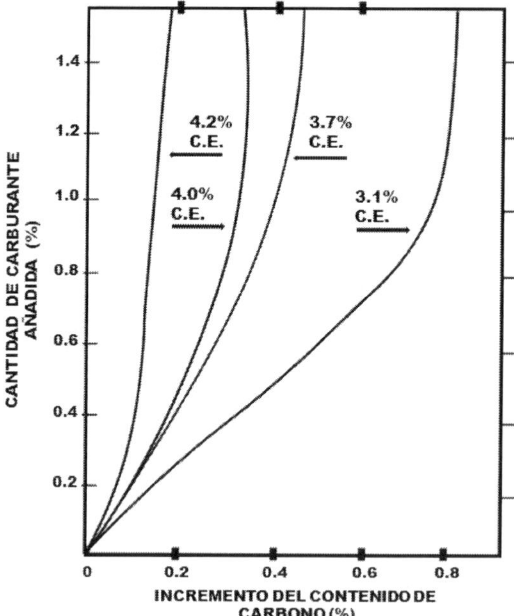

Fig.7: Variación del incremento del nivel de carbono en función de la cantidad de electrodo de grafito adicionada a materiales con diferentes carbonos equivalentes [20]

Es posible verificar que la ganancia en carbono es mayor cuanto menor es el CE, para una misma adición de carburante, como se preveía.

Sin embargo, hay que notar que mayores contenidos de Si para un mismo CE (lo que significa menores niveles de C en el metal), van a reducir los valores del carbono de saturación ($\%C_S$ en la expresión arriba), lo que eventualmente reduce la eficiencia de la carburación, mismo para niveles de carbono inicial ahora menores. El proceso de carburación y el tipo de carburante de nuevo deben de ser considerados como variables que se asocian para determinar este comportamiento.

A efectos prácticos en relación con la carburación, se recomienda limitar los contenidos de silicio en el horno en 1.8% Si[21]. Cuando es necesario añadir Fe-Si en el horno para llegar al nivel de silicio especificado, sería conveniente que esto sea procesado después de la carburación.

Los contenidos de azufre en el metal y en el carburante también influencian el rendimiento de la carburación. Además del efecto termodinámico, hay la influencia en la cinética del proceso, que es considerada más significante.

Como regla general, el contenido de azufre en el baño (< 0.15% S) ejerce pequeño efecto en la velocidad de disolución del carbono, cuando el nivel de azufre en el carburante es bajo (< 0.05% S). Por otro lado, si el carburante contiene niveles elevados de azufre, el rendimiento de la carburación disminuye de manera pronunciada a medida que los contenidos de azufre en el metal son más altos.

El azufre que proviene del carburante se concentraría en la capa limite, por ser un elemento activo superficialmente, reduciendo la solubilidad del carbono y su velocidad de difusión. Al mismo tiempo, los niveles más altos de azufre enriquecen la interfase con esto elemento, por disminuir su difusión para el interior del líquido.

La figura 8 ilustra el comportamiento discutido arriba, a través de los resultados de adiciones de carburantes con diferentes niveles de azufre (electrodo de grafito – 0.02% y coque de petróleo – 1.5%) y bajo contenido de cenizas en baños líquidos con bajo y alto azufre: 0.03% y 0.19% respectivamente[17].

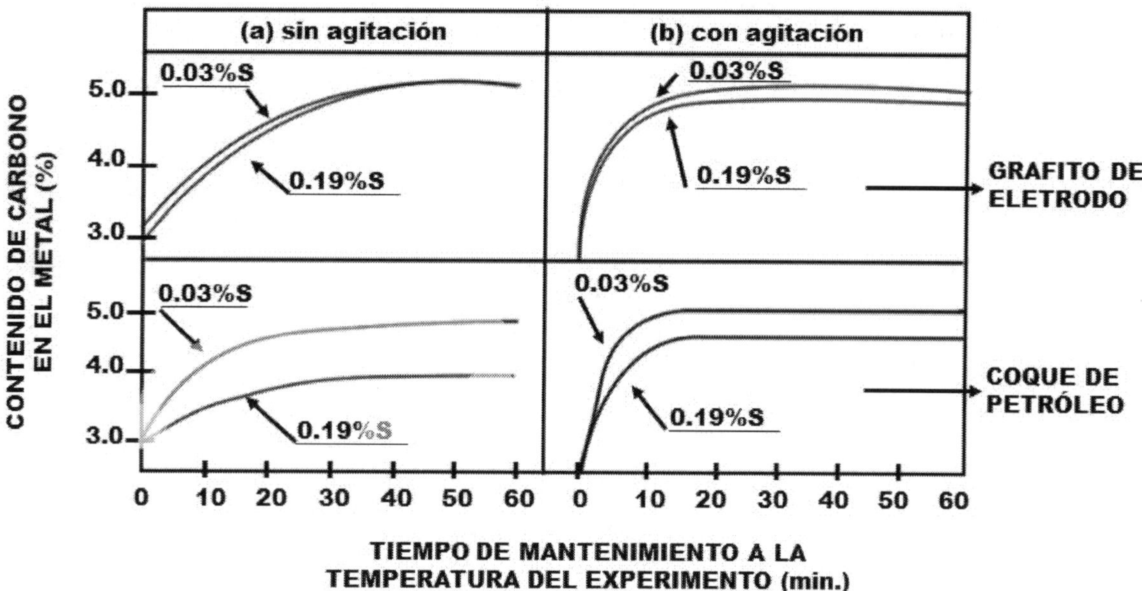

Fig.8: Variación del contenido de carbono en el metal como función del tiempo para la carburación, en baños con diferentes contenidos de azufre carburados con materiales conteniendo niveles diferentes de azufre. (a) sin agitación del baño; (b) con agitación del baño [17]

Además del efecto del azufre (metal y carburante), es posible ver claramente que la agitación del baño facilita la carburación del metal, pero no es un factor incremental para mayores tiempos de manutención del baño a la temperatura seleccionada para el tratamiento.

Aún es importante advertir que el azufre de los carburantes puede ser absorbido casi totalmente por el metal [22]. Como se va a mencionar en el capítulo 6 sobre los materiales de carga, dependiendo de las características de los carburantes, el comportamiento en relación con la absorción de azufre y formación de escoria puede variar, lo que requiere atención al asunto cuando se introduce un producto diferente en el proceso de manufactura.

El contenido de cenizas y su naturaleza asumen también papel importante en el desempeño de los carburantes. De modo general, se observa una disminución en la disolución del carbono y en el rendimiento de la carburación cuando el contenido de cenizas aumenta, incluso logrando cambiar la etapa controladora del proceso de carburación para la reacción en la superficie [14-16,22,23].

Para carburantes con distintos contenidos de azufre y cenizas, resultados prácticos enseñan que el rendimiento de la carburación tiene como factor determinante el contenido de carbono fijo del carburante. Rendimientos mayores que 80% son más fácilmente observados cuando el carbono fijo es mayor que 90%, independientemente de las técnicas de adición [1,15,23].

- ***Efecto del tiempo y de la temperatura***

La temperatura afecta prácticamente todos los factores relacionados con la cinética de la carburación.

A medida que la temperatura se eleva, ocurre un aumento en la solubilidad del carbono, favoreciendo la velocidad de carburación y tornando posible mayores incrementos de carbono en el baño, con menor tiempo de mantenimiento.

Al mismo tiempo, con el incremento de la temperatura, hay un aumento del coeficiente de difusión del carbono en el líquido. Sucede también una reducción de la viscosidad y de la densidad del metal paralelamente a la agitación térmica más pronunciada, lo que ayuda a originar mayor contacto entre el metal y las partículas del carburante. El incremento del área de contacto entre los reactantes asociado a la disminución del espesor de la capa limite resulta en el aumento de la velocidad de carburación.

Temperaturas más altas aún pueden fundir las cenizas del carburante, haciéndolas más fluidas, lo que facilita la difusión del carbono.

Incrementos en la temperatura favorecen la reacción también bajo el aspecto termodinámico, debido al carácter endotérmico del proceso. Por otro lado, con el aumento de la temperatura, sobrepasando 1430°-1450°C, se intensifica la oxidación preferencial del carbono mientras la reducción de los óxidos ocurre, de acuerdo con el discutido en el ítem anterior y exhibido en la figura1.

Este punto puede ser visto con la ayuda de la figura 9, donde un baño con 3.15% C y 1.8% Si fue mantenido a temperaturas de 1350°C, 1450°C y 1630°C [12].

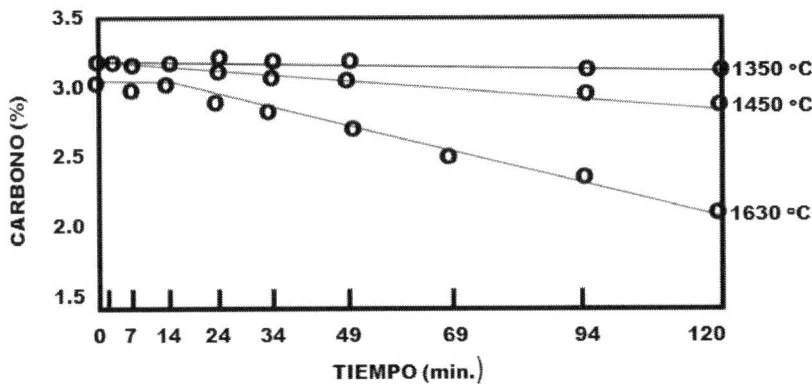

Fig.9: Influencia del tempo y de la temperatura en la alteración del nivel de carbono en baño de hierro fundido [12]

A 1350°C, el baño se encuentra abajo de la temperatura de equilibrio para la composición química de este especifico material, así que la perdida de carbono es insignificante. Ya para 1450°C se observa una cierta disminución del contenido de carbono, acompañada por un aumento del nivel de silicio. Con el tiempo, los contenidos de carbono y de silicio se alteran de tal modo a llegar a valores de equilibrio para la nueva temperatura, estabilizándose entonces.

A 1630°C, la diferencia entre los niveles de carbono y de silicio en el baño y aquellos de equilibrio es muy grande. De esta forma, a pesar de los efectos benéficos de la temperatura en la cinética, la reducción del carbono por oxidación es más pronunciada que a 1450°C, para un determinado instante.

La oxidación del carbono con el tiempo de mantenimiento a temperaturas elevadas lleva a la reducción del carbono equivalente del baño, mismo con el nivel de silicio aumentado.

Este efecto, que demuestra la importancia de la determinación y del control del tiempo y de la temperatura mientras se añaden los carburantes, es presentado en el grafico de la figura 10, donde, esquemáticamente, se describe la variación del contenido de carbono en función del tiempo durante el proceso de adición de carburantes.

El incremento del contenido de carbono tiende a alcanzar el nivel de saturación. Sin embargo, conforme la oxidación acontece, la tasa de incremento del C (o CE) disminuye comparativamente a la curva ideal teórica hacia el punto donde empieza la reducción de los niveles de C y CE, así perdiéndose rendimiento de carburación.

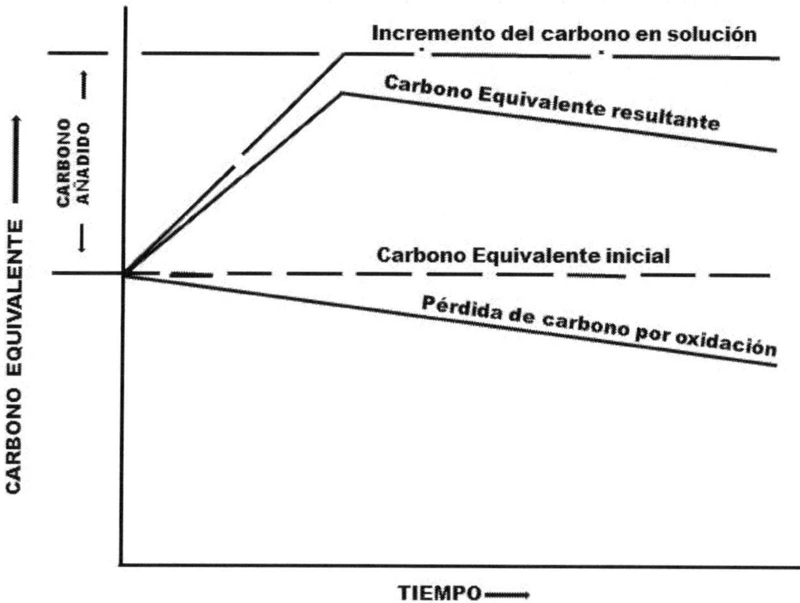

Fig.10: Perdida por oxidación del carbono y la variación del CE con el tiempo de mantenimiento para carburación realizada en determinada temperatura[18]

- ***Efecto de la granulometría del carburante***

El efecto de la granulometría del carburante se relaciona al área de contacto entre los reactantes, como ya se ha comentado. Si las partículas son muy finas, puede haber, durante la fusión, una evolución considerable de humos, perdiéndose mucho producto carburante. Además, las partículas delgadas tendrán a aglomerarse con la escoria, quedando insolubles. Por otro lado, si muy gruesas no se van a disolver convenientemente.

No siempre los proveedores se preocupan con este punto, correspondiendo al fundidor especificar lo que funciona mejor para su tamaño de equipo de fusión y forma de adición (de acuerdo con el tipo de material carburante a utilizar). El rango de granulometría entre 0.5 a 10 mm engloba lo que sería más usual. Muchos prefieren usar la parte más fina, o sea, entre 0.5 y 3mm.

- ***Efecto de la forma de adición***

Hay diferencias sensibles cuanto al rendimiento de la carburación si el producto carburante es añadido en la carga fría o arriba del baño líquido, separadamente o en conjunto con otros componentes para carga o recarga.

Las adiciones en la carga fría se ven más ventajosas porque hay mayor tiempo para que las reacciones ocurran durante la fusión. Sin embargo, como la operación, en la mayoría de las veces, establece como proceso de carga de los hornos la agregación de los materiales arriba de metal liquido preexistente ("carga caliente") para mejorar el desempeño productivo y el rendimiento eléctrico, se recomienda añadir el carburante en primero lugar, y en secuencia la chatarra de acero y los otros materiales.

La figura 11 ilustra el efecto de la forma de adición, enseñando que, para todos los tipos de carburantes, la adición en la carga fría (sólida) conduce a los rendimientos más altos[24].

En el caso de la incorporación del carburante en el baño separadamente (para una corrección, por ejemplo), el estado de la superficie del baño es importante. Si hay escoria, las partículas del carburante tendrán dificultad para entrar en contacto con el baño metálico.

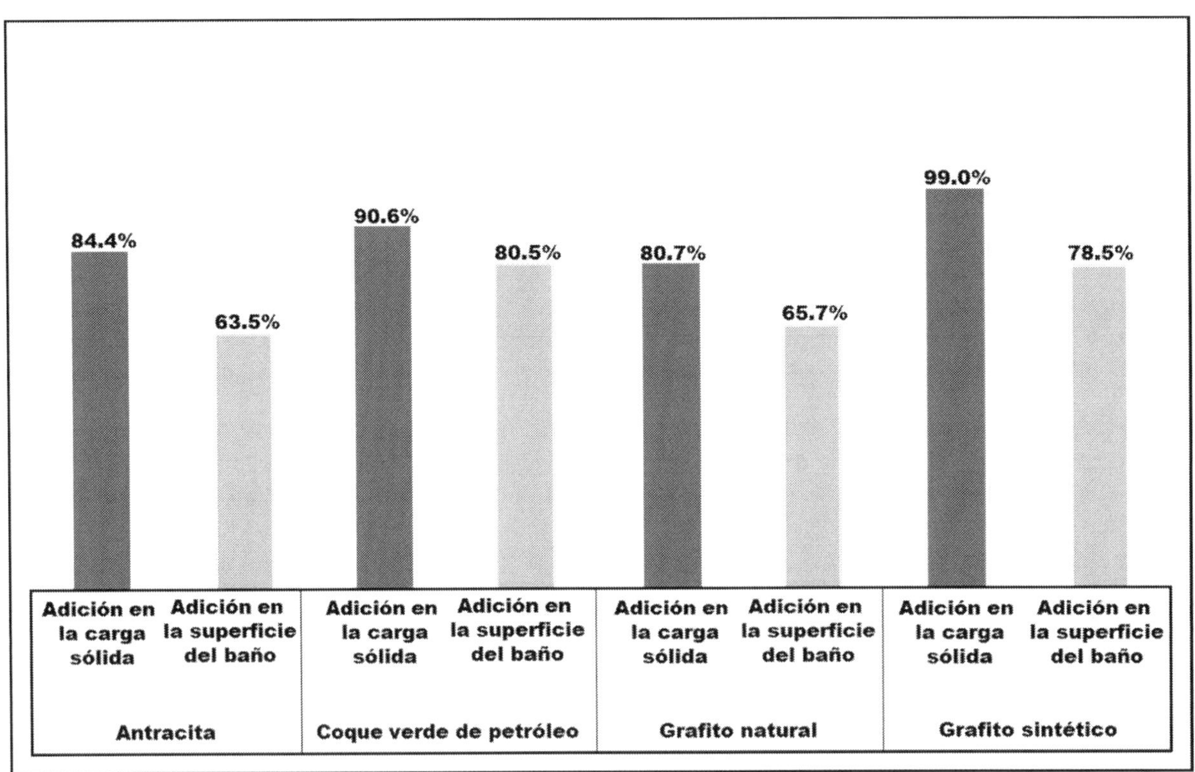

Fig. 10: Rendimiento de carburación para varios tipos de materiales añadidos en la carga fría o arriba de la superficie del baño liquido [24]

- ***Efecto de la agitación del baño***

Cuando hay cualquier tipo de agitación, como es usual en los hornos de inducción, se obtienen los rendimientos más elevados, detectándose mayores velocidades de disolución del carbono [3,22,25].

La agitación aumenta el contacto entre las partículas de carburantes y el medio líquido, disminuyendo el espesor de la capa limite. Cuando se utilizan materiales con alto contenido de cenizas, la agitación proporciona incrementos significantes de la ganancia en carbono, debido a una ruptura mecánica de la barrera de cenizas que impide la difusión del carbono.

La agitación ocasiona también una disminución de la sensibilidad al contenido de azufre, una vez que acelera la difusión de este elemento (La figura 7 arriba ha enseñado este punto).

BIBLIOGRAFIA

1. CASTELLO BRANCO, C.H. & REIMER, J. – Aspectos metalúrgicos na produção de ferros fundidos em fornos de indução a cadinho. ABM – Curso de Operação de Fornos de Indução. P.377-459, 1988
2. NEUMANN, F. – Comparative Study of cast iron melting in cupolas and induction furnaces. AFS Tech. Report n° 743, Jan. 1974, 13p.
3. REIMER, J.F.; CHAVES FILHO, L.M. & PIESKE, A. – Defeitos em ferros fundidos cinzentos ligados à composição química. In: ABM – Simpósio Sobre Defeitos em Peças Fundidas Joinville, 1979, 19p.
4. HEINE, R.W. & LOPER Jr., C.R. – Principles of slag and dross formation in molten cast iron. Modern Casting, 50 (3): 115-122, Sep. 1966
5. MARINCEK, B. Cast iron melting in electric arc and induction furnaces. Modern Casting, 42 (6): 99-108, Dec. 1962
6. ORTH, K. & WEIS, W. – Bedeutung und Beeinflussung des Kieselsäuregehalten von Gusseisen. Giessereiforschung, 25 (1): 1-8, 1973
7. SOUZA SANTOS, A.B. & CASTELLO BRANCO, C.H. – Metalurgia dos Ferros Fundidos Cinzentos e Nodulares. IPT S.A. (P.1100), São Paulo, 1977, 240p.
8. VDG – Mittel und Wege zur Ausschussenkung bei Gusseisen und Temperguss – Lehrgang veranstaltet von VDG-Schulungsdienst, Düsseldorf.
9. BCIRA - Pinholes formed by hydrogen gas during solidification – BCIRA Broadsheet n°7, 1969
10. WALLACE, J.F. – AFS Gray iron pinhole research: what it tells about eliminating pinholes. Modern Casting, 71 (12): 57, Dec. 1981
11. CASTELLO BRANCO, C.H. & DURAN, P.V. – O uso de coque de babaçu na carburação de ferros fundidos. Metalurgia – ABM, 35 (256): 151-8, Mar. 1979
12. FULLER, A.C. – Metallurgical effects in electric furnaces. In: AFS Conference on Electric Iron Melting, p.8-1 to 8-11, Nov. 1970
13. SELBY, M.J. – Use of a powder dispenser for carburizing iron in an arc furnace. BCIRA Confidential Report n° 1071, 1972
14. ROY, P.L. & RAM, M. – Recarburization of iron melts – a review. Indian Foundry Journal, 22: 13-22, Dec. 1976
15. BROKMEYER, K.H. – Induktives Schmelzen. Brown Bovery & Cie., W. Girardet, Essen, 1966, 543p.
16. ANGELES, O.; GEIGER, G.H. & LOPER Jr., C.R. – Factors influencing carbon pick-up in cast iron. Trans. AFS, 76: 629-37, 1968
17. COON, P.M. – Some factors influencing the rate of solution of carbon in iron. BCIRA Confidential Report n° 1272, 1977
18. METZLOFF, K.E.; NELSON, R.D. & LOPER Jr., C.R. – Carbon dissolution in cast iron melts reexamined. AFS Trans. Paper 05-168(05) p.1-10, 2005
19. JANERKA, K - The rate and effectiveness of carburization to the sort of carburizer. AFE – Archives of Foundry Engineering, nr.4, v7-2007, p.95-100
20. COATES, R.B. – Desulphurization and carburization of iron. BCIRA Confidential Report n° 786, 1965
21. LLOYD, A.T. – Selection and application of carbon raising materials. Trans. AFS, 82: 229-34, 1974
22. BCIRA – Selection of carburizing materials. BCIRA Broadsheet n° 132, 1976
23. SPENGLER, A.F. – Alloys and additives. In: Conference on Electric Iron Melting 2°, Atlanta, Oct. 1974
24. SANTOS, E.G. – Avaliação da carburação de um ferro fundido nodular em fornos de indução de média frequência. Dissertação de Mestrado apresentada ao Curso de Pós-graduação em Ciência e Engenharia de Materiais da Universidade Estadual de Santa Catarina, 96p., 2014
25. DONOHO, C.K. Molten cast iron for treating to produce ductile iron. Modern Casting, 46 (4): 608-610, Oct. 1964

6. LOS MATERIALES DE CARGA USUALES Y SU PREPARACIÓN BÁSICA

Existen restricciones en cuanto a la calidad y al estado físico de los materiales que se van a utilizar en la carga de hornos de inducción de crisol. En parte, por no ser práctico el uso de operaciones de refinación con escorias reactivas (como en el caso de los hornos eléctricos de arco), pero principalmente para evitar la posible contaminación del baño metálico con elementos químicos residuales, que ocasionan, por ejemplo, la formación de defectos asociados a gases, inclusiones y la degeneración de la forma del grafito(1). Por esta razón, los materiales de carga para este tipo de horno constituyen el enfoque principal de este capítulo.

La elección de las materias primas de carga debe tener en cuenta, además, la necesidad de la preparación del baño líquido en relación con el grado de nucleación y con el control de los elementos químicos de la composición química base, de modo que se proporcionen las condiciones adecuadas para las operaciones de inoculación y los tratamientos destinados a la fabricación de SGI y CGI.

A continuación, se presentan los conceptos básicos para la selección de los materiales de carga usuales: arrabio, chatarra de acero, retorno de hierro fundido, rebabas de acero y de hierro fundido, carburantes, ferroaleaciones, metales puros y coques de fundición.

6.1 ARRABIO

El arrabio, aunque considerado un material más caro, constituye la mejor materia prima disponible para la producción de los hierros fundidos, cualquiera que sea el equipo de fusión disponible. Es una excelente fuente de carbono y de silicio, además de ser homogéneo, denso y con baja concentración de elementos residuales, especialmente cuando es obtenido a través del uso de carbón vegetable como agente reductor.

Presenta composición química consistente, lo que facilita el cálculo de carga, garantizando la previsibilidad y el control de la composición química en el baño.

Como es suministrado en lingotes de alta densidad con formatos y tamaños regulares, el arrabio requiere menor área para almacenamiento en comparación con la chatarra de acero cuando no es prensada en paquetes. Además, no necesita limpieza adicional para ser cargado, así contribuyendo para la mayor durabilidad del revestimiento refractario.

En los hornos de inducción, se recomienda usar por lo menos 10% de arrabio en la carga. Su utilización beneficia a la disolución de la chatarra de acero, lo que, combinado con su alta densidad y alto contenido de carbono, aumenta la velocidad de fusión de la carga y refleja en ahorro de energía. Como componente de la carga, el arrabio favorece mucho a la grafitización, por incrementar la intensidad de nucleación del baño.

Hay múltiples especificaciones para el arrabio. Lo que se encuentra en común entre ellas es la separación por clases según los contenidos de silicio y principalmente los niveles de fosforo, azufre y manganeso existentes. Aún es posible encontrar materiales con niveles de elementos residuales controlados.

La IIMA (International Iron Metallics Association) de Inglaterra, por ejemplo, agrupa las varias clases estandarizadas (o disponibles por los proveedores) en tres categorías, de acuerdo con la tabla I(2).

El criterio para selección del tipo de arrabio más apropiado y su cantidad en la carga tiene como base los siguientes puntos:

- **la necesidad o conveniencia de emplear porcentajes definidos de retorno en la carga**: la cantidad y el tipo de arrabio resultan del balance adecuado del retorno (con cantidad preestablecida) y de la chatarra de acero;

- **la intensidad de nucleación y el pretratamiento del baño**: cuando el metal requiere una mayor intensidad de nucleación para reducir la cantidad de inoculación, como por ejemplo en el caso de la producción de CGI, o cuando se utiliza una cantidad elevada de chatarra de acero, se recomienda aumentar el porcentaje de arrabio en la carga, y

- **el tipo de hierro fundido producido**: los hierros fundidos nodulares (SGI) y vermiculares (CGI) demandan la utilización de arrabio de la categoría "alta pureza", ya que se necesita un baño con bajo contenido de azufre, fosforo y manganeso.

CARACTERÍSTICAS DEL ARRABIO ESPECIFICO PARA FUNDICIÓN					
Tipo de arrabio	**C (%)**	**Si (%)**	**Mn (%)**	**S (%)**	**P (%)**
Básico	3.5 - 4,5	≤ 1,25	≤ 1.0	≤ 0.05	0.08 - 0.15
Fundición genérico	2.8 - 4.2	1.0 - 4.0	0.5 - 1.2	≤ 0.04	≤ 0.12
Alta pureza	3.7 - 4.7	0.05 - 1.5	≤ 0.05	≤ 0.025	≤ 0.035

Tabla I: Categorías básicas – origen de las clases de arrabio suministradas para fundición [2]

Nota: El rango de peso de los lingotes es de 7 a 14 kg normalmente. 20 x 15 x 5 cm es un ejemplo de sus dimensiones usuales.

Con respecto al nivel de silicio en el caso del hierro gris, la selección del arrabio depende de las clases de resistencia mecánica a fabricar y del contenido de silicio conocido a priori en la carga, lo que se relaciona a la conveniencia u obligación del uso de retorno o chatarra de acero, además del tipo y cantidad de inoculante a ser usado posteriormente.

En el caso del SGI, la selección va a condicionarse también al tipo de proceso de nodularización a utilizar. El uso de alambres con FeSiMg va a reducir el nivel de silicio introducido, en comparación con el proceso "*sándwich*" por ejemplo, tornándose posible la utilización de arrabio con contenido de silicio más grande. La misma reflexión vale para la producción de CGI, donde la aplicación de alambre relleno con FeSiMg y muy baja inoculación resulta en más baja introducción de silicio.

6.2 CHATARRA DE ACERO

La utilización de chatarra de acero es prácticamente un requisito. Actuando como agente controlador de los elementos de la composición química base, se torna el componente usado en mayor cantidad en las cargas de los hornos en gran parte de las fundiciones. El porcentaje usual se encuentra entre 40% y 70%.

Por esta razón, teniendo en cuenta el aspecto económico del proceso de fusión, la selección de la chatarra de acero afecta el costo de la carga metálica de manera sobresaliente. El costo de la chatarra no solamente involucra su precio, pero también la necesidad eventual de separación y preparación dentro de la fundición, su almacenamiento, inventario, manejo y transporte interno.

Adicionalmente en la selección, hay que considerar que el uso de tipos inadecuados de chatarra va a incurrir seguramente en problemas operacionales en los hornos y de calidad de las piezas, que no van a cumplir con las especificaciones estructurales y mecánicas.

La chatarra de acero es clasificada en dos grupos:

- Componentes obsoletos que provienen de una amplia gama de fuentes, entre estas las piezas y elementos de la industria de vehículos en general, y de los sectores ferroviario, de equipos, de maquinaria y de implementos agrícolas. Aún como ejemplo, se cita el acero estructural originario de demoliciones de edificios y barcos.

- Restos procedentes de operaciones de fabricación en las industrias de manufactura primaria o de productos acabados de acero. Ejemplos de estas operaciones son el estampado, el corte de chapas y perfiles, los diversos procesos de maquinado y la forja.

En el caso de los obsoletos, se puede decir que no es posible evitar la contaminación por diversos tipos de elementos de aleación, aunque la chatarra sea separada y clasificada por la empresa de reciclado. Entre los posibles escenarios, se citan como ejemplo [(3-5)]:

- cobre proveniente de cables mezclados en la chatarra o de aceros resistentes a corrosión,
- níquel, cromo y molibdeno en piezas de aceros inoxidables,
- boro, manganeso, molibdeno, vanadio, titanio, cobalto, plomo y zinc en componentes fabricados con los nuevos tipos de aceros microaleados de alta resistencia utilizados en la industria automotriz,
- piezas de aluminio mezcladas con chatarra de la industria automotriz o miscelánea,
- zinc (y plomo posiblemente) en piezas galvanizadas, y
- el plomo añadido a determinados tipos de acero para mejorar la maquinabilidad y la rapidez del proceso de fabricación de piezas en general, partes de tubería con conexiones de latón aleado con plomo, rines de automóviles con pesos de equilibrio sin quitar, o aceros estructurales con pintura a base de plomo procedente de instalaciones antiguas.

La chatarra de obsolescencia ya limpia de materiales no metálicos y residuos, tiende a ser más barata cuanto mayor es la contaminación de elementos químicos. Sin embargo, la disponibilidad en ciertas regiones, la recogida, la preparación y la segregación realizadas por el proveedor pueden aumentar el precio de este tipo de chatarra.

Para reducir la probabilidad de error al utilizar chatarra de obsolescencia, se recomienda hacer un trabajo de colaboración con el proveedor para garantizar la separación de los materiales no deseados, incluidos los no metálicos, así como la identificación de los lotes separados.

Otra preocupación en cuanto al uso de chatarra de obsolescencia está ligada a la necesidad de verificar el nivel de radiactividad existente. La mezcla de piezas provenientes de las industrias de producción de petróleo, gas, carbón y fertilizantes principalmente, como partes de válvulas, bombas y tubería pueden estar contaminadas con residuos que contienen elementos radiactivos, como el Radium (Ra 226) [(6)]. Este tipo de contaminación se deriva de la aparición natural de elementos radiactivos ("NORM – naturally ocurring radioactive material") que son llevados por compuestos químicos que se depositan en las piezas de los equipos utilizados en las operaciones.

La verificación de los niveles de radiactividad debe de ser hecha de acuerdo con las regulaciones existentes en cada país. Se utilizan detectores de radiación operados por personal especializado para analizar los datos y tomar las decisiones relacionadas a la aceptación o separación de la chatarra. Esta detección puede ser hecha en el área de reciclaje del proveedor o en el propio patio de llegada de la chatarra en la fundición, si compensa la inversión en equipo y entrenamiento de personal, lo que depende de la escala de la operación.

En la recepción de la chatarra de obsolescencia, se recomienda tomar varias muestras aleatorias de cada lote para un análisis más preciso en laboratorio, procediendo a una inspección general del material en el camión o vagón ferroviario con equipo portátil de fluorescencia de rayos X (XRF en inglés – "X-ray fluorescence"). La pistola XRF proporciona un análisis adecuado, principalmente para la comparación con los resultados de laboratorio, aunque no todos los elementos (boro, por ejemplo) puedan ser determinados[(4)]. Se trabaja con los promedios y las desviaciones estándar calculados para los niveles de los distintos elementos químicos.

La chatarra originada en las operaciones industriales se encuentra normalmente en forma de retazos (*"patchwork"*) de chapas estampadas, tiras cortadas de chapas y perfiles laminados, rebabas resultantes de las diversas operaciones de maquinado, o recortes resultantes de la forja.

Los retazos (*"patchwork"*), restos de recorte y tiras ligeras son usualmente prensados en paquetes de varios tamaños en unidades operadas por las propias compañías generadoras de este tipo de chatarra, cuando la cantidad es suficientemente grande para justificar esa operación, o más comúnmente por las empresas de reciclado que suministran para las fundiciones y acerías. Cuando los restos son más grandes, más gruesos o pesados, pueden ser vendidos a granel, y pueden ser cortados y preparados según lo especificado por los clientes, de acuerdo con las limitaciones particulares de sus equipos de fusión en cuanto a su capacidad y dimensiones.

La figura 1 enseña un ejemplo de los tipos de chatarra más frecuentemente usados para los hornos de inducción, de acuerdo con lo que presenta el Guía de Chatarra de Hierro ("Ferrous Scrap Guide") de la AFS – "American Foundry Society"[5]. Se indica también su nomenclatura en inglés, para facilitar el entendimiento de la literatura internacional.

No se recomienda el uso de chatarra originaria de estampado cuando estén zincadas (galvanizadas) y/o pintadas, en paquetes o sueltas, en hornos de inducción. Este tipo de chatarra introduce elementos químicos que pueden, dependiendo de los contenidos residuales y del tipo del hierro fundido, ser perjudiciales para la estructura y propiedades mecánicas, como fue discutido en el capítulo 3.

Bajo el aspecto ambiental, el uso de chatarra de acero galvanizada requiere un sistema de captación diseñado específicamente para capturar las emisiones que contienen altas concentraciones de óxido de zinc. La baja temperatura de vaporización del zinc (907°C) asociada a su baja (aunque significativa) solubilidad en el hierro líquido causa una rápida volatilización de este elemento en la superficie de la chatarra que se funde [6].

En el caso de hornos de inducción a crisol, a diferencia del caso del uso de chatarra de acero galvanizada en cubilote, hay la complicación adicional relacionada a la degradación prematura del revestimiento refractario causada, al parecer, por la penetración del zinc vaporizado en los poros de la pared. La erosión sería causada por la formación de compuestos de sílice y óxidos de zinc de bajo punto de fusión. Aún hay referencia a la mayor severidad de este efecto cuando se utiliza chatarra de acero galvanizada durante la sinterización de nuevos revestimientos refractarios, resultando en la formación de depósitos de zinc metálico en las bobinas, lo que causa falla y desconexión[7].

(a) Chatarra de acero de estampado limpia ("N°1 Foundry Busheling")

- Tamaño típico: 30 a 60 cm
- Ancho típico: 1.5 a 6.5 mm
- Densidad: 1.1 a 1.6 t/m^3
- Composición química típica (%)

C	Si	Mn	P	S	Cr	Cu	Ni	Mo	Sn
0.15	0.01	0.40	0.02	0.01	0.03	0.04	0.03	0.01	0.01

(b) Chatarra de acero prensada en paquetes ("N°1 Foundry Bundle")

- Tamaño típico: 40 x 40 x 80 cm (máx. 90 x 90 x 150 cm)
- Densidad: 2.0 a 2.8 t/m^3
- Composición química típica (%)

C	Si	Mn	P	S	Cr	Cu	Ni	Mo	Sn
0.15	0.01	0.40	0.025	0.01	0.03	0.04	0.03	0.01	0.01

(c) Chatarra de acero de recorte de bobinas ("Slitter scrap")

- Largo máx.: 30 cm
- Ancho: 1.5 a 10 cm
- Densidad: 1.1 a 1.6 t/m^3
- Composición química típica (%)

C	Si	Mn	P	S	Cr	Cu	Ni	Mo	Sn
0.15	0.01	0.40	0.025	0.01	0.03	0.04	0.03	0.01	0.01

(d) Chatarra de acero de recortes de forja ("flashings")

- tamaño: variable
- densidad: 0.65 a 1.1 t/m^3
- composición química: no es preespecificada. Depende de la fuente generadora. Se recomienda evitar mezclas de aceros conteniendo bajo carbono con los aleados.
- los bordes con mucha rebaba pueden ser perjudiciales al revestimiento refractario de los hornos de inducción.
- Puede contener humedad.

Fig.1: Ejemplo de tipos de chatarra de acero generadas en procesos industriales adecuadas para uso en hornos de inducción [(5)]

Para los hornos de inducción, desde un punto de vista operativo, el uso de la chatarra aún encuentra restricciones adicionales. Como la operación normalmente requiere la adición sobre líquido preexistente ("pie de baño líquido"), los materiales deben estar secos para evitar los peligros de explosión. El uso de chatarra muy oxidada también está limitado por el hecho de que el óxido de hierro causa un rápido desgaste del revestimiento refractario y mayor generación de escoria.

Además, la chatarra no debe contener grandes cantidades de grasa o aceite procedentes de las operaciones industriales que la generaron. La existencia del aceite en la chatarra no sólo va a provocar problemas ambientales por la evolución de llama y humos, sino también disfunciones en el funcionamiento de los hornos.

Dependiendo del contenido de carbono en la emulsión de aceite, se genera una presión de CO que puede ser bastante grande en el baño. Este penetra en la pared refractaria, habiendo formación de CO_2 y depósito de carbono en el área de enfriamiento de la bobina. Ya el azufre en forma de gas penetra en el refractario, formando ácido sulfúrico a partir de reacción con el oxígeno y la humedad en el área de la bobina. El ácido sulfúrico destruye el revestimiento protector del cobre de la bobina, haciéndolo accesible a reacciones con azufre y oxígeno. La formación posterior de sulfato de cobre, eléctricamente conductor, junto con el carbono depositado, forma una costra negra en la bobina, provocando fugas de corriente y últimamente cortocircuito, cuando el cobre funde y perfora la bobina, causando falla y desconexión del horno[(8)].

Por esta razón, es muy importante garantizar, en el caso de los paquetes, que además de ser prensados con chatarra de procedencia y composición química conocida para evitar mezclas de tipos de acero, no estén oxidados y no contengan humedad y aceite en cantidades excesivas. Esto, en consecuencia, resulta en mayor costo para la chatarra, que se asocia a la necesidad de instalaciones protegidas de almacenamiento en los proveedores y en la fundición, así como a los cuidados específicos para su traslado y transporte.

Por razones relacionadas con el costo o la disponibilidad en el mercado proveedor, se utiliza constantemente chatarra suelta mezclada constituida por restos de operaciones industriales y componentes obsoletos (también llamada chatarra "común"), a menudo sujeta a preparación interna en la fundición.

El cuadro I ofrece un ejemplo típico de especificación de esta chatarra común frecuentemente elaborada por la fundición de común acuerdo con el proveedor [9].

CHATARRA DE ACERO COMÚN– compuesta de retazos (patchwork) de estampería, chapas, perfiles laminados, rieles de ferrocarril, ruedas de vagón, piezas de maquinaria, implementos y vehículos en general.
En su mayor parte de aceros de bajo carbono con bajo nivel de elementos de aleación, libre de impurezas (pintura, aceite, grasa, tierra y oxidación, entre otros), de metales no férreos y piezas de material no metálico*.

_ **Pueden ser objeto de operaciones de preparación** (se admite un cierto contenido de humedad y aceite):**

TAMAÑO	MÍNIMO	MÁXIMO
Espesor	0.5 cm	15.0 cm
Largo / Ancho	5.0 cm	300.0 cm

_ **Lista para uso (con baja humedad y aceite):**

TAMAÑO	MÍNIMO	MÁXIMO
Espesor	0.5 cm	15.0 cm
Largo / Ancho	5.0 cm	50.0 cm

_ **Composición química deseada y orientativa para los aceros de bajo carbono:**

Mn – 0.50% máx.	Cr – 0.03% máx.
S – 0.015% máx.	Ni – 0.10% máx.
P – 0.10% máx.	Si – 0.50% máx.
Ti – 0.010% máx.	Mo – 0.03% máx.

CUADRO I: Ejemplo de especificación de chatarra de acero mezclada (común) destinada a hornos de inducción a crisol (> 5 t de capacidad) para fabricación de hierro fundido [1,9]

(*) No se aceptan restos / desechos de proceso de fabricación o piezas hechas con aceros inoxidables, aceros al manganeso y aceros microaleados de alta resistencia, salvo interés específico y declarado. Tampoco se aceptan: rebabas, tiras, alambres, mallas, electrodos, engranajes, resortes, arandelas, cojinetes, tuercas, tornillos y piezas soldadas, pintadas, cromadas o galvanizadas.

(**) Cuando en la preparación, la chatarra es cortada con llama oxiacetilénica, se recomienda remover los restos de escoria adheridos a lo largo de los cortes.

En el caso de la chatarra suelta (mezclada o no), si está muy contaminada con aceite o humedad, existen procedimientos preparatorios para su uso en la producción. Áreas de drenaje natural y operaciones de precalentamiento pueden hacerse necesarias. En el caso de rebabas de acero o de hierro fundido, en briquetas o no, los procesos de preparación y carga en el horno aún son más específicos, como se discutirá posteriormente.

El precalentamiento de la chatarra no es realizado, sin embargo, solamente por el aspecto operativo y ambiental examinado arriba. Dependiendo de los rangos de temperatura utilizados puede proporcionar mejoras en la eficiencia y la economía del proceso de fusión [10].

Los sistemas de precalentamiento se dividen normalmente en dos tipos: los de simple secado y los de precalentamiento propiamente dicho.

En el caso de los secadores, la temperatura se sitúa en el rango de 100 a 300°C, siendo el precalentamiento, en este caso, solamente ligado al enfoque de seguridad operacional y ambiental.

La mayoría de las fundiciones que practican el precalentamiento de la chatarra (o de la carga), sin embargo, utiliza temperaturas muy superiores a las de simple secado. El rango utilizado es de 300 a 750°C. En temperaturas arriba de esto va a ocurrir oxidación excesiva de la carga.

Con el procedimiento realizado a temperaturas más altas, algunas ventajas de tema económico son verificadas, entre las cuales se incluyen:

- la tasa en kWh/ t para elevar el baño hasta la temperatura deseada se reduce,
- hay posibilidad de aumentar la capacidad de fusión de las instalaciones existentes,
- hay oportunidad de utilizar chatarra o materiales de carga de menor costo (de adquisición o procesamiento interno), ya que el aceite, humedad, grasas y pequeños residuos no metálicos serán eliminados por el proceso de secado en alta temperatura,
- mejora la seguridad operacional y el control ambiental en el área, y
- los costos de la demanda de energía eléctrica se reducen.

Como ejemplo, el precalentamiento de toda la carga metálica a 500-550°C, en un horno de inducción a crisol operando al 80% de eficiencia, va a proporcionar un ahorro de 20-30% de la energía (en kWh) necesaria para fundir y calentar una tonelada de hierro hasta 1510°C. Llevándose en cuenta la energía utilizada para el precalentamiento, el balance total indicaría una ganancia del 5 al 10% [(10)].

Considerando la situación en que la potencia suministrada a un horno de inducción a crisol se queda constante durante la operación, una reducción de la necesidad total de energía de fusión (kWh/t) da lugar a un período de fusión más corto. Esta mejora de la capacidad horaria de fusión dependerá, sin embargo, de la práctica de operación adoptada en cada fundición, es decir, del tipo de hierro fundido fabricado, del sistema de carga del horno y de la práctica de toma de muestras, de las temperaturas y tiempos de sobrecalentamiento, así como del sistema y equipo de transporte de metal y de vaciado.

Aparte del factor energético, la decisión de adquirir instalaciones de precalentamiento en el rango de 300 a 750°C termina siendo afectada fundamentalmente por los costos más bajos de adquisición, preparación y almacenamiento de la chatarra de acero y posiblemente de otros materiales de carga.

Son dos los sistemas comúnmente utilizados para precalentamiento: en canastas o en canales transportadores vibratorios.

- ***Precalentamiento en canastas***

Este método es más antiguo, pero todavía empleado por varias fundiciones. El aire calentado por los quemadores se inyecta en la parte superior o inferior de la canasta que contiene la chatarra (o carga metálica), siendo más común la inyección por la parte superior, con salida lateral próxima al fondo.

Las ventajas de este proceso serían:

- el flujo de gases a través de la carga tiene una buena eficiencia en la transferencia de calor;
- el sistema requiere poco espacio para su instalación;
- usualmente hay uno o dos quemadores de gas o aceite de fácil mantenimiento;
- la captación de emisiones y polvo es relativamente fácil cuando el equipo se encuentra en una zona específica cerrada, y
- las pérdidas de temperatura son pequeñas, ya que la carga debe de ser trasladada inmediatamente al horno y la canasta también se precalienta.

Las desventajas se enumeran a continuación:

- cualquier cambio en la densidad de carga puede afectar al flujo de aire caliente y gases a través de la carga en la canasta. Materiales finos y placas que tienden a compactarse pueden impedir completamente el paso del aire. Zonas parcialmente bloqueadas no serán secadas;
- la mayor parte de los sistemas de precalentamiento en canastas se limita a simple secado. Para calentar la carga a temperaturas entre 300°C y 750°C, la temperatura en la superficie de la canasta deberá ser muy elevada, lo que resulta en oxidación parcial de la carga, o será necesario un largo período de calentamiento hasta alcanzar el intervalo de temperaturas deseado;
- sistemas que emplean salidas laterales en la parte inferior de las canastas tienden a dejar el fondo de la carga sin precalentarse, convirtiéndose en un punto crítico en cuanto a la existencia de humedad o aceites y grasas, ya que esta es la primera parte de la carga a ser introducida en el baño. (Los sistemas de flujo de aire ascendentes no presentan este inconveniente);
- ciclos constantes de precalentamiento pueden deformar las canastas y las puertas de descarga, dificultando las operaciones de carga y descarga. Se considera baja la vida útil de las canastas;
- para intentar la reducción de emisiones contaminantes, algunos sistemas están dotados de un quemador adicional para quemar los gases antes de ser liberados a la atmósfera. No son muy eficientes y el consumo de energía en este caso puede llegar al doble del promedio habitual, y
- los sistemas con canastas no cuentan con recursos para eliminar finos y otros residuos de la carga.

➢ ***Precalentamiento en canal transportador vibratorio***

El equipo más común para el precalentamiento de carga para el horno de inducción a crisol es del tipo que utiliza canales vibratorios. La capa de chatarra de acero con espesor de 15 a 40 cm, dependiendo de la densidad aparente, es cargada en los conductores vibratorios y pasa a través de un túnel dotado de una serie de quemadores de alta potencia, capaces de elevar la temperatura de la carga a 600°C en aproximadamente 4-6 minutos.

El equipo de precalentamiento suele formar parte del sistema de carga del horno. La chatarra precalentada es conducida a los dispositivos de carga, que funcionan, en la mayoría de los casos, también por vibración o con canastas de carga.

La figura 2 ilustra este tipo de equipo, que normalmente se acopla con sistemas de extracción y de captación de finos y residuos, ayudando a evitar la contaminación del medio ambiente y limpiando la carga. El equipo de la foto es fabricado por la compañía Inductotherm [11].

(a) Túnel de precalentamiento de chatarra con quemadores y sistema de extracción de gases y finos

(b) Túnel de precalentamiento de carga conectado al dispositivo de carga del horno

Fig. 2: Equipo para precalentamiento de chatarra de acero [11]

Las ventajas de este sistema serían:

- la obtención de temperaturas elevadas de precalentamiento en menos tiempo;
- parte integrante del sistema de carga del horno, aumentando la eficiencia de todo el proceso;
- menor probabilidad de introducir material volátil en el horno por la mayor temperatura media en la capa de carga uniforme, y
- posibilidad de instalación de sistemas anticontaminación y de extracción de finos.

Las desventajas serian:

- los túneles de precalentamiento de chatarra ocupan mayor espacio que el necesario para las canastas, agravando el problema para instalaciones de fundición medianas y pequeñas;
- el equipo requiere mantenimiento preventivo e inspección constante, principalmente si es integrante de un circuito de carga continuo para múltiples hornos, y
- la falta de control de la operación puede provocar paradas y sobrecalentamiento de parte de la carga o acumulación de material en sectores del conductor vibratorio, aumentando la posibilidad de precalentamiento insuficiente.

6.3 RETORNO DE HIERRO FUNDIDO

El retorno de hierro fundido es materia prima de excelente calidad porque su composición química generalmente se aproxima más a la especificada y a la establecida como objetivo en el cálculo de carga.

El porcentaje de retorno a ser utilizado es función de la cantidad generada. Cuanto mayor sea el rendimiento metalúrgico alcanzado, menor será la cantidad de canales y mazarotas disponibles para su uso como retorno. Un nivel más bajo de rechazo de piezas también reduce, por supuesto, la cantidad de retorno disponible. La compra (o venta) de retorno debe ser considerada, dependiendo de las simulaciones hechas a través del algoritmo de cálculo que permite optimizar la carga, llegando al menor costo (a discutirse en el capítulo 7).

La primera preocupación con el retorno generado (sistema de colada o rechazo) es la separación según los diversos tipos de hierro fundido producidos. Una correcta administración de esta tarea es la única manera de evitar contaminaciones del baño metálico y sus consecuencias en el proceso de fabricación y en la calidad de las piezas producidas.

Se debe planear una auditoría frecuente de la composición química de los retornos en relación con los niveles de elementos residuales, en la mayor parte de las veces no considerados en las especificaciones internas o de los clientes. La razón de este procedimiento está ligada a la contaminación progresiva y acumulativa de los retornos por el uso cíclico de estos materiales en las cargas que reciben la adición de chatarra de acero o chatarra de otros metales que tienen como propósito incorporar elementos de aleación, ferroaleaciones y arrabio.

El plan de proceso de fabricación deberá establecer límites máximos para los niveles de elementos residuales en el retorno y no sólo en las piezas. Cuando se alcanza el límite, para uno o más de estos elementos, se debe operar durante algunos días con carga sin adición de retorno, para generar material con niveles bajos de residuales y proporcionar una mezcla aceptable con el retorno preexistente almacenado. En los casos críticos, es necesario vender el inventario de retorno y reanudar el ciclo.

En el caso del horno de inducción, hay necesidad de limpiar el exceso de arena adherida al retorno, para evitar la formación excesiva de escorias de alto punto de fusión, que pueden, con el tiempo, provocar el cierre del crisol y, a su vez, afectar negativamente a la productividad de este equipo de fusión. La limpieza se realiza habitualmente por granallado.

Después de limpio y separado, el retorno debe ser almacenado en compartimientos cubiertos para evitar humedad y oxidación.

6.4 REBABAS DE ACERO Y HIERRO FUNDIDO

Muchas fundiciones de acero o hierro fundido generan rebabas en sus unidades de maquinado total o parcial de piezas fundidas, o se encuentran en las inmediaciones de industrias que las originan.

La utilización de las rebabas sueltas o briqueteadas tiene por objetivo reducir el costo de la carga, ya que su precio es, por regla general, mucho más bajo que el de la chatarra de acero o retorno de hierro fundido. La figura 3 muestra en fotografía un ejemplo de rebaba suelta e de material briqueteado.

Cuando no procede de maquinado en seco, el uso de este material, incluso en briquetas, presenta limitaciones adicionales en hornos de inducción a crisol, por la presencia de aceite refrigerante y/o agua, así como de partes muy oxidadas.

Fig.3: Rebabas sueltas y briqueteadas [8]

La carga de rebabas con aceite / agua en el baño líquido preexistente provoca una llama excesiva, explosiones y un exceso de humos con residuos de rebabas, especialmente si estas son demasiado finas. Ya el material oxidado tiene como consecuencia el mayor desgaste del revestimiento de los hornos, causado por la reacción del FeO con la sílice del refractario, generando escoria.

En presencia de otros óxidos, estas rebabas oxidadas (principalmente las de mayor tamaño y/o en forma de espiral) ocasionan un gran volumen de escoria que puede dar lugar a capas adheridas al refractario (cáscaras), lo que disminuye la producción por kWh por dificultar la fusión del resto de la carga. Además, hay riesgo de sobrecalentamiento del refractario y daños a la bobina.

Debido a su baja densidad aparente, el uso de grandes cantidades de rebaba suelta prolongará considerablemente la operación de carga, perjudicando el factor de utilización del horno a plena potencia y disminuyendo la producción.

Por todas estas razones, generalmente no se recomienda usar rebabas de acero o hierro fundido sueltas en cantidades superiores al 10-20% de la carga metálica(12). Sin embargo, tomando precauciones en la preparación de la rebaba y ajustándose el proceso de carga de los hornos, es posible llegar a usar, de manera segura, hasta un <u>70%</u> de rebaba suelta en la carga metálica. El procedimiento es el siguiente:

- la rebaba debe de ser separada en las unidades de maquinado por tipo de material para garantizar la homogeneidad y composición química conocida.
- la rebaba deberá ser almacenada en cajas cuyos fondos permitan drenar una buena parte del aceite refrigerante. Se recomienda dejar las cajas en reposo durante 3 a 5 días en zona cubierta. El objetivo es llegar a contenidos de aceite y humedad al menos más bajos (<10%) que los observados en su origen. No se recomienda precalentar para secar en equipos y procesos como los presentados anteriormente para chatarra o carga, debido a la intensa oxidación que se sucederá.
- si la escala de la operación es suficiente para generar un beneficio económico razonable, se justifica la inversión en instalaciones de secado de rebabas. El equipo más utilizado consiste en un tambor que contiene un sistema de centrifugación interno. Además de secar la rebaba, se recupera 95% o más del aceite refrigerante de maquinado con este proceso. La figura 4 ilustra una unidad de centrifugación para rebabas metálicas ferrosas y no ferrosas(13).

Fig.4: Unidad de centrifugado ("wringer") de eje diagonal para secar rebabas metálicas (13)

La alta rotación (>600 G) promueve la separación entre el sólido y el líquido, descargando la rebaba seca y permitiendo la recuperación del aceite refrigerante. Estas unidades pueden estar conectadas a sistemas de trituración de rebabas como operación inicial, y de transporte para silos de almacenamiento. El objetivo es alcanzar niveles de aceite entre 1.5 y 3%[(8,28)].

Se recomienda este tipo de secado de rebabas no sólo por el lado operativo, sino también por el aspecto ecológico relacionado con la necesidad en desechar el residuo de rebabas con aceite de acuerdo con las normas y legislaciones ambientales existentes.

- Para añadir la rebaba a los hornos, es necesario empezar la carga con chatarra de acero, arrabio y retorno de hierro fundido en la carga fría o sobre líquido preexistente. Si se coloca la rebaba en primer lugar, pueden formarse cáscaras que no se van a fundir, afectando al revestimiento refractario de las paredes (también del fondo, si se trata de carga fría).
- A continuación, se cargará la rebaba después de que esta carga inicial sólida esté casi totalmente fundida.
    - La cantidad de rebaba cargada no puede ser muy grande (< 500 kg), ya que se generarán llamas y humos, especialmente si la rebaba no fue sometida a un secado por centrifugado. Además, la fusión se dará de manera heterogénea; áreas de alta temperatura van a afectar el revestimiento de las paredes, habiendo riesgo de perforación del refractario como ya mencionado.
    - Se consideran los hornos de frecuencia de red los más adecuados para fundir rebabas sueltas, ya que proporcionan una mayor agitación del baño líquido.
    - Se prestará atención especial a la capacidad del sistema de escape por encima del horno (min. 30000 m^3/h) y al tipo de filtro, cuyo material deberá estar revestido con calcáreo o con hidróxido de calcio, debido a la condensación de vapor de aceite en la tubería de escape [(28)].
- La primera capa de la carga de rebabas debe estar casi totalmente fundida antes de que pueda añadirse la segunda capa. A menudo el operador del horno inclina el crisol para que la nueva carga de rebabas encuentre metal líquido libre de escoria.
- Cuando el baño ya se encuentra casi en la parte superior del crisol del horno (arriba de 80% [(28)]), no se recomienda añadir una carga compuesta solamente de rebabas. Hay riesgo de que se expulse parte de las rebabas como consecuencia de la agitación del baño metálico, no lográndose que las rebabas se mezclen eficientemente con el líquido. En este caso, está indicada la alimentación de una mezcla con carga solida de cualquier otro material, como chatarra, arrabio, retornos o ferroaleaciones. Se recomienda colocar la carga de rebabas entre las partes de la carga sólida en el dispositivo de carga.

Si el suministro de rebaba para la fundición es constante y en cantidad que lo justifique, se recomienda implementar el briqueteado de rebabas de acero o de hierro fundido. La más alta densidad de las briquetas facilita la carga, no habiendo restricciones en cuanto al uso en mayor cantidad, si la operación de fabricación de las briquetas se realiza en equipo que retire el aceite refrigerante, siendo el almacenaje en área cubierta.

La figura 5 ilustra un centro de briqueteado en donde se introduce la rebaba en una tolva, que conduce el material por medio de transportador con eje helicoidal a una cámara de compresión que, comúnmente, utiliza un sistema de doble pistón que comprime la rebaba por direcciones opuestas [(14)].

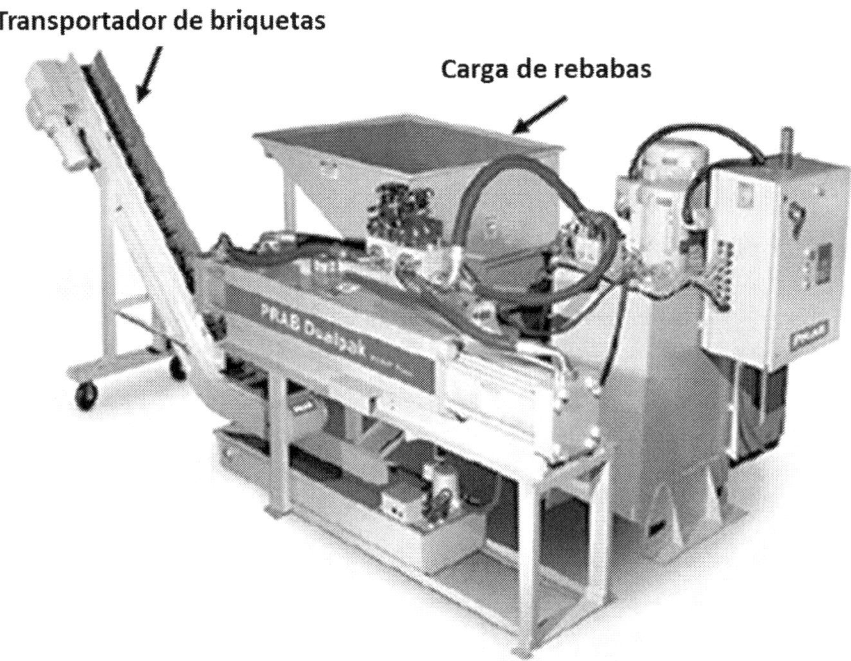

Fig.5: Equipo de briqueteado de rebabas "PRAB Dualpak" con doble compresión[14]

Durante la compresión, se expulsa el aceite y se recupera (hasta el 99%) para reutilización o reciclado. Se espera un nivel final de aceite en la briqueta también del 1.5 al 3%.

En el caso de equipos similares al de la figura 5, se pueden fabricar briquetas de alta densidad (de 4,0 a 5.5 t/m^3) con un diámetro de 2 a 7 pulgadas. El peso llega a 23 kg y la producción puede alcanzar hasta 10 t/h.

Como recomendación, las briquetas deben cargarse por detrás del resto de la carga sólida y jamás sobre el metal líquido preexistente en el horno[28]. Se constata con esta orden de carga que hay menor formación de escoria y riesgo de explosiones, así como la formación eventual de gases que pueden migrar por el revestimiento refractario generando compuestos que causan daños a la bobina.

En el caso de las briquetas, si es necesario cargarlas de manera independiente (sin acompañamiento de otros componentes sólidos), se recomienda añadirlas en cargas pequeñas sobre baños con material aún no fundido en su totalidad o en la carga fría.

6.5 CARBURANTES

Se ha comprobado el uso en gran escala de carburación en hornos de inducción, debido al uso cada vez más pronunciado de chatarra de acero en la fabricación de hierro fundido.

Trabajando de esta manera, es posible reducir los costos relacionados con la materia prima, lográndose contenidos más bajos de azufre y fósforo en el baño metálico y mejor control de los niveles del carbono y del silicio.

En muchos casos, el uso de carburantes tiene como único objetivo la corrección del contenido de carbono, lo que puede ser necesario principalmente cuando se calcula la carga en función del contenido predeterminado de silicio, como se discutirá en el capítulo 7.

La práctica de la carburación presenta ventaja también en otros aspectos. Como ejemplo se puede citar la posibilidad de un mayor uso de chatarra y retorno, garantizando los niveles más bajos de azufre y fósforo. Además, pueden obtenerse hierros fundidos de diferentes clases en una misma operación de fusión mediante carburaciones realizadas tras vaciados sucesivos[15].

Los carburantes pueden clasificarse como "grafíticos" y "no grafíticos"[16]. Los "grafíticos" son generalmente grafitos naturales u obtenidos sintéticamente a partir de coque de petróleo o antracita. También pueden originarse del maquinado de electrodos de grafito de alta pureza y cristalinidad. Los "no grafíticos" se producen a partir de la calcinación de residuos de refinería de petróleo (coque de petróleo), coques de fundición o electrodos de grafito con menor contenido de carbono fijo, siendo menos cristalinos o amorfos.

En esta última clase se encuentran también los carbones vegetales y el carburo de silicio, que es considerado importante[17] por ser fuente de carbono y de silicio, y por influir de manera significativa en el poder nucleante del baño y su control durante la fusión, como se ha comentado.

Los grafíticos suelen tener bajo contenido de azufre (< 0.1%), altos niveles de carbono fijo (97 a 99%) y bajo contenido de cenizas (< 1.0%), y se utilizan también para carburación en hornos de espera y ollas por presentar una alta solubilidad[17].

Los carbones vegetales pueden contener altos contenidos de materias volátiles, responsables por problemas de evolución de humos durante su adición al baño metálico[18]. Por otra parte, presentan como ventaja los bajos contenidos de cenizas y azufre, que puede ser casi inexistente, como en el caso del coque de babaçu[19].

El costo de los carburantes "no grafíticos" es, por regla general, más bajo que el de los grafíticos, logrando, sin embargo, desempeños similares, dependiendo de la aplicación y del procedimiento adoptado.

La tabla II muestra una compilación de las características de los carburantes disponibles comercialmente[17-27].

Se discuten las reacciones de carburación y la influencia de las variables de proceso en el ítem 5.2 del capítulo 5. Sin embargo, básicamente, se puede sintetizar el comportamiento de los carburantes en cuanto al rendimiento de incorporación de carbono y al efecto nucleante como sigue:

- El rendimiento de la carburación disminuye a medida que los productos presentan mayor nivel de azufre y cenizas, así como menor contenido de carbono fijo y menor cristalinidad.
- Los carburantes grafíticos normalmente alcanzan los contenidos deseados de carbono en menos tiempo que los productos no grafíticos. Como excepción, se cita el grafito natural que, a pesar de su pureza y cristalinidad, manifiesta un rendimiento de carburación inferior al de otros productos carburantes.
- Por regla general, cuanto más cristalinos, los carburantes promueven mayor elevación del poder de nucleación del baño. Este efecto es particularmente sensible para baños con nivel de azufre más grande que 0.03%[16]. Sin embargo, su aplicación para este fin debe considerar la posibilidad de formación de escoria fluida, cuando existe mayor contenido de cenizas de bajo punto de fusión, que pasa por los filtros y áreas de retención de escoria en los sistemas de colada[23,24], ocasionando varios tipos de defectos en las piezas.
- Cuando la nucleación del baño es controlada por la adición de arrabio o carburo de silicio, y/o se utiliza pos-inoculación en el chorro del metal durante la colada o con insertos en los moldes, como es práctica para hierros nodulares, no se nota diferencia cuando se emplean carburantes grafíticos o no grafíticos de bajo azufre en el resultado final para el número de nódulos[39], haciendo posible la reducción del costo de la carburación. El mismo concepto se aplica a los hierros grises de alta resistencia principalmente en el caso de fabricación de piezas con paredes delgadas.

- El carburo de silicio metalúrgico, además de carburante, puede ser fuente relevante de silicio y se utiliza frecuentemente para el pretratamiento (preacondicionamiento) del baño metálico, cuando es necesario aumentar y/o controlar la intensidad de nucleación del baño metálico en el horno. Su eficiencia como agente nucleante es superior a la del Fe-Si y evita la necesidad de incrementar el porcentaje de arrabio en la carga, como ya se ha comentado anteriormente.

CARBURANTE	GRANULOMETRÍA USUAL (mm)	ANÁLISIS QUÍMICO TÍPICO[i]				
		C_f [ii] (%)	Cenizas (%)	S (%)	Materias volátiles (%)	N (%)
Triturado de electrodo de grafito	0.2 - 5.0[iii]	90.0 - 98.0	2.5 máx.	0.25 máx.	2.5 máx.	0.05 máx.
Grafito sintético	0.5 - 5.0[iii]	90.0 - 99.0	1.0 máx.	0.20 máx.	1.0 máx.	0.01 - 0.05
Grafito natural	0.5 - 9.5[iii]	85.0 - 97.0	12.0 máx.	0.10 máx.	3.0 máx.	N.D.
Coque de petróleo calcinado	0.5 - 9.5[iii]	92.0 mín.	2.0 máx.	1.0 - 4.0	1.0 máx.	0.5 - 2.0
Coque de petróleo (bajo azufre)	< 9.5	95 - 99	1.0 máx.	1.0 máx.	0.1 - 0.5	> 0.05
Coque metalúrgico	< 9.5	85.0 - 92.0	12.0 máx.	2.0 máx.	1.5 máx.	0.2 - 1.5
Coque de babaçu	1.0 - 6.0[iii]	80.0 - 85.0	5.0 - 10.0	-	10.0 máx.	0.20 máx.
Antracita eléctricamente calcinada	0.5 - 9.5[iv]	90.0 - 97.0	3.0 - 10.0	0.1 - 0.8	0.2 - 2.0	0.25 - 0.35
Carburo de silicio metalúrgico [v]	1 - 10 10 - 50	26.0	-	0.07 máx.	-	0.03 máx.

(i) Base seca

(ii) Carbono fijo

(iii) 80% en el rango

(iv) 90% en 5mm

(v) ejemplo para carburo de silicio metalúrgico con cerca de 85% SiC y aprox. 60% Si en el SiC

N.D. - Dato no disponible

Tabla II: Ejemplo de carburantes comerciales y sus características[(17-27)]

Con adiciones de SiC se obtiene una mayor regularidad y consistencia de resultados en los hornos de inducción en cuanto a la nucleación, constatándose una disminución relevante de la altura de coquillado en prueba de cuña para hierros fundidos grises, disminución del ΔT y aumento del número de nódulos para los hierros nodulares [(22,27)], lo que permite ajustar el nivel de inoculación como ya se ha visto.

Vale la pena recordar el mérito de su uso para el pretratamiento de baños destinados a la obtención de grafito vermicular (CGI). El aumento de la intensidad de nucleación en el horno ayuda a evitar mayores adiciones de inoculantes, que en este material tiene el efecto de reducir el porcentaje de grafito compacto, aumentando la cantidad de nódulos.

Dado que el SiC no se funde en baños metálicos a temperaturas entre 1400 °C y 1700 °C, pero se disuelve en el hierro líquido de manera paulatina y progresiva, se recomienda que siempre sea adicionado en la carga fría inicial o en recarga sobre baño líquido preexistente. La disolución es favorecida por la agitación electromagnética durante la fusión. Si se decide realizar adiciones en el baño líquido, se cita la necesidad de esperar cerca de 20 minutos a la temperatura de 1450 °C para que haya una disolución completa e incorporación del carbono y del silicio. Esta temperatura y tiempo de sobrecalentamiento pueden no ser compatibles con lo que se prescribe para la composición química base del material líquido. Este tiempo se fija normalmente en 10 minutos y no sobrepasa 15 minutos, para evitar mayor oxidación del baño y/o desgaste del refractario del horno.

Se resalta que el SiC contiene niveles muy bajos de nitrógeno, hidrógeno, azufre y aluminio, no contribuyendo, por esta razón, a la aparición de fisuras causadas por exceso de nitrógeno o "pinholes" de hidrógeno.

Es importante señalar, en relación con los mecanismos de formación de microestructuras y también de defectos, que los gases contenidos en los carburantes (N, H y O) son absorbidos parcialmente en los baños metálicos durante la carburación, no habiendo pérdidas sensibles en los procesos secuenciales de fabricación de los hierros fundidos.

La incorporación de nitrógeno, por ejemplo, puede llegar a más del 50% del contenido de este elemento presente en el carburante [18,20], principalmente para materiales con alto contenido de nitrógeno. Vale la pena recordar, como se ha discutido anteriormente, que el nitrógeno puede causar defectos (fisuras, porosidades y puntos duros por la formación de nitruros [16.21]), pero, dependiendo del nivel existente, contribuye a la estabilización de la perlita, a la reducción de la longitud de las láminas de grafito y al redondeo de sus extremos, permitiendo un aumento de la resistencia mecánica para los hierros fundidos grises.

En el caso del azufre, su absorción es visible cuando hay niveles mayores de este elemento en el material carburante, como el coque de petróleo calcinado. Sin embargo, no hay consenso sobre la influencia de las cantidades añadidas y de las características de los diversos tipos de carburantes en cuanto a la asimilación del azufre. Como punto de partida se sugiere estimar el porcentaje incorporado a través de la ecuación siguiente[26]:

$$\%S_{inc.} = \%\,Carb \times \%S_{carb}$$

donde:

$\%S_{inc.}$: porcentaje de azufre incorporado después de la adición de carburante.

$\%\,Carb$: porcentaje de carburante añadido.

$\%S_{carb}$: contenido de azufre en el carburante.

Para cada tipo de operación de fusión (tipo de horno de inducción y su tamaño, cantidad y método de adición, y tipos de carburantes) será necesario establecer este grado de incorporación del azufre para evitar problemas de corrección de carga, principalmente en el caso de la fabricación de hierros fundidos nodulares y con grafito compacto, que exigen bajos contenidos de este elemento en el baño líquido.

6.6 FERROALEACIONES

Ampliamente usadas en la producción y refino de aceros, para desoxidación, desulfuración y control de inclusiones [29], las ferroaleaciones (aleaciones de hierro con varios otros elementos) se añaden a las cargas de hornos durante la fabricación de hierros fundidos con el objetivo fundamental de ajustar los contenidos de Si y/o Mn para alcanzar la composición química especificada. Así como los carburantes, estas ferroaleaciones también se utilizan para efectuar correcciones de la composición del baño hasta la etapa de vaciado[1].

Otras ferroaleaciones, utilizadas para la incorporación de Cr, Mo, Ni, V, Nb, y Ti entre otros, se añaden a los hornos sólo cuando:

- los hierros fundidos contienen por especificación niveles medios o altos de elementos de aleación;
- hay poca disponibilidad de retorno de los materiales aleados, o
- el uso de mayor cantidad de retorno queda restringido debido al balance de elementos químicos en la carga.

Generalmente se añaden las ferroaleaciones a las ollas de transporte o vaciado para hacer flexible la operación, permitiendo la fabricación de hierros fundidos con diferentes especificaciones y características, con la utilización de un mismo metal base en el horno. Cuando las aleaciones introducen Mg para la producción de hierros fundidos nodulares (SGI) o con grafito compacto (CGI), su adición se hace en ollas con diseño específico para ese propósito, como ya comentado.

Varios elementos químicos, como el calcio y el aluminio además de la aleación base, están presentes en las ferroaleaciones, siendo provenientes de los procesos de fabricación que, por regla general, consisten en la reducción de minerales e involucran carbón, rebabas de acero y cuarzo como materia prima[30, 31].

Ferroaleaciones especiales utilizadas para inoculación y nodularización, como se ha discutido anteriormente, son producidas por la adición de minerales de bario, titanio, estroncio, manganeso, etc. a un baño de FeSi fundido.

Potencialmente, todas estas ferroaleaciones especiales pueden ser trituradas y convertidas en núcleos de alambres tubulares ("cored wires") para añadir a ollas o hornos. Vale recordar, por su importancia, las ventajas principales observadas con el uso de los alambres, como ya visto para los inoculantes y nodularizantes, que serían:

- menor espacio necesario para el almacenaje de las bobinas en relación con el material a granel y mayor limpieza del local de almacenamiento ya sea en bodega, patio cubierto de materias primas o en las áreas asociadas a los hornos, lo que refleja directamente en el costo total;
- mayor facilidad de transporte dentro de la fundición;
- equipo y estación de bajo costo para la adición en ollas, y
- mayor control y eficiencia en la adición de elementos de aleación, casi siempre presentando mayor rendimiento metalúrgico en la incorporación. Sobresale aquí la adición de ferroaleaciones con la intención de introducir nitrógeno para aumento de la resistencia mecánica de los hierros fundidos grises.

La tabla III presenta las características de las ferroaleaciones más utilizadas en las cargas de hornos de inducción para la adición o corrección de los niveles de silicio y manganeso [1, 32-34]. Los intervalos abarcan la gama de productos comerciales normalmente encontrados. Las características de las ferroaleaciones comerciales usualmente utilizadas para la introducción de elementos de aleación en las ollas (o hornos) se presentan en la tabla IV [1, 32-38].

Se destaca además que todas las ferroaleaciones entregadas a granel o embaladas deben estar secas, no friables y libres de desechos como arena, escoria u otros materiales contaminantes. Se recomienda que se incluya en el plan de calidad la inspección del revestimiento de los contenedores o tambores durante la recepción de ferroaleaciones en este tipo específico de embalaje.

Varios materiales procedentes del posible uso anterior de este tipo de embalaje por el proveedor pueden ser la causa de porosidades (contaminación con materiales que contienen aluminio, por ejemplo) o defectos estructurales como la degeneración del grafito (materiales que incrementan el nivel de elementos residuales, como Pb, Sb, B, Ti y Bi, por ejemplo).

FERROALEACIÓN	GRANULOMETRÍA USUAL (mm)*	ANÁLISIS QUÍMICO TÍPICO						
		Si (%)	C (%)	S (%)	P (%)	Mn (%)	Ca (%)	Al (%)
Fe-Si 45	50 - 130 25 - 100 10 - 70	45 - 65	0.15 máx.	0.05 máx.	0.05 máx.	0.75 máx.	0.30 máx.	1.25 máx.
Fe-Si 75	50 - 130 10 - 100 6 - 50	75 - 80	0.15 máx.	0.05 máx.	0.035 máx.	0.50 máx.	0.35 máx.	1.50 máx.
Fe-Mn Std. alto C	100 - 150 25 - 75 2 - 10	2.0 máx.	6.0 - 8.0	0.05 máx.	0.35 máx.	70 - 80	N.D.	0.50 máx.
Fe-Mn bajo C	10 - 50	1.2 máx.	1.0 máx.	0.10 máx.	0.25 máx.	80 - 95	N.D.	0.50 máx.
Fe-Mn con N (5.0 N mín.)	10 - 50	1.5 máx.	1.5 máx.	0.05 máx.	0.25 máx.	70 - 80	N.D.	0.50 máx.
Si-Mn **	50 - 130 10 - 50 < 6	20 máx.	3.0 máx.	0.05 máx.	0.20 máx.	65 - 70	N.D.	N.D.

(*) Hay rangos intermediarios y de granulometría mas fina o mas gruesa, o pueden ser solicitados

(**) Hay disponibilidad de materiales con bajo carbono.

N.D. - Dato no disponible.

Tabla III: Ferroaleaciones para introducción de Si e Mn en la carga de los hornos[1, 32-34]

6.7 METALES PUROS

La incorporación de elementos de aleación también puede hacerse mediante la adición de metales puros, principalmente cuando se trata del cobre, del níquel y del estaño.

La adición en la carga del horno se hace cuando se desea obtener hierros fundidos con alto nivel de estos elementos de aleación. Para los materiales de baja aleación, usualmente la adición se hace en ollas, para proporcionar mayor flexibilidad en la fabricación de diferentes aleaciones a partir del mismo metal base, como ya se ha tenido ocasión de mencionar.

De manera preferencial, se utilizan metales en los cuales el contenido del elemento base es superior al 99,9%. El cobre se encuentra habitualmente en forma granulada y el estaño en forma de bastoncillos. El níquel se vende comúnmente en forma de placas.

Chatarra de estos metales pueden estar disponibles en el mercado a un precio mucho más bajo. Considerando que están libres de residuos y mezclas con otros materiales, es necesario controlar el nivel de elementos químicos residuales para evitar los problemas estructurales en los hierros fundidos y la contaminación progresiva del retorno utilizado en la carga de los hornos.

ANÁLISIS QUÍMICO TÍPICO	FERROALEACIONES				
	Fe-Cr (alto C)*	Fe-Mo	Fe-Ni**	Fe-V**	Fe-Nb**
Si (%)	3.0 máx.	2.0 máx.	0.50 máx.	2.0 máx.	4.0 máx.
C (%)	6.0 - 8.0	0.10 máx.	0.06 máx.	0.6 máx.	0.15 máx.
S (%)	0.05 máx.	0.15 máx.	0.06 máx.	0.03 máx.	0.10 máx.
P (%)	0.05 máx.	0.05 máx.	0.03 máx.	0.07 máx.	0.60 máx.
Cu (%)	-	1.0 máx.	0.20 máx.	0.2 máx.	-
Ca (%)	N.D.	N.D.	N.D.	N.D.	N.D.
Al (%)	N.D.	N.D.	N.D.	0.3 máx.	3.0 máx.
Mn (%)	-	-	-	-	3.0 máx.
Ta (%)	-	-	-	-	5.0 máx.
Sn (%)	-	-	-	-	0.25 máx.
As (%)	-	-	0.15 máx.	0.02 máx.	-
Co (%)	-	-	1.20 máx.	-	-
Cr (%)	60 - 75	-	0.05 máx.	-	-
Mo (%)	-	60 - 70	-	-	-
Ni (%)	-	-	25 - 45	-	-
V (%)	-	-	-	48 - 60	-
Nb (%)	-	-	-	-	60 - 70
GRANULOMETRÍA USUAL (mm)* **	50 - 130	10 - 50		10 - 50	10 - 50
	10 - 50	1 - 4	3 - 50	2 - 25	< 10
	< 6	< 0.85		< 2	< 1.70

(*) Están disponibles materiales con bajos niveles de C y Si, así como alto N (hasta 5.0%).

(**) disponibles en forma de alambres.

(***) Hay rangos intermediarios y de granulometría mas fina o mas gruesa, o pueden ser solicitados.

N.D. - Dato no disponible.

Tabla IV: Ferroaleaciones para introducción de elementos de aleación en ollas o hornos [1, 32-38]

6.8 COQUE DE FUNDICIÓN PARA CUBILOTES [42-47]

En la fabricación de hierros fundidos en cubilotes, el coque de fundición es considerado un material de importancia considerable, ya que, además de actuar como combustible, ejerce influencia en la operación y en el desempeño metalúrgico de estos hornos, así como en la calidad del producto obtenido, por su efecto en la composición química y en los factores ligados a la cinética de la reacción de solidificación.

La producción mundial de coque de fundición viene siendo reducida como resultado de varios factores, como precio, calidad, costo de transporte y, particularmente, de las reglamentaciones ambientales, que demandan altas inversiones para que sean obedecidas a lo largo del tiempo. No menos importante es la tendencia de sustitución del uso de cubilotes por hornos eléctricos. Actualmente se estima que el porcentaje de la producción de este material, en relación con el total de coque metalúrgico, se sitúa entre 2% y 4%. China sería el mayor productor, seguida de EUA, Rusia y Alemania. Algunos países, particularmente los europeos, mostraron un sensible declive en su producción, y algunos, como Japón, ya no fabrican este producto.

La calidad de un coque de fundición se caracteriza por su composición química, por sus características físicas y fisicoquímicas, y por su poder de carburación. En la composición química se consideran como fundamentales los contenidos de carbono fijo, materias volátiles, cenizas y azufre. En cuanto a las propiedades físicas, las más importantes serían la resistencia mecánica y la granulometría, siendo la reactividad la propiedad fisicoquímica a evaluar.

La uniformidad de las propiedades mencionadas también define la calidad del coque, no debiéndose observar variaciones acentuadas entre trozos de coque de un mismo lote, así como en lotes diferentes de la misma procedencia. La mejor tecnología actual en la extracción, selección, mezcla y lavado del carbón ha sido instrumental para asegurar que las coquerías reciban carbón de mejor calidad, con más bajo contenido de cenizas y bajo nivel de azufre.

Con el objetivo de comparar la calidad de los coques y, consecuentemente, su potencial de aplicación y eficiencia, existen varios intentos en el sentido de alcanzar una clasificación según las características físicas y químicas presentadas. Se encuentran, sin embargo, dificultades para normalizar los tipos de coque producidos, cuando se considera su influencia en la operación de los cubilotes. Materiales con iguales contenidos de cenizas y de carbono fijo, por ejemplo, pueden ocasionar comportamientos diferentes en cuanto a la carburación y a la incorporación de azufre en el hierro fundido, dependiendo principalmente de la constitución de las cenizas.

El diseño y las dimensiones de los cubilotes también pueden volver relativa la determinación de valores límite en una clasificación, principalmente en lo que se refiere a las propiedades físicas del coque. A modo de ejemplo, cubilotes mayores pueden exigir valores más elevados de resistencia o mayor granulometría que hornos pequeños. Hornos con inyección de aire caliente, oxígeno o aire secundario, así como con doble fila de toberas, permiten mayor flexibilidad en este caso, y pueden permitir el uso de coques de calidad inferior, principalmente bajo el aspecto energético.

Adicionalmente, la variación de la calidad del carbón obtenido en diferentes regiones, o incluso en una misma área, resulta inevitablemente en diferencias en la calidad del coque producido, lo que introduce una variable adicional y demanda un cuidado especial por parte de los productores para lograr constancia en la calidad.

6.8.1 Características Químicas

➢ ***Contenido de cenizas***

Altos contenidos de cenizas, que son los materiales no combustibles, en general mayores del 10%, por regla general dificultan la carburación del metal por el coque. Sin embargo, se sabe que la naturaleza física y química de las cenizas también afecta a este proceso. Coques con el mismo nivel de cenizas pueden tener poder de carburación totalmente diferentes.

En general, cuanto más elevado sea el porcentaje de cenizas, menor es el poder calorífico de los coques, ya que el contenido de carbono fijo disminuye proporcionalmente con el aumento del contenido de cenizas. Además de esto, ocurre un aumento de la cantidad de escoria, lo que ocasiona un incremento de las pérdidas térmicas, puesto que las reacciones de su formación son endotérmicas. Tal hecho provoca la necesidad de un aumento en el consumo de coque, con la finalidad de mantener la temperatura constante del metal.

Algunas especificaciones o clasificaciones internacionales de coques de fundición determinan valores máximos de cenizas entre 8 y 10%. Coques de procedencia norteamericana pueden presentar intervalos de 5.5 a 7.5%, mientras que los coques rusos y brasileños de mejor calidad indican intervalos de 11 a 14%.

- ***Contenido de materias volátiles***

Las materias volátiles son sustancias formadas (gases absorbidos) durante la descomposición del carbón bajo calentamiento y sin acceso al aire. Su contenido indica el estado de coquificación del coque. Porcentajes elevados señalan niveles de coquificación insuficiente y resultan en bajas propiedades de resistencia para el coque, así como provocan disminución de la temperatura del metal, pues la reacción del CO_2 con el carbono, que es endotérmica, se inicia a temperaturas bajas. Se vuelve, entonces, inevitable el aumento del consumo de coque para mantener la temperatura del metal.

Normalmente, se considera que el contenido de materias volátiles no debe ser superior a 1.2%. Intervalos de 0.5 a 1.5% son usuales en las especificaciones, cuando se indican sus niveles admisibles. Coques de más baja calidad pueden presentar contenidos de materias volátiles entre 1.5 y 2.5%, no siendo raro encontrar valores hasta 3%.

- ***Contenido de carbono fijo***

El contenido de carbono fijo influye no solamente en el poder calorífico, sino también en el poder de carburación del coque, dependiendo del contenido de cenizas existente y de la naturaleza física y química de estas. Está ligado a las cantidades de cenizas y de materias volátiles, afectando directamente el consumo de coque.

Su nivel mínimo no siempre está indicado en las especificaciones / clasificaciones, ya que los porcentajes máximos de cenizas y de materias volátiles ya se encuentran fijados. Los valores esperados, cuando se listan, se sitúan en el intervalo de 90 a 95%. Existen, sin embargo, especificaciones de coques que presentan valores entre 75 y 90% para el carbono fijo.

- ***Contenido de azufre***

El azufre en el coque tiene bastante importancia en la operación del cubilote, porque entre el 40 y el 50% de este elemento es incorporado al metal durante la fusión. Como ya fue discutido en el capítulo 3, altos contenidos de azufre afectan la solidificación y, consecuentemente, la microestructura, generalmente de manera perjudicial. Son la razón de la mayor dificultad en fabricar hierros fundidos nodulares y con grafito compacto directamente a partir del metal de cubilote.

Típicamente los valores máximos indicados en las especificaciones se sitúan entre 0.6 y 1.1%. Existen, sin embargo, clases de coque donde el nivel de azufre se encuentra entre 0.4 y 0.6%, mientras que otras presentan valores entre 0.8 y 1.4%.

- ***Contenido de humedad***

La importancia de la humedad se restringe al campo comercial, en lo que se refiere al precio cobrado por unidad de masa. Un mayor nivel de humedad representa menos coque en una unidad de masa, lo que debe tenerse en cuenta cuando la dosificación de coque en la carga se hace por pesado.

Algunas especificaciones no indican el contenido máximo de humedad aceptable. Otras presentan valores que varían entre 0,2 y 3,5%, siendo 2% el contenido máximo más comúnmente referido. Se destaca que los coques europeos pueden llegar a presentar hasta 7,0% de humedad, mientras que los rusos pueden indicar hasta 5,0%, y algunas variedades del coque chino alcanzan 9,5% de humedad.

6.8.2 Características Físicas

➢ ***Granulometría***

La granulometría debe presentar una alta concentración en tamices de mayor abertura, para que no se tenga una mayor superficie específica, lo que influye directamente sobre la reacción de formación de CO (reacción de Boudouard). Si no ocurre, la consecuencia es una alteración del perfil térmico del horno, variando la composición de los gases a lo largo de la altura. Este efecto puede verse en la ilustración de la figura 6.

Se puede observar que la reactividad aumenta cuando los trozos de coque son pequeños, iniciándose la reacción de formación de CO justo encima de las toberas, lo que ocasiona la disminución de la temperatura, ya que es una reacción endotérmica. Cuando la granulometría aumenta, la zona de reducción se inicia en un plano más elevado a partir de la línea de toberas, produciéndose, incluso, un aumento de la temperatura en la zona de fusión. El uso de trozos muy grandes permitiría, teóricamente, la posibilidad de evitar la reacción de Boudouard, no habiendo formación de CO, si el rendimiento de combustión fuera del 100%.

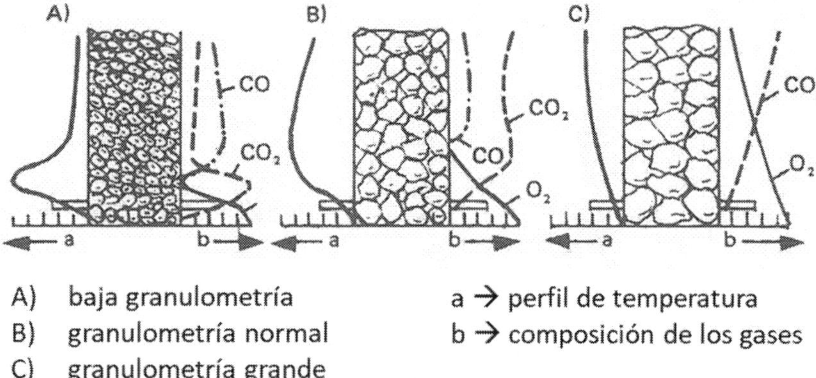

A) baja granulometría
B) granulometría normal
C) granulometría grande

a → perfil de temperatura
b → composición de los gases

Fig.6: Influencia de la granulometría del coque sobre los perfiles de temperatura y composición de gases en cubilotes

Por esta razón, el tamaño de los trozos de coque influye considerablemente en la temperatura del líquido en la piquera del horno, como se ilustra en la figura 7.

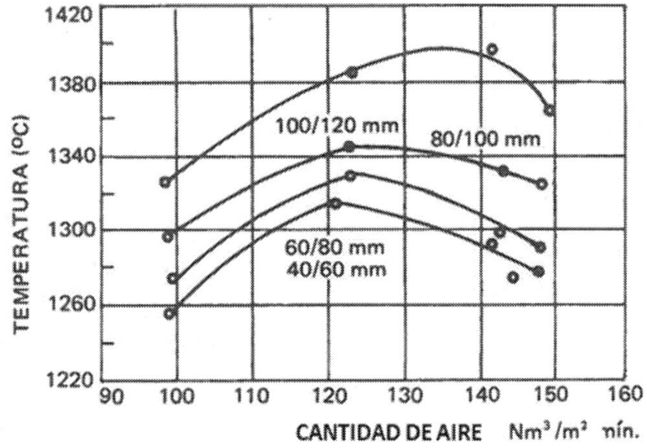

Fig.7: Temperatura del metal líquido en la piquera de colada de los cubilotes, en función de la cantidad de aire y de la variación de la granulometría del coque [42]

Para una misma cantidad de aire insuflado, la temperatura del metal vaciado en la piquera aumenta con el incremento de la granulometría del coque.

La granulometría y la uniformidad de los trozos de coque también afectan la permeabilidad de la carga y del lecho de coque, así como la distribución de los gases y la eficiencia de la combustión. En el ejemplo de la figura 8, se puede verificar que la presión de aire disminuye a medida que aumenta el tamaño del coque, considerando un mismo flujo de aire insuflado.

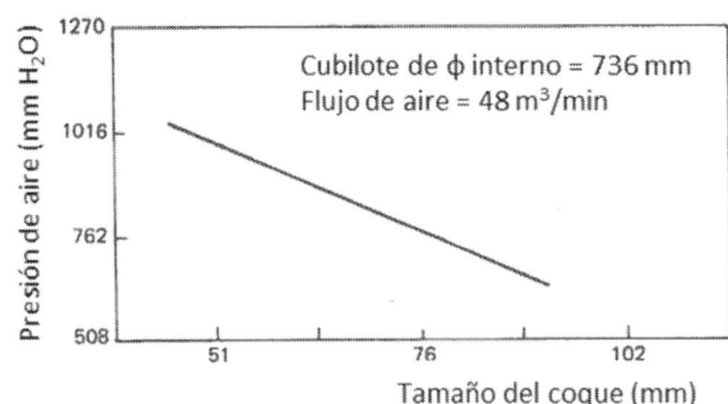

Fig.8: Ejemplo del efecto del tamaño del coque en la presión del aire [42]

Con la disminución de la presión del aire en el interior del horno, se consigue evitar el paso de aire en la zona periférica del cubilote y, como consecuencia, la ocurrencia de regiones frías en el interior de la carga, así como la formación de costras de escoria en el revestimiento refractario.

Sin embargo, el mantenimiento de la uniformidad y del tamaño del coque no depende solamente de la clasificación granulométrica realizada después de la retirada del horno en su fabricación o en la recepción en la fundición, sino también de la resistencia del coque al manipuleo y en el interior del horno. Así, la granulometría debe ser comparada con los ensayos de fragmentación y de tamboreo. Los coques de mayor tamaño pueden comportarse como los de más baja granulometría, si existe una alta tendencia a la fragmentación.

La mayor parte de las especificaciones internacionales establece para la granulometría valores superiores a 80 mm, debiendo ser mayores que 100 mm (hasta 150 mm) cuando los coques son considerados de más alta calidad. En algunos casos, se establecen porcentajes máximos para los tamaños inferiores a 80 mm. Se hace referencia, sin embargo, como regla general, que el tamaño de los trozos de coque debería ser de 10 a 12 veces menor que el diámetro del cubilote. Ciertas clasificaciones indican un rango de 60 a 90 mm para el coque a ser utilizado en hornos con diámetro de hasta 600 mm. Por encima de este diámetro, el tamaño debería ser mayor que 80 – 90 mm, siendo los valores entre 90 y 150 mm destinados a los hornos con diámetro mayor que 1.2 m.

Debe considerarse, de manera complementaria, que los coques todavía fabricados en hornos tipo "colmena" presentan una gran proporción de los trozos en forma de bastoncillos. En términos de granulometría, el espesor de estos bastoncillos es considerado como la dimensión principal, una vez que los trozos se pasan manualmente por las mallas de las cribas. Este formato, sin embargo, es, en cierta forma, perjudicial al desempeño del cubilote, ya que los trozos se fracturan más fácilmente. Se obtiene, así, una granulometría diferente de aquella considerada para el coque cargado, afectando la marcha del cubilote, como ya se comentó.

- ***Resistencia a la rotura***

La resistencia a la rotura determina la tendencia a la fragmentación del coque bajo las solicitaciones de impacto existentes en su transporte, carga y caída dentro del cubilote, siendo determinada en el ensayo de rotura o fragmentación, conocido como "Shatter Test".

Esta resistencia está ligada a la aglomeración durante la coquificación, parámetro relacionado con el grado de hinchamiento y, en general, con la calidad del carbón mineral utilizado en la fabricación del coque. También puede variar con los contenidos de cenizas y de materias volátiles.

Realizando el ensayo, se evalúa el porcentaje de trozos no fragmentados en los tamices de 50.8 mm y de 38.1 mm. Para muchas fundiciones, índices de fragmentación de 85 a 95% (porcentaje acumulado en el tamiz de 50.8 mm) serían suficientes para la eficiencia deseada en el horno. Estos índices no siempre se presentan en las especificaciones internacionales.

- ***Resistencia al tamboreo***

Este parámetro también estaría relacionado con la tendencia de los coques a fragmentarse cuando son sometidos a abrasión y choques, encontrados en las etapas de transporte, carga y descenso de la carga en los hornos.

El ensayo "Micum" indica los índices de resistencia al tamboreo, midiéndose el porcentaje del material retenido en los tamices de 80, 40 y 10 mm (índices M80, M40 y M10, respectivamente). Para coques con granulometría clasificada por encima de 90 mm, M80 estaría en el rango de 50 a 85%, siendo lo ideal >70%. El M40 mínimo variaría entre 70 y 90% y el rango del M10 máximo sería de 6 – 11%, siendo lo más adecuado ≤ 7%. La especificación rusa aún indica el M25, con índices entre 80 y 90%. El M10 muestra la propensión a la formación de finos.

El hecho de que el ensayo de tamboreo proporcione, cuando se determinan los índices mencionados, una indicación de la consistencia del tamaño del coque, muestra que sería más sensible que el ensayo de rotura para señalar problemas relacionados con la mayor o menor tendencia de fragmentación proveniente del agrietamiento de los trozos de coque, que ocurre en el proceso de fabricación.

Muchas veces la fragmentación puede ser elevada para tamaños mayores, lo que puede no ocurrir para tamaños del orden de 40 mm, además de haber menor propensión a la formación de finos. Sin duda, lo contrario también puede suceder. Adicionalmente, como ejemplo, coques con 60 – 80 mm, que presentaron M80 bajos (entre 40 y 60%), indicaron M40 entre 70 y 90%, siendo también baja la tendencia a la formación de finos (M10 < 10%).

- ***Reactividad***

La reactividad del coque a alta temperatura puede definirse como la pérdida de masa que ocurre cuando este reacciona con agentes oxidantes, como el CO_2, el oxígeno y el vapor de agua. La velocidad de la reacción de Boudouard, ya mencionada anteriormente, en la que el carbono del coque reacciona con el CO_2 formando CO, está relacionada con la reactividad del coque.

Básicamente, cuanto mayor sea la reactividad, más alta será la velocidad de formación de CO en determinadas condiciones de temperatura y presión. Como consecuencia, se desean bajos valores de reactividad, en el sentido de dificultar esta reacción que, por ser endotérmica, provoca la necesidad de consumir más coque para mantener la temperatura.

La reactividad, además de variar con la superficie específica del coque, se modifica proporcionalmente con su volumen de porosidad, lo que afecta la cinética de la reacción de formación del CO. Los índices que evalúan la reactividad no siempre están establecidos en las especificaciones, pero su determinación es importante, dada la relevancia de la reactividad en el consumo de coque y en el mantenimiento de la temperatura.

Los índices más utilizados provienen de ensayos desarrollados por la Nippon Steel Corporation(46,48). Se denominan "Índice de Reactividad del Coque" – CRI ("Coke Reactivity Index") y "Resistencia del Coque después de la Reacción" – CSR ("Coke Strength after Reaction").

El CRI expresa el porcentaje de masa de coque perdida debido a la reacción con el CO_2, en condiciones determinadas por la norma ISO 18894.

$$CRI\ (\%) = 100 \times \frac{m_0 - m_1}{m_0}$$

Donde: m_0 = peso (g) de la muestra antes de la reacción con el CO_2

m_1 = peso (g) de la muestra después de la reacción con el CO_2

Valores de CRI > 20%, en general, entre 20 e 50% indican una buena calidad del coque.

El CSR representa el grado de degradación del coque durante la operación del horno, y está ligado a la permeabilidad del gas, ya que su valor depende de la cantidad de finos producidos en el ensayo. Después de la prueba para la determinación del CRI, el material resultante pasa por tamboreo, en condiciones también determinadas por la norma ISO 18894. El porcentaje de peso retenido en la malla de 10 mm refleja la resistencia del coque después de la reacción con el CO_2.

$$CSR\ (\%) = \frac{m_2}{m_1} \times 100$$

Donde: m_1 = peso (g) de la muestra después de la reacción con el CO_2

m_2 = peso (g) del material con más de 10 mm después de tamboreo

Coques de buena calidad son indicados por CSR > 60%.

La relación entre CSR y CRI es motivo de varios estudios, y la expresión empírica siguiente puede dar una idea razonable, cuando uno de los dos índices no está presentado en la especificación de proveedores de coque:

$$CSR\ (\%) = -1.4953 \times CRI + 103.42$$

Vale la pena todavía indicar que, cuanto menor sea la calidad del coque en relación con altos contenidos de cenizas y baja resistencia mecánica caracterizada por los índices Micum, más elevados son los índices CRI de reactividad determinados.

- ***Poder calorífico***

El poder calorífico mide la cantidad de energía que puede ser liberada por un combustible por unidad de masa. Cuanto mayor es el poder calorífico del coque, menor es su consumo, siempre que la reactividad sea baja.

El poder calorífico depende principalmente del carbono fijo y del contenido de volátiles. Por esta razón, varía de manera inversamente proporcional con el contenido de cenizas. Su valor teórico puede calcularse mediante la fórmula de Goutal.

$$Poder\ calorífico\ (kcal/kg) = 82C + a \times V$$

Donde: C = porcentaje de carbono fijo

V = porcentaje de materias volátiles

a = coeficiente que varía con la calidad del carbón, y se relaciona con la fórmula:

$$V' = \frac{100 \times V}{V + C}$$

La tabla V enseña los valores de – a – para aplicación en la fórmula de Goutal.

V'	a	V'	a
0.5	158.5	3.0	151.0
1.0	157.0	3.5	149.5
1.5	155.5	4.0	148.0
2.0	154,0	4.5	146.5
2.5	152.5	5.0	145.0

Tabla V: Valores de coeficiente – a – para la fórmula de Goutal

A pesar de ser empírica, la fórmula anterior permite realizar comparaciones entre los poderes caloríficos de los diferentes coques de fundición, sin necesidad de realizar ensayos en calorímetros.

Las especificaciones, en general, no definen valores para el poder calorífico, observándose valores entre 6000 y 8000 kcal/kg cuando lo hacen.

- **Poder de carburación**

Este parámetro representa la capacidad del coque de incorporar carbono al metal líquido. Depende del contenido de carbono fijo, del porcentaje de cenizas y también de las características de las cenizas.

Normalmente no se encuentran los valores típicos del poder de carburación en las especificaciones, ya que este no puede ser determinado mediante un ensayo de laboratorio y resulta de experiencias durante la fusión en los cubilotes. Para ello, una de las recomendaciones es utilizar una carga estándar constituida por alrededor de 68% de chatarra de acero con 0.3% C, y aproximadamente 3% de arrabio con 3.7% C, a la cual se añade cerca de 19% de coque. Se determina así el valor del nivel de carbono absorbido, por la diferencia del contenido final en relación con el calculado en la carga. Su valor porcentual sirve como parámetro para evaluar la capacidad de carburación y comparar los distintos tipos de coque disponibles.

Un alto poder de carburación, es decir, mayor cantidad de carbono absorbido por el metal líquido, puede ser perjudicial cuando se pretende fabricar hierros fundidos grises de alta calidad. Por otro lado, sería ideal para obtener el metal base para hierros nodulares y con grafito compacto, considerando que el contenido de azufre no sea un impedimento.

La tabla VI da un ejemplo de una norma interna típica de fundiciones que utilizan cubilotes de mayor diámetro, mostrando las clases de material seleccionadas para compra y comparación de valores en el control de entrega de los coques.

Los coques de las clases A y B son los de mejor calidad, pues tienen requisitos más estrictos en relación con sus propiedades físicas y químicas, siendo destinados a la fabricación de hierros fundidos de más alta calidad.

Sus ventajas residen en la obtención de menor contenido de azufre en el metal y menor tendencia a la fragmentación, lo que lleva a menor reactividad, así como mayores temperaturas del metal en la piquera del horno y disminución del consumo de coque por tonelada de metal fundido.

El conjunto de propiedades, considerando la mayor estabilidad y menor reactividad, es, en gran medida, importante para el material que forma la cama de coque. Esta es una variable fundamental en lo que respecta a la constancia de la marcha del cubilote. Cuando la cama se hace con coque de menor calidad, ocurren oscilaciones de temperatura, composición química y consumo de coque por tonelada producida.

CARACTERÍSTICAS	CONTENIDO	CLASES DE COQUE DE FUNDICIÓN			
		A	B	C	D
QUÍMICAS					
Humedad	% máx.	1.0	1.5	2.0	2.5
Materias volátiles	% máx.	1.0	1.5	2.0	2.0
Cenizas	% máx.	7.0	9.5	12.5	15.5
Azufre	% máx.	0.7	0.8	1.0	1.2
Carbono fijo	% mín.	92.0	89.0	85.0	82.0
FÍSICAS					
Poder calorífico (kcal/kg)	mín.	7400	7200	7000	6700
Resistencia la rotura (Shatter test) - % por encima de 50.8 mm	mín.	90	90	90	85
Prueba Micum - M80 (%)	mín.	65	50	45	40
Granulometría					
> 150 mm	%	-	-	10	10
> 100 mm	%	15	20	-	-
80 - 150 mm	%	-	-	80	80
80 - 100 mm	%	80	75	-	-
< 80 mm	%	5	5	10	10

Tabla VI: Especificación interna típica para compra e análisis de recepción de coque para cubilote [(42)]

BIBLIOGRAFIA:

26. CASTELLO BRANCO, C.H. & REIMER, J. – Aspectos metalúrgicos na produção de ferros fundidos em fornos de indução a cadinho. ABM – Curso de Operação de Fornos de Indução. P.377-459, 1988
27. IIMA – The use of pig iron in grey iron castings. IIMA Fact Sheet #7, 2017
28. BLISS, N.G. – Advances in scrap charge optimization. AFS Transactions 1997, p.27-30
29. WETZEL, S. – Responding to changes in the steel scrap stream. Modern Casting: 24-27, Aug. 2019
30. AFS – Ferrous scrap guide. American Foundry Society Melting Methods and Materials – Division 8, 119p., 2003
31. PASCHOA, A.S. & STEINHÄUSLER, F. – Radioactivity in the Environment, 2010, 242p.
32. KOROS, P.J. & BAUER, M.E. – Consequences of galvanized scrap use in iron foundries, and technologies for degalvanizing scrap. AFS Transactions 1997, p.211-217

33. DÖTSCH, E. & JÖRNS, W. – Induktives Schmelzen von Spänen aus Eisenwerkstoffen. Elektrowärme International, Heft 2: 146-152, Jun. 2011
34. DURAN, P.V. et al – Aspectos metalúrgicos referentes à carga metálica para fabricação de ferros fundidos nodulares em fornos a indução. In: Anais do Painel – Fornos para Fundição – COFOR / ABM, São Paulo-BR, Oct. 1981, 19p.
35. COPI, K.W. – Charging de Coreless Furnace – part 3. Modern Casting, 72 (12): 23-26, Dec. 1982
36. Inductotherm Corp. -In: https://inductotherm.com/products/drying-and-preheating-systems/, 2020
37. Pinholes formed by hydrogen gas during solidification. BCIRA Broadsheet n° 7, 1969
38. WILLCUTT, R. – Cashing in your chips. Modern Machine Shop Magazine, Feb. 2015
39. PRAB (KMC Global) – Brochure: PRAB Dualpak™ Briquetter
40. ROY, P.L. & RAM, M. – Recarburization of iron melts – A review. Indian Foundry Journal, 22: 13-22, dec. 1976
41. MOORE, A. Factors influencing the choice of carburizing agents. BCIRA Confidential Report n° 1174, 1975
42. SPENGLER, A.F. – Alloys and additives. In: 2nd Conference on Electric Iron Melting. Atlanta, Oct.1974, p.29-38.
43. Selection of Carburizing Materials. BCIRA Broadsheet n° 132, 1976.
44. CASTELLO BRANCO, C.H & DURAN, P.V. – O uso de coque de babaçu na carburação de ferros fundidos. Metalurgia ABM, 35 (256): 151-158, Mar. 1979.
45. KANTENIK, S.K. et al. – Influence of carburizers on quality of complex alloyed synthetic cast iron. Russian Casting Production, (9): 364-5, Sep. 1977
46. LLOYD, A.T. – Selection and application of carbon raising materials. Trans. AFS, 82: 229-34, 1974.
47. BENECKE, T. – Uso de carbureto de silício metalúrgico em fornos elétricos e cubilôs. Fundição e Matérias Primas, (39): 32-38, Jan. 1982.
48. METZLOFF, K.E.; NELSON, R.D. & LOPER Jr., C.R. – Carbon dissolution in cast iron melts reexamined. AFS Trans. Paper 05-168(05) p.1-10, 2005
49. CHISAMERA, M. et al. – Carbon recovery and inoculation effect of carbonic materials in cast iron processing. In: WFO – 67th World Foundry Congress, 129: 1-10, UK, Jun.2006
50. JANERKA, K - The rate and effectiveness of carburization to the sort of carburizer. AFE – Archives of Foundry Engineering, nr.4, v7, p.95-100, 2007
51. SANTOS, E.G. – Avaliação da carburação de um ferro fundido nodular em fornos de indução de média frequência. Dissertação de Mestrado apresentada ao Curso de Pós-graduação em Ciência e Engenharia de Materiais da Universidade Estadual de Santa Catarina, 96p., 2014
52. SIKA-MET – Inovation at Fiven. Silicon Carbide, 12p., 2020
53. ANDREE, W. – Chip melting in induction furnaces. Presentation ABB Foundry Systems, 24p. Sep. 2005
54. SINGERLING, S.A. et al. – Ferroalloys. In: USGS 2015 Minerals Yearbook, 15p., 2015
55. GLOVER, D. – Production of quality ferroalloys. Modern Casting, p.66, Apr. 1985
56. TANGSTAD, M. - Ferrosilicon and Silicon Technology. Handbook of Ferroalloys, chapter 6: 179-220, 2013
57. S&P GLOBAL-PLATTS – Specifications Guide: Steel, ferrous scrap, ferroalloys, and noble alloys: 20-24 May 2020
58. MILLER – Product catalogue. In: www.millerandco.com/products, 2020
59. ASMET – Product catalogue. In: www.asmet.com/products, 2020
60. OSWAL MINERALS LTD. – Product Catalogue. In: www.oswalminerals.com, 2015
61. GASIK, M. – Handbook of Ferroalloys: Theory and Technology, 2013
62. AZoM – Ferronickel – Properties, Applications. URL: https://www.azom.com. Article ID: 9883, Aug. 2013
63. VALE – SDS Ferro Nickel. v. 4.0: 1-13, Sep. 2015
64. HENNING, W.A. – Comparing crystalline and noncrystalline recarburizers in ductile iron production. AFS Transactions 1999, p.577-580
65. SAINT-GOBAIN – Uso de Carbeto de Silício em Processos de Fundição de Ferros Fundidos. Fundição & Matérias-Primas, p38-47, Nov. 2018
66. SILVA, K.L. et al. – Uso de Carbeto de Silício como Pré-inoculante em Ferros Fundidos. Fundição & Matérias-Primas, p38-47, Feb. 2022

67. CASTELLO BRANCO, C.H; REIMER, J.F. & PIESKE, A. – Algumas Considerações sobre a Qualidade e o Desempenho de Coques de Fundição. Fundição – ABIFA, Ago. 1982

68. REIMER, J. & CHAVES FILHO, L.M. – Avaliação da Potencialidade de um Coque de Fundição de Procedência Nacional para Fabricação de Ferros Fundidos de Alta Qualidade. Metalurgia – ABM, 34 (243), Fev. 1978

69. BCIRA – Modified and Special Cupola Operating Techniques. In: BCIRA Cupola Design, Operation and Control, 1979

70. VDG – Eigenschaften von Giessereikoks. VDG-Merkblatt R80, May 1963

71. IVANOVA, V.A. – Analysis of the Requirements for Foundry Coke. IOP Conf. Ser.: Materials Science and Engineering, 986, 2020

72. U.S. INTERNATIONAL TRADE COMMISSION - Foundry Coke: A Review of the Industries in the United States and China. Publication 3323, Jul. 2000

73. RODERO, J.I. et al. – Blast Furnace and Metallurgical Coke's Reactivity and its Determination by Thermal Gravimetric Analysis. Ironmaking and Steelmaking, 42 (8): 618-625, 2015

7. CÁLCULO DE LA CARGA METÁLICA PARA LA FUSIÓN

La composición química, por si sola, no determina la microestructura del hierro fundido y, por consiguiente, las propiedades mecánicas a ellas asociadas, como ya verificado.

Su papel, sin embargo, es de fundamental importancia, considerados los puntos de vista termodinámico (las cantidades y tipos de fases en equilibrio, la tendencia a la formación de carburos de hierro y la formación de perlita y/o ferrita en la reacción eutectoide) y cinético (la nucleación y crecimiento del grafito principalmente).

La carga metálica preparada con la finalidad de obtenerse un hierro fundido con determinada composición química consiste en mezclar proporcionalmente materiales que contienen, en cantidad variable, los elementos químicos necesarios a la obtención de la aleación deseada.

Se puede definir como "**carga base**" la correspondiente a los materiales principales que son añadidos al horno en su inicio de operación ("carga fría") o cuando el horno ya mantiene un nivel preexistente de baño liquido ("pie de líquido" o "carga caliente").

Se denomina **"carga aditiva"** al conjunto de adiciones hechas con la finalidad de corrección del contenido de determinados elementos químicos, de preacondicionamiento del baño, o para incorporación complementar de otros componentes no cargados inicialmente, como elementos de aleación. Son adiciones hechas de modo general en los hornos de fusión, de espera ("holding"), hornos de vaciado y ollas de transporte o de vaciado.

También son considerados como **"carga aditiva"** los tratamientos del baño metálico como las operaciones de inoculación de productos para ayuda a la grafitización, bien como los necesarios para la producción del hierro con grafito esferoidal (SGI) o compacto (CGI).

De modo general, para la carga base o la aditiva, es posible calcular el porcentaje de un determinado elemento químico añadido por las diversas materias-primas con la ecuación que sigue[(1)]:

$$\%E_M = \sum_{i=1}^{n}[\,(\frac{\%E_{Ai}}{100} \times (\%Ai) \times \eta E_M]$$

donde:

$\%E_M$ = Porcentaje del elemento químico añadido al baño metálico;

$\%E_{Ai}$ = Contenido del elemento químico *"E"* en el material de carga adicionado *"Ai"*;

$\%Ai$ = Porcentaje del componente de carga adicionado *"Ai"*;

ηE_M = Rendimiento de la incorporación del elemento *"E"* en el baño metálico.

Ejemplo: Determinación del porcentaje de silicio introducido en el baño metálico por la inoculación de 0.5% de FeSi (75% Si) en olla de vaciado.

$$\%Si_M = \frac{\%Si\ (FeSi)}{100} \times (\%\ Fe - Si) \times \ \eta_{inoculación\ FeSi}$$

$\eta_{inoculación\ FeSi}$ = 75%

Por consiguiente: $\%Si_M = 0.75\ \times 0.5\ \times 0.75\ \cong\ 0.28\%$

7.1 CARGA PARA HORNOS ELÉCTRICOS

Habiendo discutido en el capítulo 5 las reacciones en hornos de inducción involucrando el C y el Si, es importante comentar que en los hornos eléctricos no hay normalmente pérdidas sensibles de elementos de aleación mientras la operación de fusión se procesa. Por consiguiente, no se consideran y se acepta que la aproximación hecha en el cálculo de la carga es suficiente para compensar variaciones eventuales.

Sin embargo, hay que determinar los rendimientos de incorporación de los elementos y siempre es considerada la posibilidad de corrección de la composición antes de vaciar.

Los rendimientos pueden variar de acuerdo con la etapa del proceso de la adición de los materiales y donde se añaden – en los hornos (fusión, espera o vaciado), en las ollas (de vaciado o transporte de metal) o en los moldes. También son afectados por las características de los materiales añadidos y por los contenidos de los elementos químicos en estos.

Son presentados en la tabla que sigue los rendimientos de incorporación de los elementos con la adición de materiales considerados más usuales. Los valores sirven como primero paso para la determinación mejor estimada de estos parámetros para cada planta y proceso utilizado.

ELEMENTO QUÍMICO	TIPO DE MATERIAL	RENDIMIENTO DE INCORPORACIÓN (η)
Silicio (Si)	Fe -Si (45 – 50% Si) en trozos (hasta 70 mm)	85 – 90% - horno
	SiC calidad metalúrgica (60 – 65% Si) en granos (hasta 20 mm)	80 – 90% - horno
	Fe-Si (75 - 80% Si) en granos (0.80 – 3.35 mm) **	75 – 80% - olla
	Fe-Si (75 – 80% Si) en polvo (0.20 – 0.70 mm) **	90% – chorro del metal para el molde***
	Fe-Si (75 – 80% Si) en alambre (Ø = 9 o 13 mm) **	85 – 90% - olla
	Fe-Si-Mg (4 – 7% o 8 – 10% Mg y 40 – 50% Si) en trozos (hasta 20 mm)	75 – 80% - olla de nodularización
	Fe-Si-Mg (20 – 30% Mg y 40 – 50% Si) en alambre (Ø = = 9 o13 mm)	85 – 90% en olla de nodularización
Manganeso (Mn)	Fe-Mn (75 – 80% Mn) Std alto C	
	- en trozos - 30 – 120 mm	85 – 90% - horno
	- en granos - hasta 5 mm	75 – 80% - olla
	Fe-Mn con 5% min. nitrógeno (70 – 80% Mn)	
	- en trozos – hasta 50 mm	85 – 90% - horno
	- en alambre (Ø = 9 mm)	85 – 90% - olla
Cromo (Cr)	Fe-Cr (60 – 75% Cr) bajo C	
	- en trozos (hasta 50 mm)	90% - horno
	- en granos (hasta 5 mm)	70 – 75% - olla
Molibdeno (Mo)	Fe-Mo (60 – 70% Mo) en granos (hasta 6 mm)	85 - 90% - horno 70 – 75% - olla
Níquel (Ni)	Níquel metálico	90 – 95% - horno, olla
Cobre (Cu)	Cobre metálico	90 – 95% - horno, olla
Estaño (Sn)	Estaño metálico	85 – 90% - horno, olla
Niobio (Nb)	Fe-Nb (60 – 70% Nb) en granos (0.4 – 1 mm)	80 – 90% - horno
Carbono (C)	Chatarra de electrodo (1 – 9,5 mm)	80 – 90% - horno
	Grafito sintético (1 – 5 mm)	80 – 90% - horno
	Carbón vegetal (1 – 6 mm)	60 – 65% - horno

Tabla I – Rendimientos de incorporación de elementos químicos en el baño metálico a través de adiciones a hornos de inducción, y ollas de tratamiento, transporte o vaciado *

NOTAS:

(*) Los rendimientos en horno son referentes a recargas hechas considerándose la presencia de un "pie de metal liquido". Son resultado de observación práctica y válidos, en principio, para hornos de inducción con 5 a 30t de capacidad. En el caso de ollas, los rendimientos son referentes a ollas con capacidades más grandes que 100kg.

(**) Considerar en estas categorías todos los inoculantes a base de FeSi que pueden contener elementos químicos especiales como: Ba, Sr, Bi, Al, Ca y tierras-raras (TR).

(***) El rendimiento de la incorporación del Si, en este caso, es más bajo si el equipo de inoculación no permite la concentración adecuada del polvo en el chorro de metal.

7.1.1 Ejemplo de Cálculo de Carga para Hierro Fundido con Grafito Esferoidal

Se utiliza un ejemplo con la fabricación de hierro nodular para facilitar el entendimiento del proceso de cálculo y definición de la carga.

La tabla II enseña las materias-primas disponibles.

MATERIAL	%C	%Si	%Mn	%P	%S	%Cr	%Mg	%Cu	%Al	(US$/t) **
A1 – Arrabio	4.0	1.0	0.10	0.05	0.02	-	-	-	-	390.00
A2 – Chatarra de acero 1020	0.2	0.05	0.4	0.05	0.03	-	-	-	-	320.00
A3 – Retorno de hierro nodular	3.75	2.40	0.45	0.07	0.016	0.16	0.043	0.90	-	340.00
A4 – Fe-Si (45% Si) *	0.13	50	0.31	0.02	0.005	0.005	-	-	0.42	1100.00
A5 – Fe-Si (75% Si)inoc.*	0.15	75	0.42	0.03	0.008	0,008	-	-	0.85	1590.00
A6-Fe-Mn (75%Mn) *	6.5	0.40	76	0.03	0.008	0.003	-	-	0.38	1350.00
A7–Fe-Si-Mg (8-10%Mg)	0.10	46	-	-	-	-	-	-	0.90	1980.00
A8 – Fe-Cr	7.0	1.5	-	-	-	58	-	-	-	2540.00
A9 – Chatarra de eléctrodo de grafito	96	-	-	-	0.02	-	-	-	-	750.00
A10 – Cobre electrolítico	-	-	-	-	-	-	-	99.9	-	5990.00
A11 - Fe-Si-Mg (alambre) con 0.60% REM. Ø = 9mm y densidad = 120 g/m		40					20		0.70	2300.00
A12 - Fe-Si (alambre) con 1.5%Zr y 2.3%Ca. Ø = 9mm y densidad = = 115 g/m		75							1.0	2050.00

Tabla II – Materiales de carga para la fabricación de hierro fundido nodular (SGI)

NOTAS:

(*) Considerase que los contenidos de Ti, Bi, Pb, Sb y Ca no presentados se encuentran dentro del especificado para estos tipos de materiales con calidad comercial.

(**) Los precios de las materias-primas no necesariamente retratan el mercado actual (FOB proveedor). Son presentados aquí solamente con la finalidad de enseñar el método de cálculo por algoritmo (via software), como también un ejemplo de orden de grandeza.

La especificación del material para las piezas a producir es la que sigue:

- Especificación: clase 600-3 (ISO) para piezas con espesor de pared hasta 60 mm.
- Composición química especificada:

C – 3.6 a 3.8%	Cr – 0.10 a 0.20%
Si – 2.2 a 2.6%	S – 0.007 – 0,010% en la pieza
Mn – 0.4 a 0.6%	P – 0.07% máx.
Cu – 0.7 a 0.9%	Mg – 0.03 a 0.05%

- Inoculación en olla de vaciado: 0.7% de FeSi (75 %Si) en granos, o 0.5% de alambre de FeSi (75 %Si). No hay inoculación en el chorro del metal durante el vaciado, para este ejemplo.

➢ ***Nodularización: sistema "sándwich" en olla apropiada con tapa (<u>H=2D</u>)***

a) <u>Primero paso</u>: calcular la **"carga aditiva"** y determinar el contenido de **<u>Si</u>** introducido.

El cálculo de la carga metálica empieza por la "carga aditiva", cuando se determina la cantidad de Si introducida por la inoculación y por los productos usados para la producción de SGI (o CGI cuando es el caso).

- <u>Nodularización</u>:

Se calcula primero el porcentaje del FeSiMg elegido para el tratamiento. Aquí, en este ejemplo con 8 a 10% Mg (material A7 de la tabla II).

El parámetro más utilizado para la evaluación de la cantidad de nodulizante a adicionar se basa en el rendimiento de incorporación del magnesio adicionado. Parte de éste es consumido en la desulfuración y desoxidación, y una fracción se pierde por vaporización durante el tratamiento de nodulización. La expresión resultante es la que se sigue [9].

$$\eta_{Mg} = \frac{0.76\left(\%S_i - \%S_f\right) + \%Mg_r}{\%Mg_a} \times 100, donde:$$

η_{Mg} = rendimiento de incorporación del magnesio.

$\%S_i$ = Porcentaje de azufre inicial en el hierro base. Usualmente < 0.05% S. Para el ejemplo, el valor elegido es de 0.04% S.

$\%S_f$ = Porcentaje de azufre final. El objetivo es el rango de 0.007% a 0.010% S. Para el ejemplo, el contenido elegido es de 0.008% S.

$\%Mg_r$ = Porcentaje de magnesio residual. El valor esperado se sitúa, por lo general, en el rango de 0.03% a 0.06% Mg, habiéndose establecido, para efecto de cálculo, 0.05% Mg en el ejemplo.

$\%Mg_a$ = porcentaje de magnesio adicionado.

Considerando que el rendimiento de incorporación del magnesio en el proceso "sándwich" varía entre 35 y 60%[10], aquí se ha elegido el valor de 40% para este parámetro, teniendo en cuenta que habrá *fading* del magnesio durante el proceso de colada. En este caso, el porcentaje de FeSiMg a añadir sería:

$$\%Mg_a = \frac{0.76(0.04\ -\ 0.008) + 0.05}{40} \times 100 \cong 0.186 \therefore\ \%FeSiMg\ \cong 2.0\%, considerando$$

9% de magnesio en este nodulizante. Para tratar <u>500 kg</u>, la cantidad a adicionar seria de <u>10 kg</u>.

La cantidad o porcentaje de aleación nodulizante a añadir también puede calcularse mediante una fórmula empírica, que tiene en cuenta la temperatura del tratamiento de nodulización, así como el intervalo de tiempo entre el vaciado del primer y del último molde [11].

$$Q = P \times \{\frac{0.76(\%S - 0.01) + K + t \times 0.001}{R \times \%Mg/_{100}}\} \times (\frac{T}{1450})^2, donde:$$

Q = cantidad de FeSiMg a adicionar (kg).
P = cantidad de metal a ser tratado. En el ejemplo, el valor elegido es de 500 kg.
K = contenido de magnesio residual en la pieza.
S = contenido de azufre en el hierro base.
t = tiempo entre el tratamiento de nodulización y el vaciado del último molde (minutos). En el ejemplo, establecido como 10 min.
R = rendimiento de incorporación del magnesio.
%Mg = porcentaje de magnesio en el FeSiMg utilizado.
T = Temperatura del metal en el inicio del tratamiento de nodulización. Usualmente en el rango de 1450° a 1500°C. Para el ejemplo, se ha considerado la temperatura de 1480°C.

Aplicando los mismos valores usados en el cálculo anterior, se tiene:

$$Q = 500 \times \{\frac{0.76(0.04 - 0.01) + 0.05 + (10 \times 0.001)}{40 \times 9/_{100}}\} \times (\frac{1480}{1450})^2 \cong 12\ kg,$$

equivalente a 2.4% de FeSiMg.

Para continuar con el cálculo de carga, se elige aquí el porcentaje de 2.0% de FeSiMg, resaltándose que la determinación del valor a ser especificado para la operación, muy probablemente entre 2.0% y 2.4%, será realizada durante la etapa de pruebas en el desarrollo del proceso de fabricación de la pieza, estando definidas las temperaturas de tratamiento y de colada y el intervalo de tiempo entre el vaciado de la primera y del último molde. Se correlacionan aquí los parámetros obtenidos en el análisis térmico después de la inoculación y la microestructura y propiedades de probetas especificadas en las normas técnicas y en las secciones críticas de las piezas.

$$\%\ Si\ introducido\ = 0.46\ \times 2.0\ \times 0.75\ \cong 0.69$$

- inoculación: 0.70% Fe-Si (75% Si)

$$\%Si\ introducido\ = 0.75\ \times 0.70\ \times 0.75\ \cong 0.39$$

Es posible determinar en esta etapa los importes de ferroaleaciones o metales necesarios para lograr los niveles de los elementos de aleación. Sin embargo, si el cálculo es hecho con la ayuda de algoritmos, esta parte de adiciones va a integrar la “carga base” y no la "aditiva”.

- Adición de cobre electrolítico:

$$\%Cu\ necesario = \left[0.8_{(\%\ deseado)} - (0.85\ \times 0.40)_{\%Cu\ en\ el\ retorno}\right] = \Delta Cu\ = 0.46\%$$

$$\%Cobre\ electrolitico\ = \frac{0.46}{0.9995\ \times 0.95} = 0.48\%$$

- Adición de Fe-Cr:

$$\%Cr\ necesario\ = \left[0.15_{(\%\ deseado)} - (0.16\ \times 0.40)_{\%Cr\ en\ el\ retorno}\right] = \Delta Cr\ = 0.086\%$$

$$\%\ Fe - Cr = \frac{0.086}{0.58\ \times 0.90} \cong 0.17\%\ (para\ adición\ en\ la\ olla\ de\ vaciado)$$

Nota: No se determina el contenido de Si introducido por el Fe-Cr, por ser muy pequeño. El análisis químico de muestras va a determinar si hay necesidad de corrección.

b) Segundo paso: determinación de la **"carga base"**.

El cálculo de la "carga base" es hecho a través de aplicaciones de computadora que permiten minimizar los costos de fabricación, trabajando con las ecuaciones que consideran todos los materiales de carga, sus precios y las restricciones impuestas por la composición química requerida, bien como la cantidad disponible de las materias primas.

Como comentado, en este caso, no hay necesidad de determinar las adiciones e incorporación de elementos de aleación (como se ha hecho arriba para el cobre y el cromo) en la "carga aditiva".

Los softwares usan el método "Simplex" de programación linear (2-4). El programa puede ser desarrollado en la propia fundición o con ayuda de consultores u organizaciones de investigación de universidades. También se puede comprar la aplicación en compañías especializadas en productos técnicos para fundición.

El sistema consiste en optimizar la siguiente función linear.

$$Z(\$) = \sum_{i=1}^{n} (\$/t_{Ai}\ \times\ N_{Ai})$$

donde:

$\$/t_{Ai}$ = Costo por tonelada del componente de carga añadido (Ai)

N_{Ai} = Cantidad necesaria del material Ai para la fabricación de 1t de la aleación

Z (\$) = Costo mínimo de la carga necesaria para producir 1t de la aleación.

Ejemplificando:

$$Z(\$) = (390 \times\ N_{A1}) + \cdots + (5990\ \times\ N_{A10})$$

Las ecuaciones que permiten proceder a la optimización son las que siguen:

- La cantidad disponible de las materias-primas no es negativa:

$$N_{Ai}\ \geq 0$$

- La suma de las cantidades añadidas resulta en 100% de la "carga base" (1t):

$$\sum_{i=1}^{10} N_{Ai}\ = 1$$

- Restricciones garantizan que se obtenga la composición química de la "carga base" + la adición de elementos de aleación*:

$$(4 \times N_{A1}) + (0.2 \times N_{A2}) + (3.75 \times N_{A3}) + (0.13 \times N_{A4}) + (6.5 \times N_{A6}) + (7.0 \times N_{A8}) + (96 \times N_{A9}) = 3.7\%C$$

$$(1 \times N_{A1}) + (0.05 \times N_{A2}) + (2.4 \times N_{A3}) + (50 \times N_{A4}) + (0.40 \times N_{A6}) + (1.5 \times N_{A8}) = 2.4 - 0.69 - 0.39 = 1.32\%Si$$

$$(0.1 \times N_{A1}) + (0.4 \times N_{A2}) + (0.45 \times N_{A3}) + (0.31 \times N_{A4}) + (76 \times N_{A6}) = 0.5\%Mn$$

$$(0.05 \times N_{A1}) + (0.05 \times N_{A2}) + (0.07 \times N_{A3}) + (0.02 \times N_{A4}) + (0.03 \times N_{A6}) = 0.05\%P$$

$$(0.02 \times N_{A1}) + (0.03 \times N_{A2}) + (0.016 \times N_{A3}) + (0.005 \times N_{A4}) + (0.008 \times N_{A6}) + (0.02 \times N_{A9}) = 0.02\%S$$

$$(0.16 \times N_{A3}) + (0.005 \times N_{A4}) + (0.008 \times N_{A6}) + (58 \times N_{A8}) = 0.15\%Cr$$

$$(0.90 \times N_{A3}) + (99.95 \times N_{A10}) = 0.8Cu$$

(*) Para la "carga base", son elegidos valores finales para cada elemento químico dentro del rango de la composición química especificada. Para el Si, hay que quitar los porcentajes de Si incorporados por la nodularización e inoculación, ya calculados anteriormente en la "carga aditiva".

$$\%\boldsymbol{Si}_{Carga\ Base} = \%\boldsymbol{Si}_{Especificado} - \%\boldsymbol{Si}_{Carga\ Aditiva}$$

Aplicándose entonces el método "Simplex" al sistema de ecuaciones arriba llegase a la solución óptima con la composición química adecuada y costo mínimo.

En el caso de cálculo <u>sin el algoritmo</u>, es necesario fijar las cantidades de **<u>n-2</u>** materiales de la carga base, así que solamente los porcentajes de **<u>dos</u>** materias-primas funcionan como variables independientes.

La "carga base" es calculada entonces a partir de los contenidos requeridos de carbono o silicio después de quitar los valores de silicio calculados en la "carga aditiva", como comentado arriba.

No hay, propiamente, reglas para fijar los n-2 componentes de la carga. Esto se relaciona a las características de operación de cada planta, como:

- las cantidades de retorno consideradas económicas o técnicamente viables para la operación y equipos (piezas, rebabas de maquinado, etc.);
- disponibilidad de los materiales almacenados;
- precios de las diversas materias-primas;
- contenido residual de elementos químicos en la materia-prima, y
- nivel de calidad de la chatarra de acero (mezclas, contaminantes, etc.).

Para los materiales disponibles en el ejemplo, se estableció como fijas las cantidades de retorno de hierro fundido nodular = **40%** y de arrabio = **10%**.

<u>El procedimiento de cálculo busca, en primera aproximación, llegar al contenido del **carbono (C)** con los materiales de carga disponibles.</u>

- Determinados los porcentajes de los componentes que introducen C, verificar el contenido de Si que provienen de estos materiales, ya que usualmente lo contienen. Estas materias-primas son el arrabio, la chatarra de acero y retornos de fundición.
- Si el contenido de silicio es inferior al especificado, es suficiente corregir su nivel con la adición de FeSi.

IMPORTANTE: Si el porcentaje del silicio, ya en su nivel final ("carga base" + "carga aditiva"), es **<u>superior</u>** al especificado, hay que repetir el cálculo, buscándose llegar **<u>no al C, pero al Si</u>** como objetivo en el procedimiento. En este caso se añaden materiales carburantes como corrección para aumentar el contenido de C, que se queda ahora naturalmente más bajo.

Recapitulando la metodología, y considerando los materiales en la tabla II:

1) **<u>Primer intento</u>**: llegar al contenido de **<u>C</u>** con los materiales disponibles:

_ Establecida la cantidad de arrabio – 10%

_ Establecida la cantidad de retorno de hierro nodular – 40%

_ A calcular – las cantidades de chatarra de acero y de carburante

_ Consecuencia del cálculo:

- La determinación de la eventual adición correctiva de FeSi (45% Si), una vez que se admitió que el contenido de Si iba a quedarse igual o más bajo que el objetivo en la carga.
- adición correctiva (si necesario) de FeMn*

Estando el %Si en los cálculos <u>superior</u> al especificado para la carga total, hay que proceder al:

2) **<u>Segundo intento</u>**: llegar al contenido de **<u>Si</u>** con los materiales disponibles:

_ Establecida la cantidad de arrabio – 10%

_ Establecida la cantidad de cantidad de chatarra de hierro nodular – 40%

_ A calcular – las cantidades de chatarra de acero y de Fe-Si (45% Si)

_ Consecuencia del cálculo:

- determinar la eventual adición correctiva de carburante, una vez que se admitió que el contenido de C iba a quedarse igual o más bajo que el objetivo en la carga.
- adición correctiva (si necesario) de Fe-Mn*

(*) La elección de las materias-primas considera necesariamente que los contenidos de Mn son iguales o más bajas que el objetivo en la carga.

- *<u>Determinación de los porcentajes de chatarra de acero y carburante</u>*

Estableciéndose el contenido objetivo de C en 3.7%:

$$3.7 = \underbrace{\left(\frac{4.0}{100}\times 100\right)}_{\text{arrabio}} + \underbrace{\left(\frac{3.75}{100}\times 40\right)}_{\text{retorno}} + \underbrace{\left(\frac{0.2}{100}\times (\%ch)\right)}_{\text{chatarra de acero}} + \underbrace{\left(\frac{96}{100}\times (\%car)\times 0.80\right)}_{\text{carburante}}$$

De acuerdo con la definición de la carga total (base + aditiva):

$$100\% = (\%ch) + (\%car) + \underbrace{10}_{\text{arrabio}} + \underbrace{40}_{\text{ret.}} + \underbrace{0.48}_{\text{Cu el.}} + \underbrace{2.0}_{\text{FeSiMg}} + \underbrace{0.17}_{\text{FeCr}} + \underbrace{0.7}_{\text{FeSi}}$$

Aislando el (%ch) y sustituyéndose en la ecuación arriba, se determina:

$$370 = 40 + 150 + 0.2(\%ch) + 76.8\big(46.65 - (\%ch)\big) \therefore$$

$$(76.8 - 02)\times(\%ch) = 3772.72 - 370 \therefore$$

$$(\%ch) = \frac{3402.72}{76.6} \cong 44.4$$

<u>Chatarra de acero 1020 = 44.44%</u>

A través de la ecuación de la carga total arriba:

$$(\%car) = 46.65 - (\%ch) \therefore (\%car) = 46.65 - 44.4 = 2.25$$

<u>Carburante (chatarra de electrodo de grafito) = 2.25%</u>

- *Determinación del contenido de Si y corrección al valor final*

El contenido de Si ya determinado:

$$\%Si = \left(\frac{1.0}{100} \times 10\right) + \left(\frac{2.4}{100} \times 40\right) + \left(\frac{0.05}{100} \times 44.4\right) + 0.39 + 0.69$$

arrabio retorno chatarra de acero Inoc. Nod.

$\%Si \cong 2.16$

Establecido como objetivo el contenido de Si en 2.4%:

_ Porcentaje de Si a ser incorporado a través de adición correctiva: $\Delta Si = 2.4 - 2.16 = 0.24\%$

_ Porcentaje de FeSi (45-50%Si) a ser añadido a la carga:

$$0.24 = \frac{50}{100} \times (\%FeSi) \times 0.9 \therefore \%Fe - Si = \frac{0.24 \times 100}{50 \times 0.9} \cong 0.53$$

FeSi (45-50%Si) = 0.53%

- *Determinación del contenido de Mn*

El contenido de Mn ya determinado:

$$\%Mn = (\frac{0.10}{100} \times 10) + (\frac{0.45}{100} \times 40) + (\frac{0.40}{100} \times 44.4)$$

arrabio retorno chatarra de acero

$\%Mn = 0.37$

Estableciéndose el contenido de Mn en 0.5%:

_ Porcentaje de Mn a ser incorporado a través de adición correctiva:

$\Delta Mn = 0.5 - 0.37 = 0.13\%$

_ Porcentaje de FeMn (75-80% Mn) a ser añadido a la carga:

$$0.13 = \frac{76}{100} \times (\%FeMn) \times 0.90 \therefore \%Fe - Mn = \frac{0.13 \times 100}{76 \times 0.90} = 0.19$$

FeMn (75-80%Mn) = 0.19%

Nota: No es costumbre calcularse los contenidos de azufre y de fosforo cuando no se cuenta con el algoritmo "Simplex". Las materias-primas utilizadas ya fueron analizadas indicando contenidos de estos elementos via de regla inferiores a los que se logra llegar en el horno o en la pieza, de acuerdo con la especificación.

- ***Nodularización: hecha en estación de alimentación de alambres con FeSiMg en olla apropiada (H=2D)* [5,6] *con tapa***

El uso de los alambres no cambia las etapas de cálculo enseñadas arriba. Hay que determinar primero el contenido de **Si** introducido por las adiciones de aleaciones de Mg e inoculantes. Determinar aquí también la cantidad de adiciones de elementos de aleación si no va a ser usado el método Simplex para calcular la carga base (como se ha hecho arriba en la carga aditiva).

Como ya se ha determinado arriba los porcentajes de cobre y de ferrocromo, aquí se ejemplifica solamente el cálculo del contenido de Si incorporado y que va a ser disminuido del objetivo elegido, para que se proceda al cómputo de la "carga base".

- Nodularización:

Alambre utilizado en este ejemplo:

- FeSiMg: 20% Mg e 40% Si con 0.60% de tierras-raras y 0.70% Al
- Ø = 9mm
- Densidad: 120 g/m

Calculándose la cantidad de alambre a añadir:

$$L_{alambre} = P_{metal} \times \frac{(0.76 \times \Delta S\%) + \%\,Mg\ en\ el\ metal}{\eta_{Mg}\,\% \times Mg_{alambre}}$$

Donde:

L = longitud de alambre a añadir (metros)

P = peso de metal a tratar = 1000kg

ΔS = diferencia entre el contenido de azufre en la carga (S_1) y el contenido después del tratamiento de nodularización (S_2) en porcentaje = 0.020 – 0.007% = 0.013 %S

%Mg en el metal = % de Mg después del tratamiento de nodularización = 0.04 %Mg (esperado)

η_{Mg} = rendimiento de incorporación del Mg en el metal = 45% (elegido)

Mg_{fio} = cantidad de Mg por metro de alambre (kg/m) = 120g/m x 20% = 0.024kg/m

$$L_{alambre} = 1000 \times \frac{(0.76 \times 0.013) + 0.04}{45 \times 0.024} = 46m/t$$

_ Peso del alambre por tonelada de metal tratado = 46m x 0.120kg/m = 5.5kg

_ %Si incorporado al baño metálico por la adición de 5.5kg de alambre en 1t de metal:

$$\%Si_M = \frac{\%Si\ alambre\ (FeSiMg)}{100} \times (\%\ FeSiMg) \times \eta_{incorp.Si}$$

$$\%Si_M = \frac{40}{100} \times (0.55) \times 0.90 \cong 0.20\%\,Si$$

- Inoculación:

Alambre utilizado en este ejemplo:

- FeSi: 75%Si con 1.5%Zr, 2.3%Ca y 1.0%Al
- Ø = 9mm
- Densidad: 115 g/m

Para el porcentaje de 0.5% de inoculante y para 1t de metal, tendremos 5kg de alambre a añadir. Consecuentemente, la extensión de alambre a usar es obtenida como sigue:

$$L = 5kg \div \frac{0{,}115kg}{m} \cong 43.5\,metros$$

El porcentaje de Si incorporado por la inoculación de 5kg de alambre en 1t de metal:

$$\%Si_M = \frac{\%Si\ alambre\ (FeSi)}{100} \times (\%\ FeSi) \times\ \eta_{incorp.Si}$$

$$\%Si_M = \frac{75}{100} \times (0.50) \times\ 0.90\ \cong 0.34\ \%Si$$

Por consiguiente, en el caso del proceso con alambres, el contenido objetivo de Si en la carga base va a ser:

$$\%Si_{Carga\ Base} =\ \%Si_{Especificado} -\ \%Si_{Carga\ Aditiva}$$

$$\%Si_{Carga\ Base} =\ 2.4 - (0.2 + 0.34)\ = 1.86\ \%Si$$

El cómputo de la carga base sigue el mismo proceso del ejemplo arriba para nodularización "sándwich". El contenido de Si objetivo, sin embargo, es de 1.86% en este caso.

➢ ***Ejemplo de la utilización de software para el cálculo con el algoritmo SIMPLEX***

El resultado del cálculo para la carga de **metal base en el horno** usando el algoritmo Simplex se presenta a continuación. Se indican los datos de entrada y los resultados. Se utilizó el software de la compañía española ***AMV SOLUCIONES – Optimization in Software***.

Datos de entrada

Material de carga	%C	%Si	%Mn	%P	%S	%Cr	%Mg	%Cu	%Al	US$ / t
A1 - Arrabio	4.00	1.00	0.10	0.05	0.02	-	-	-	-	390.00
A2 - Chatarra de acero 1020	0.20	0.05	0.40	0.05	0.03	-	-	-	-	320.00
A3 - Retorno de hierro fundido nodular	3.75	2.40	0.45	0.07	0.016	0.16	0.043	0.90	-	340.00
A4 - FeSi	0.13	50.00	0.31	0.02	0.005	0.005	-	-	0.42	1100.00
A5 - FeMn	6.50	0.40	76.00	0.03	0.008	0.003	-	-	0.38	1350.00
A6 - FeCr	7.00	1.50	-	-	-	58.00	-	-	-	2540.00
A7 - Chatarra de electrodo de grafito	96.00	-	-	-	0.02	-	-	-	-	750.00
A8 - Cobre electrolítico	-	-	-	-	-	-	-	99.95	-	5990.00
A9 - Alambre de FeSiMg con 0.6% TR, ϕ = 9mm, densidad = 120g/m	-	40.00	-	-	-	-	20.00	-	0.70	2300.00
A10 - Alambre de FeSi inoculante con 1.5%Zr y 2.3%Ca, ϕ = 9mm y densidad = 115g/m	-	75.00	-	-	-	-	-	-	1.00	2050.00

Composición Química	Especificación	Objetivo en el horno
C	3.6 - 3.8%	3.70%
Si	2.2 - 2.6%	1.86%
Mn	0.4 - 0.6%	0.50%
Cu	0.7 - 0.9%	0.80%
Cr	0.1 - 0.2%	0.15%
S	0.007 - 0.010%	0.02%
P	0.07% máx.	0.05%
Mg	0.03 - 0.05%	-

Nota: Para la composición química final en la pieza:

- *Alambre de FeSiMg incorpora 0,20% Si*
- *Alambre de FeSi incorpora 0.34% Si*

Resultados

Cálculo con el uso de retorno de hierro nodular con cantidad ilimitada o máxima del 50%

1. Utilizando la composición objetivo de la carga del horno:

SIN LÍMITE DE RETORNO

Carga – carga de más bajo costo
Horno – horno de inducción
Material – hierro nodular

OBJETIVO EN EL HORNO	C (%)	Si (%)	Mn (%)	Cu (%)	Cr (%)	S (%)	P (%)
Mín.	3.70	1.86	0.50	0.80	0.15	0.02	0.05
Máx.	3.70	1.86	0.50	0.80	0.15	0.02	0.05
Esperado	**3.70**	**1.86**	**0.50**	**0.80**	**0.15**	**0.019**	**0.065**

CANTIDAD	Mín.	Máx.	Esperado
TOTAL DE LA CARGA (kg)	0.00	5000.00	1000.00
TOTAL A VACIAR (kg)	1000.00	5000.00	1000.00
VACIADO ÚTIL (kg)	1000.00	-	1000.00
RESTO (kg)	0.00	-	-

RESIDUALES	Indicado	Esperado
Total no especificado	100%	**0.065%**
Suma de residuales	100%	**0.149%**
Máx. no especificado	100%	-
Rendimiento	0.00%	**100%**

COSTO TOTAL (US$)	**$480.60**
COSTO UNITARIO (US$/kg)	**$0.481**

	COMPONENTE DE CARGA	Cantidad (kg)	C (%)	Si (%)	Mn (%)	Cu (%)	Cr (%)	S (%)	P (%)
X	A03 - Retorno de hierro fundido nodular	**770**	3.75	2.40	0.45	0.90	0.16	0.016	0.070
X	A02 - Chatarra de acero 1020	**219.8**	0.20	0.05	0.40	-	-	0.030	0.050
X	A07 - Chatarra de electrodo de grafito	**7.9**	96.00	-	-	-	-	0.020	-
X	A08 - Cobre electrolítico	**1.04**	-	-	-	99.95	-	-	-
X	A05 - FeMn	**0.83**	6.50	0.40	76.00	-	0.003	0.008	0.030
X	A06 - FeCr	**0.43**	7.00	1.50	-	-	58.00	-	-

MÁXIMO DE 50% DE RETORNO

Carga – carga de más bajo costo
Horno – horno de inducción
Material – hierro nodular

OBJETIVO EN EL HORNO	C (%)	Si (%)	Mn (%)	Cu (%)	Cr (%)	S (%)	P (%)
Mín.	3.70	1.86	0.50	0.80	0.15	0.02	0.05
Máx.	3.70	1.86	0.50	0.80	0.15	0.02	0.05
Esperado	**3.70**	**1.86**	**0.50**	**0.80**	**0.15**	**0.020**	**0.059**

CANTIDAD	Mín.	Máx.	Esperado
TOTAL DE LA CARGA (kg)	0.00	5000.00	1000.00
TOTAL A VACIAR (kg)	1000.00	5000.00	1000.00
VACIADO ÚTIL (kg)	1000.00	-	1000.00
RESTO (kg)	0.00	-	-

RESIDUALES	Indicado	Esperado
Total no especificado	100%	**0.056%**
Suma de residuales	100%	**0.136%**
Máx. no especificado	100%	-
Rendimiento	0.00%	**100%**

COSTO TOTAL (US$)	**$515.70**
COSTO UNITARIO (US$/kg)	**$0.516**

	COMPONENTE DE CARGA	Cantidad (kg)	C (%)	Si (%)	Mn (%)	Cu (%)	Cr (%)	S (%)	P (%)
X	A03 - Retorno de hierro fundido nodular	**500**	3.75	2.40	0.45	0.90	0.16	0.016	0.070
X	A01 - Arrabio	**254**	4.00	1.00	0.10	-	-	0.020	0.050
X	A02 - Chatarra de acero 1020	**223.6**	0.20	0.05	0.40	-	-	0.030	0.050
X	A04 - FeSi	**7.85**	0.13	50.00	0.31	-	0.005	0.005	0.020
X	A07 - Chatarra de electrodo de grafito	**7.72**	96.00	-	-	-	-	0.020	-
X	A08 - Cobre electrolítico	**3.5**	-	-	-	99.95	-	-	-
X	A05 - FeMn	**2.11**	6.50	0.40	76.00	-	0.003	0.008	0.030
X	A06 - FeCr	**1.22**	7.00	1.50	-	-	58.00	-	-

2. Utilizando el rango especificado para la composición de la carga del horno:

SIN LÍMITE DE RETORNO

Carga – carga de más bajo costo
Horno – horno de inducción
Material – hierro nodular

OBJETIVO EN EL HORNO	C (%)	Si (%)	Mn (%)	Cu (%)	Cr (%)	S (%)	P (%)
Mín.	3.60	1.76	0.40	0.70	0.10	0.007	0.00
Máx.	3.80	2.06	0.60	0.90	0.20	0.02	0.07
Esperado	**3.60**	**1.88**	**0.44**	**0.70**	**0.12**	**0.019**	**0.065**

CANTIDAD	Mín.	Máx.	Esperado
TOTAL DE LA CARGA (kg)	0.00	5000.00	1000.00
TOTAL A VACIAR (kg)	1000.00	5000.00	1000.00
VACIADO ÚTIL (kg)	1000.00	-	1000.00
RESTO (kg)	0.00	-	-

RESIDUALES	Indicado	Esperado
Total no especificado	100%	**0.060%**
Suma de residuales	100%	**0.125%**
Máx. no especificado	100%	-
Rendimiento	0.00%	**100%**

COSTO TOTAL (US$)	**$472.24**
COSTO UNITARIO (US$/kg)	**$0.472**

	COMPONENTE DE CARGA	Cantidad (kg)	C (%)	Si (%)	Mn (%)	Cu (%)	Cr (%)	S (%)	P (%)
X	A03 - Retorno de hierro fundido nodular	**777.8**	3.75	2.40	0.45	0.90	0.16	0.016	0.070
X	A02 - Chatarra de acero 1020	**215.51**	0.20	0.05	0.40	-	-	0.030	0.050
X	A07 - Chatarra de electrodo de grafito	**6.69**	96.00	-	-	-	-	0.020	-

MÁXIMO DE 50% DE RETORNO

Carga – carga de más bajo costo
Horno – horno de inducción
Material – hierro nodular

OBJETIVO EN EL HORNO	C (%)	Si (%)	Mn (%)	Cu (%)	Cr (%)	S (%)	P (%)
Mín.	3.60	1.76	0.40	0.70	0.10	0.007	0.00
Máx.	3.80	2.06	0.60	0.90	0.20	0.02	0.07
Esperado	**3.60**	**1.76**	**0.40**	**0.70**	**0.10**	**0.020**	**0.059**

CANTIDAD	Mín.	Máx.	Esperado
TOTAL DE LA CARGA (kg)	0.00	5000.00	1000.00
TOTAL A VACIAR (kg)	1000.00	5000.00	1000.00
VACIADO ÚTIL (kg)	1000.00	-	1000.00
RESTO (kg)	0.00	-	-

RESIDUALES	Indicado	Esperado
Total no especificado	100%	**0.049%**
Suma de residuales	100%	**0.108%**
Máx. no especificado	100%	-
Rendimiento	0.00%	**100%**

COSTO TOTAL (US$)	**$505.46**
COSTO UNITARIO (US$/kg)	**$0.505**

	COMPONENTE DE CARGA	Cantidad (kg)	C (%)	Si (%)	Mn (%)	Cu (%)	Cr (%)	S (%)	P (%)
X	A03 - Retorno de hierro fundido nodular	**500**	3.75	2.40	0.45	0.90	0.16	0.016	0.070
X	A01 - Arrabio	**269.6**	4.00	1.00	0.10	-	-	0.020	0.050
X	A02 - Chatarra de acero 1020	**215**	0.20	0.05	0.40	-	-	0.030	0.050
X	A07 - Chatarra de electrodo de grafito	**6.2**	96.00	-	-	-	-	0.020	-
X	A04 - FeSi	**5.6**	0.13	50.00	0.31	-	0.005	0.005	0.020
X	A08 - Cobre electrolítico	**2.5**	-	-	-	99.95	-	-	-
X	A05 - FeMn	**0.77**	6.50	0.40	76.00	-	0.003	0.008	0.030
X	A06 - FeCr	**0.33**	7.00	1.50	-	-	58.00	-	-

NOTAS:

- *Los cuadros anteriores son adaptados de las planillas originalmente generadas por el software.*
- *Para mostrar que es posible realizar la simulación variando cualquier parámetro, se decidió presentar los cálculos con la cantidad de retorno limitada o ilimitada, para obtener la carga con costo mínimo, restringiendo la composición química del horno al objetivo o utilizando todo el intervalo especificado.*

- *El software permite mayor flexibilidad de datos de entrada y, opcionalmente, indica varias características, como, por ejemplo, a través de colores, si los contenidos de los elementos químicos de las materias primas se encuentran por encima o por debajo de lo especificado para la composición del baño líquido en el horno y en qué grado de magnitud.*

7.2 CARGA PARA HORNO CUBILOTE

La carga para el horno cubilote es hecha de manera análoga a lo que se ha presentado para los eléctricos. Se necesita, sin embargo, considerar las pérdidas y ganancias relacionadas a los contenidos de los elementos químicos durante la fusión del metal en estos hornos.

Para compensar estas pérdidas y ganancias, son estimados, con base en experiencia práctica, los rendimientos para los varios componentes de la carga. Sobresalen en los cubilotes las ganancias en los contenidos de carbón y azufre

La carburación ocurre cuando las gotitas de metal entran en contacto con el coque. Esta variación debe de ser determinada de manera experimental, una vez que depende de las condiciones de la operación y del proceso utilizado. Los factores más importantes son las que siguen:

_ tipo y propiedades del coque;

_ granulometría del coque;

_ temperatura del hierro fundido;

_ características de las cenizas;

_ basicidad de la escoria, y

_ los aspectos constructivos y operacionales del horno, como: altura del crisol; régimen de la operación (intermitente o no) y altura del pie de coque, entre otros.

El contenido de carbono del hierro en el canal de vaciado varia linealmente con el contenido de C de la carga. La función que representa la carburación puede ser determinada empíricamente (7), como se ejemplifica a seguir:

$$\%C_{hier \quad fundido} = 2.01 + 0.512(\%C)_{carga}$$

Como base para iniciar el cálculo de carga, considerar que la chatarra de acero, cuando parte de la carga (con uso de coque de mediana carburación), sufre carburación de hasta 2.7 a 3.0%C (8).

El aumento del porcentaje de azufre tiene el mismo origen. Considerar cerca de 50% la ganancia en el contenido de S.

Mientras la fusión se procesa, se observan perdidas de silicio y manganeso por oxidación. Las pérdidas de estos elementos químicos varían dependiendo de la materia prima que los contienen. La tabla abajo presenta valores promedios para estas pérdidas.

Tabla III: Perdidas de Si e Mn por oxidación en el horno cubilote (8)

Componentes de la carga	Perdidas de Si (%)	Perdidas de Mn (%)
Arrabio con bajo Mn	10	5 - 15
Retorno de hierro fundido	10	5 - 15
Chatarra de acero	10	5 - 15
FeSi (75% Si)	25	-
FeSi (45% Si)	20	-
FeMn (75% Mn)	-	40

Se enseña un ejemplo de cálculo utilizando los datos arriba para producción de hierro gris.

- Especificación: clase 150 (ISO) para piezas con espesor inferior a 30 mm.
- Composición química especificada:

C – 3.40 a 3.60%

Si – 2.30 a 2.50%

Mn – 0.50 a 0.70%

P – 0.12% máx.

S – 0.06 a 0.15%

- Inoculación con 0.40% de FeSi (75% Si)
- Materiales de carga:

Material	%C	%Si	%Mn	%P	%S
Arrabio	4.2	1.8	0.45	0.08	0.030
Chatarra de acero 1020	0.2	0.3	0.4	0.05	0.035
Retorno de hierro fundido gris	3.23	2.1	0.60	0.07	0.030
FeSi (45% Si)	-	40 - 45	-	-	-
FeSi (75% Si)	-	70 – 80	-	-	-
FeMn (75% Mn) Std. Alto C	6.0	1.0	70 – 80	-	-

a) <u>Primero paso:</u> calcular la "carga aditiva" y determinar el contenido de Si introducido.

- Inoculación: 0.4% de FeSi (75% Si)
- $\%Si\ introducido = 0.75\ \times 0.40\ \times 0.75 = 0.225 \therefore \%Si_{inocul.} = 0.225\ \%Si$

b) <u>Segundo paso</u>: determinación de la "carga base"- estableciéndose el porcentaje de retorno de hierro gris en <u>40%</u>, las variables van a ser el arrabio y la chatarra de acero 1020. Se intenta lograr el contenido de C de acuerdo con la especificación de la composición química.

- *<u>Determinación de los porcentajes de chatarra de acero y de arrabio</u>*

Para un contenido objetivo de C en la pieza de 3.5%, y habiéndose elegido estimar que la chatarra de acero sufrirá una carburación de hasta 2.7%:

$$3.5 = \left(\frac{4.2}{100} \times (\%a)\right) + \left(\frac{2.7}{100} \times (\%c)\right) + \left(\frac{3.23}{100} \times 40\right) \therefore 350 = 4.2(\%g) + 2.7(\%s) + 129.2$$

$$Como\ (\%a) + (\%c) = 100 - (0.4 + 40) \therefore (\%a) = 59.6 - (\%c)$$

Por la sustitución en la primera ecuación llegase a:

$$350 = 4.2\big(59.6 - (\%c)\big) + 2.7(\%c) + 129.2 \therefore \%c = 19.7\%\ \ e\ \ \%a = 39.9\%$$

<u>Chatarra de acero 1020 en la carga: 19.7%</u>

<u>Arrabio en la carga: 39.9%</u>

Nota: El contenido del C en el canal de vaciado tendrá que ser analizado, para que se pueda proceder a la corrección de la carga debido a la carburación de la chatarra que ha sido estimada arriba.

- *Determinación del contenido de Si*

$$\%Si = \left(\frac{1.8}{100} \times 39.9\right) + \left(\frac{0.3}{100} \times 19.7\right) + \left(\frac{2.1}{100} \times 40\right) + 0.225$$

arrabio chatarra de acero Retorno Inoculación

$$\%Si = 0.718 + 0.059 + 0.840 + 0.225 = 1.842\ \%Si$$

Establecido el porcentaje de 2.4% como objetivo para el contenido final de Si, verificase la necesidad de proceder a una adición correctiva de FeSi (45 %Si). Sin embargo, antes, hay que considerar las perdidas:

_ en el arrabio: $0.718 \times 10/100 = 0.072\%$

_ en la chatarra de acero: $0.059 \times 10/100 = 0.006\%$

_ en el retorno de hierro fundido: $0.840 \times 10/100 = 0.084\%$

_ TOTAL de las perdidas: 0.162%Si

$\therefore \%Si = 2.4 - (1.842 - 0.162) = 0.72\ \%Si$

Por consiguiente, es necesario corregir el baño con Fe-Si (45% Si), de acuerdo con lo que sigue:

$$0.72 = \frac{45}{100} \times \%FeSi(45\%\ Si) \times 0.80^{*}$$

$\therefore \%\boldsymbol{FeSi}(\mathbf{45}\%\ \boldsymbol{Si}) = \mathbf{2.0}\ \%$

(*) rendimiento de adición en el cubilote con perdida por oxidación de 20%, de acuerdo con la tabla III.

- *Determinación del contenido de Mn*

$$\%Mn = \left(\frac{0.45}{100} \times 39.9\right) + \left(\frac{0.40}{100} \times 19.7\right) + \left(\frac{0.60}{100} \times 40\right) \therefore \%Mn = 0.180 + 0.079 + 0{,}240 \cong 0.500\%$$

_ perdidas de Mn:

$$\%Mn = \left(\frac{10}{100} \times 0.180\right) + \left(\frac{10}{100} \times 0.079\right) + \left(\frac{10}{100} \times 0.240\right) \cong 0.050$$

_ Porcentaje de Mn a incorporar a través de adición correctiva:

$$\Delta Mn = 0.60 - (0.500 - 0.050) = 0.1\%$$

_ Cantidad de FeMn (75% Mn) necesaria a la corrección:

$$0.15 = \frac{75}{100} \times \%Fe - Mn(75\%\ Mn) \times 0.60^{**}$$

$\therefore \%\boldsymbol{FeMn}(\mathbf{75}\%\ \boldsymbol{Mn}) \cong \mathbf{0.33}\%$

(**) Rendimiento correspondiente a la oxidación de 40% (tabla III).

Nota: En este ejemplo especifico, no hay necesidad de determinar los contenidos de azufre y de fosforo ya que en las materias primas los contenidos son muy inferiores a los especificados para la pieza, mismo considerando las ganancias en el porcentaje de azufre. Monitoreando la operación con análisis químicas en probetas va a garantizar que no habrá sorpresas.

BIBLIOGRAFIA:

1. CASTELLO BRANCO, C.H. & REIMER, J. - Aspectos Metalúrgicos na Produção de Ferros Fundidos em Fornos de Indução a Cadinho. ABM – Curso de Operação de Fornos de Indução, p.377-459, 1988.
2. PEHLKE, R.D. - Unit Processes of Extractive Metallurgy. American Elsevier, 1973, p.381-389
3. LUENBERGER, D.G. & YINIYU, Y. – In: Linear and Nonlinear Programming, Chapter 3, p.33-82, 4th Ed., 2016
4. GARIKOITZ, A. - Maths for Metallurgy. Linear Programming and Furnace Metallic Charge Optimizations. IK4 AZTERLAN – El blog de la Investigación Metalúrgica. May 2017
5. MINEX METALLURGICAL CO Ltd. Presentation - Application of Cored Wire Injection Process for Spheroidization Treatment of Cast Iron, 35p, 2015.
6. GUZIK, E. & WIERZCHOWSKI, D. - Modern Cored Wire Injection 2PE-9 Method in the Production of Ductile Iron. Archives of Foundry Engineering, V12: 25-28, Feb. 2012.
7. REIMER, J. & CHAVES FILHO, L.M. – Avaliação da Potencialidade de um Coque de Fundição de Procedência Nacional para a Fabricação de Ferros Fundidos de Alta Qualidade. In: 32o Congresso Anual ABM, São Paulo, BR, Jul. 1977
8. PIESKE, A.; CHAVES FILHO, L.M. & REIMER, J.F. – Experiências de Obtenção de Ferros Fundidos Cinzentos na Escola Técnica Tupy. In: Ferros Fundidos Cinzentos de Alta Qualidade, Parte III, 74p. 1974
9. SOUZA SANTOS, A.B. et al. – Processos de Nodulização de Ferros Fundidos. Metalurgia – ABM, v.39, Oct. 1983
10. BCIRA Broadsheet nr. 200 – Magnesium-Treatment for the Production of Nodular Graphite (SG) Iron, Sep. 1981
11. SENAI – Publicação sobre: Nodulização dos Ferros Fundidos.

8. MANUFACTURA DE PIEZAS DE HIERRO NODULAR CON PAREDES GRUESAS (≥ 120 mm)

En los últimos 15 años se ha reconocido la importancia de utilizar el hierro fundido con grafito esferoidal (SGI) para fabricar piezas de gran espesor (≥ 120 mm de espesor de pared) en sustitución del acero.

La AGMA ("American Gear Manufacturing Association") dispone actualmente en sus instrucciones técnicas de gráficos y tablas específicas que permiten diseñar engranajes bi- o cuadripartidos de 12 metros de diámetro y 55 t de peso en hierro nodular, para transmitir 6000 HP[(1)]. El SGI presentaría, frente al acero, ciertas ventajas como: estabilidad dimensional, maquinabilidad y, sobre todo, plazo de fabricación ("*lead time*"). No obstante, comprender las variables del proceso y ejercer su control estricto es fundamental para evitar fallas que provocarían el rechazo de este tipo de piezas de gran tamaño, cuyo costo de manufactura es bastante elevado.

Usualmente, los engranajes pesados se han diseñado en función del nivel de dureza esperado en varias regiones, que correspondería a los requisitos de resistencia a la tracción, según las indicaciones de las especificaciones técnicas de organizaciones internacionales como ISO, DIN y AGMA (en el caso de engranajes).

Sin embargo, a diferencia de lo que ocurre con los aceros, la correlación entre la dureza y la resistencia a la tracción para los hierros nodulares varía con la microestructura obtenida a lo largo de una misma sección y entre secciones distintas, viéndose afectada por la velocidad de enfriamiento, el nivel y tipo de elementos de aleación añadidos, la eficiencia de la inoculación y la presencia de defectos (grafito degenerado, carburos, inclusiones y micro-rechupes).

Para evitar dudas y controversias, en la etapa de desarrollo del proceso de fabricación debe trabajarse con probetas cuyo perfil de solidificación sea similar al de las secciones consideradas críticas de la pieza, calculadas mediante software de simulación de solidificación. Pueden, por ejemplo, utilizarse mangas exotérmicas insertadas en moldes[(2)] como probetas, las cuales indicarán la microestructura y las propiedades mecánicas en toda la sección transversal, permitiendo así establecer una correlación directa entre el límite de ruptura y la dureza Brinell para cada clase de material a emplear en familias de piezas similares. Este procedimiento debe aplicarse a todas las piezas pesadas que se enfrían lentamente.

En esta etapa experimental, también se vacían por separado probetas en "Y" normalizadas de 3" de espesor y barras de 3" adheridas a la pieza, para verificar la relación entre las propiedades mecánicas medidas en dichas probetas y las obtenidas en aquellas que simulan el módulo de la sección elegida de la pieza. El control del proceso en producción se realiza entonces con las probetas de 3".

Las secciones de las piezas pesadas, al enfriarse lentamente, permanecen en estado líquido durante un tiempo mucho mayor que el usualmente considerado para el "*fading*" del magnesio de los nodulizantes y para el efecto grafitizante de los inoculantes (habitualmente de 15 a 20 min). Estas piezas, por lo tanto, requerirán una tecnología especial de manufactura, desde la elección de los moldes, la composición química base, los procesos de nodulización e inoculación, hasta las técnicas de direccionamiento de la solidificación a lo largo de la pieza, con el uso de enfriadores.

A continuación, se presenta una descripción "paso a paso" del proceso de fabricación de piezas pesadas que se enfrían lentamente. Con esta finalidad, se utiliza una pieza-modelo con secciones de paredes gruesas adyacentes a paredes más delgadas. Este tipo de pieza tiene aplicación en varios segmentos del mercado, como la industria minera, la generación de energía (hidroeléctrica, eólica y nuclear) y las máquinas inyectoras de plástico, entre otras.

La pieza-modelo seleccionada es una tapa de molino de bolas del tipo monobloque (tapa y muñón acoplados). Como dificultad adicional, este tipo de pieza presenta riesgo de deformación durante el desmoldeo, después de tratamientos térmicos e incluso durante el maquinado. La figura 1 muestra la pieza-modelo siendo desbastada en un torno vertical.

Fig.1: Pieza-modelo – tapa de molino de bolas tipo monobloque en proceso de desbaste

8.1 TÓPICOS DE LA OPERACIÓN DE MOLDEO

- ***Fuerzas ejercidas sobre los moldes y la importancia de su rigidez y su aseguramiento***

La rigidez del molde y también el aseguramiento de las cajas de moldeo tienen una importancia significativa en la solidificación de las piezas de hierro nodular con secciones gruesas, debido a la alta presión ejercida por la expansión causada por la formación del grafito durante la transformación eutéctica contra las paredes del molde y su efecto en la formación de rechupes de contracción secundaria, como ya se ha comentado. Como ejemplo de comparación, en el caso de los hierros grises esta presión estaría alrededor de 180 kPa, mientras que en el caso de los nodulares se situaría entre 1200 y 1500 kPa (3).

Adicionalmente, hay que considerar el efecto de la presión metalostática. Si el molde no es suficientemente rígido, adecuadamente asegurado y con contrapesos colocados en su parte superior, esta presión puede causar fugas por la línea de partición de las cajas, ruptura del bloque de arena, distorsiones relacionadas con la posición de los corazones, e incluso accidentes más graves, particularmente porque se están colando piezas de gran porte, entre 10 y 200 t.

La presión metalostática puede calcularse en función de la altura "H" de metal líquido contenido en el canal de bajada por encima de la parte superior del molde, y del área de la parte superior del molde en contacto con el metal, como se muestra en la figura 2.

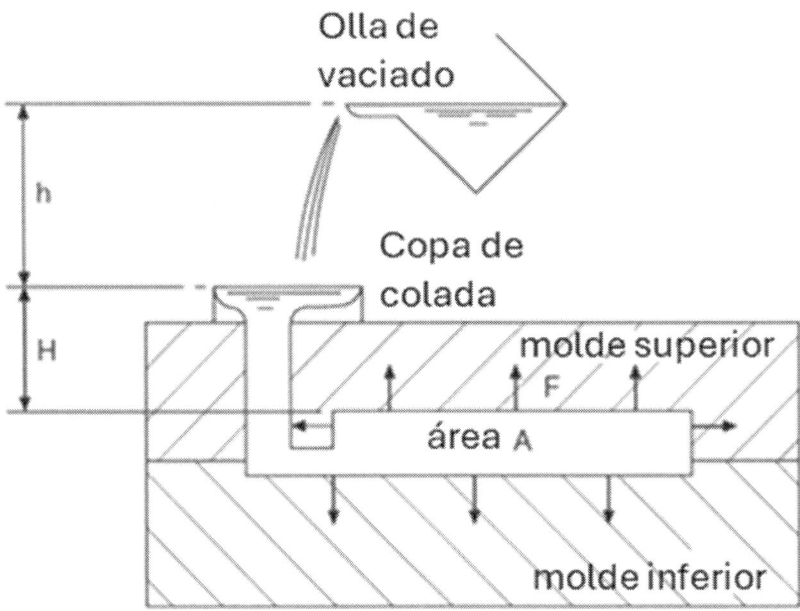

Fig. 2: Fuerzas ejercidas sobre las paredes del molde debido a la presión metalostática [3]

La fórmula para calcular la fuerza ejercida por la presión metalostática es la siguiente:

$F_1\ (kgf) = A \times H \times d \times 1.5\ /\ 1000$

donde:

A = área de la parte superior del molde en contacto con el metal (cm^2);

H = altura del metal líquido en el canal de bajada por encima de la cavidad superior del molde (cm);

d = densidad del metal líquido ($g/cm^{3)}$), y

1.5 = factor de seguridad.

Considerando d = 7.5 g/cm^3, se encuentra: $F(kgf) = 11 \times A \times H\ /\ 1000$

Debe tenerse en cuenta aquí que el conjunto de corazones tiende a flotar en el metal líquido, ejerciendo una fuerza ascendente adicional que puede ser lo suficientemente elevada como para causar la ruptura del propio corazón o el desplazamiento de su posición original. En el caso de los metales ferrosos, esta fuerza se calcula de la siguiente manera:

$F_2\ (kgf) = 3{,}5 \times W$, donde W es el peso total de los corazones en el molde (kg)

De este modo, la fuerza total resultante en la parte superior del molde resulta:

$$F\ (kgf) = \frac{11 \times A \times H}{1000} + 3.5 \times W$$

Para la pieza-modelo de la figura 1, se utilizó un molde a base de resina furánica de curado en frío, cuya área de la parte superior del molde en contacto con el metal líquido es igual a 27 000 cm^2, y un canal de bajada donde la altura H es de 200 cm. Para un corazón con un peso de 250 kg, la fuerza ascendente de empuje será bastante elevada, como puede verificarse a continuación:

$$F = \frac{11 \times 27000 \times 200}{1000} + 3.5 \times 250 = 60275\ kgf$$

➢ *Empleo de enfriadores – insertos y placas*

Además de la necesidad de moldes rígidos, utilizando resinas fenólicas o furánicas (proceso de curado en frío – *"no bake"*), los enfriadores se colocan estratégicamente en la cavidad del molde para:

- promover la solidificación direccional en relación con el flujo de metal a partir de las mazarotas;
- aumentar la velocidad de enfriamiento en las secciones de las piezas, favoreciendo la formación de grafito nodular y reduciendo la tendencia a la formación de grafito degenerado, explotado y "chunky" en su centro térmico, así como la flotación de nódulos de grafito en las uniones y zonas superficiales, y
- reforzar la resistencia de las paredes del molde durante la etapa de expansión del grafito eutéctico.

Se ha utilizado con éxito la relación 1:1 entre el espesor de los enfriadores y el de la sección de la pieza en la que serán colocados[1]. Como ejemplo, si el espesor de la sección es de 20 cm, los enfriadores deben tener un espesor igual a 20 cm. Se observa que aumentos del espesor del enfriador en relación con el de la sección no aportan beneficios adicionales.

La figura 3 ejemplifica la ubicación de los enfriadores en la mitad del molde de un engranaje. También se observan el sistema de canales y las probetas conectadas, desarrolladas a partir de las experiencias realizadas durante la etapa de definición del proceso, como se comentó anteriormente.

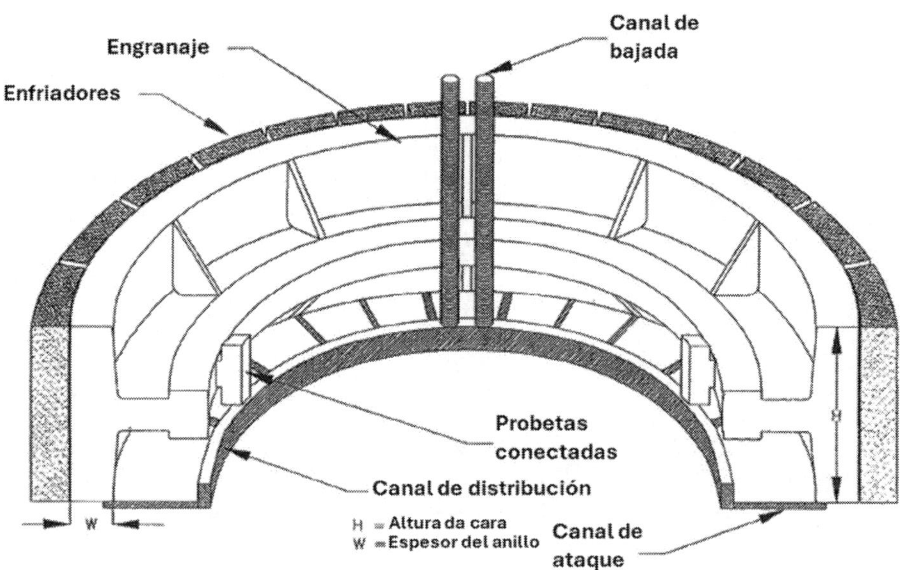

Fig. 3: Moldeo típico que muestra media engranaje, sistema de canales y probetas [1]

Los insertos enfriadores deben ser granallados y pintados con una pintura cuyos disolventes se evaporen antes de colocarse en la cavidad del molde durante el moldeo. El espaciamiento entre las placas se encuentra en el rango de 20 a 40 mm, y el hueco entre ellas debe rellenarse con arena. Parte de esta arena se corta y se extrae para dejar un escalón con una profundidad de 20 mm en los huecos. El objetivo de esta configuración es garantizar el espacio necesario para la expansión térmica lineal de los enfriadores de hierro nodular o de acero cuando están en contacto con el metal líquido. Los escalones en los huecos evitan el aplastamiento y la erosión de la arena cuando los enfriadores se expanden.

Algunas fundiciones utilizan arena de cromita para el relleno de los huecos. En el caso del ejemplo del engranaje, debe depositarse una capa adicional de arena de 25 mm sobre las caras superiores de los enfriadores, las cuales posteriormente se "sellan" mediante la colocación de los corazones superiores.

Las figuras 4 y 5 presentan el diseño (*"layout"*) de las impresiones dejadas por los enfriadores colocados en los moldes durante la fabricación de piezas pesadas de hierro nodular.

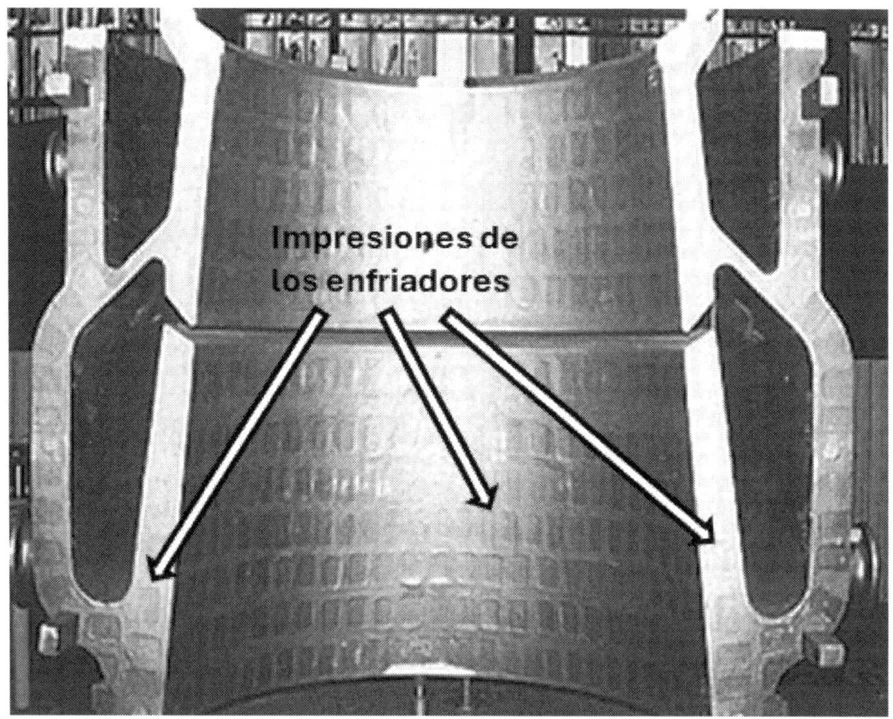

Fig. 4: Impresiones de placas de enfriamiento en una pieza de hierro nodular con paredes espesas

Fig. 5: Muñón de hierro nodular con uso de placas de enfriamiento en el 100 % de su superficie

Además del espesor ya comentado, la longitud y el ancho de las placas de los enfriadores variarán según las zonas de las piezas en las que se utilicen.

Nota: Los enfriadores deben ser inspeccionados mediante ultrasonido antes de colocarse en el molde, con el fin de garantizar que los defectos internos no interfieran en su eficiencia para extraer el calor durante la solidificación del metal líquido en la cavidad del molde. El riesgo sería la formación de rechupes y un mayor "fading" del nodulizante y del inoculante en las secciones de la pieza que se enfrían más lentamente.

➢ ***Otros puntos importantes por considerar en el moldeo***

_ El tipo de proceso de curado en frío utilizado debe proporcionar un molde resistente a altas temperaturas y con baja absorción de humedad cuando se pinta con pinturas a base de agua que se secan mediante calentamiento. La resina furánica ha mostrado buenos resultados en este aspecto.

_ Un aspecto crítico que debe verificarse en fundiciones que producen piezas de gran porte se refiere a posibles infiltraciones de agua o incluso a la presencia de humedad subterránea en el foso donde se realizará el moldeo. Si esto ocurre, no debe iniciarse la operación de moldeo hasta que la fosa esté completamente seca y la infiltración sellada. En el caso de la pieza-modelo, el molde fue insuflado con aire caliente (85 °C) a través del sistema de canales durante 14 horas antes del inicio del vaciado.

_ También se recomienda verificar el diseño (*"layout"*) del conjunto de contrapesos para evitar cualquier movimiento de la parte superior del molde como consecuencia de las presiones ejercidas por el metal.

_ Debe garantizarse que el sistema de canales de alimentación y las mazarotas estén protegidos y correctamente alineados.

_ Es importante confirmar las dimensiones del molde y la correcta ubicación de los enfriadores.

_ La relación entre arena de contacto (nueva) y arena de relleno (recuperada) debe definirse para cada familia de piezas, de acuerdo con su geometría, peso y la relación arena/metal del molde.

_ El tiempo de "banco" — tiempo de almacenamiento para moldes de curado en frío — debe establecerse en el proceso de fabricación y ser debidamente controlado.

8.2 SISTEMA DE CANALES Y MAZAROTAS

La definición del sistema de canales y de mazarotas para piezas de gran espesor tiene siempre como objetivo aumentar el rendimiento metalúrgico, con el fin de reducir el costo involucrado en su manufactura, que es considerablemente alto. De esta manera, la meta es minimizar la cantidad y el tamaño de las mazarotas o, si es posible, eliminar su uso.

El dimensionamiento del sistema de canales y de mazarotas implica el uso de un software de simulación de solidificación. Con su aplicación es posible:

- optimizar el diseño de los canales, controlando el caudal del metal, mejorando la retención de escorias y *"drosses"*, y evitando la turbulencia en el flujo de metal dentro del molde;
- verificar la ubicación, la forma y el tamaño de las mazarotas y sus cuellos, para evitar la formación de rechupes de contracción primaria y secundaria, y facilitar su extracción;
- indicar el gradiente de temperatura a lo largo de las secciones de la pieza, desde la colada hasta el final de la solidificación;
- determinar la ubicación y el efecto de los enfriadores en la solidificación direccional y en la homogenización del tiempo de solidificación en las diferentes secciones de las piezas;
- verificar la necesidad de utilizar insertos aislantes o de realizar modificaciones en la pieza, tales como engrosamientos o la atenuación de puntos calientes en las zonas de transición entre secciones más gruesas y delgadas, y
- simular el efecto de la variación de la composición química y del nivel de inoculación en la solidificación, identificando las regiones más propensas a la formación de rechupes de contracción secundaria.

El programa de simulación permite realizar experimentos virtuales con diversas combinaciones de diseño de canales y alimentadores. Sin embargo, es preferible iniciar el proceso calculando o adoptando una configuración inicial que será ajustada a lo largo de sucesivas simulaciones hasta alcanzar la situación óptima.

El paso inicial es la elección de un conjunto de variables del proceso de producción, tales como los tipos de molde y de corazones, la composición química, el tipo de inoculante y su técnica de adición, así como el tiempo y la temperatura de vaciado.

- ***Sistema de canales***

A continuación, se discuten algunos aspectos importantes de los sistemas de canales para su aplicación en piezas pesadas.

Copa de colada:

- La copa de colada evita el vertido directo en el canal de bajada, lo que provocaría la succión de aire y la entrada de escorias y *"drosses"* en el interior del molde. Debe diseñarse para contener al menos el 30 % del volumen total de metal líquido necesario para llenar la cavidad del molde.
- Su forma geométrica debe ser rectangular, de modo que la circulación del metal en su parte superior durante el vaciado ayude a retener las escorias y *"drosses"*, pero permitiendo al mismo tiempo un llenado rápido del canal de bajada, con el fin de mantener una columna de metal líquido constante durante todo el vertido.
- Debe garantizarse un radio de unión adecuado entre la copa de colada y la entrada del canal de bajada.

La figura 6 ilustra una copa de colada típica siendo llenada durante el vaciado de una pieza de hierro nodular con paredes gruesas.

Fig. 6: Copa de colada típica para piezas pesadas de hierro nodular

Canal de Bajada:

- El canal de bajada debe ser cónico (en forma de embudo), con la menor sección transversal en la parte inferior. Como la velocidad es mayor en esta zona, debe hay que prever en el diseño un área de "amortiguamiento" del chorro de metal, permitiendo así redirigir el flujo de vertical a horizontal sin generar turbulencia.
- Para los hierros nodulares, en general, se recomienda el sistema "despresurizado", en el cual el control del flujo de metal se realiza básicamente a través del canal de bajada. Para reducir la turbulencia en los canales de distribución y de ataque, es habitual emplear la relación de áreas transversales entre todos estos canales de 1:2:4.
- Las piezas pesadas y de gran ancho o longitud requerirán más de un canal de bajada. El volumen de metal a vaciar y el tiempo de colada determinarán la cantidad de estos canales.

Canales de Distribución y Ataque:

- Cuando sea posible, según el diseño de configuración seleccionado, el canal de distribución debe extenderse más allá del último canal de ataque, con el fin de generar una zona de recolección de escoria.
- Los canales de ataque, al igual que los cuellos de las mazarotas, deben solidificarse tan pronto como comience la solidificación eutéctica en la pieza, para evitar el reflujo de metal y la consiguiente reducción de la presión interna, la cual es responsable de la eliminación de los rechupes de contracción secundaria.

La geometría y la distribución de los canales de ataque en piezas con secciones espesas suelen diferir de las utilizadas normalmente en piezas ligeras, como se observó en la figura 3 para un sistema presurizado. La figura 7 muestra, de forma "explosionada", el sistema de canales (despresurizado) y el "*layout*" empleado para la pieza-modelo de la figura 1. En este se incluyen los enfriadores y las mazarotas, los cuales emplean mangas exotérmicas (representadas en color gris oscuro y correlacionadas con las mazarotas).

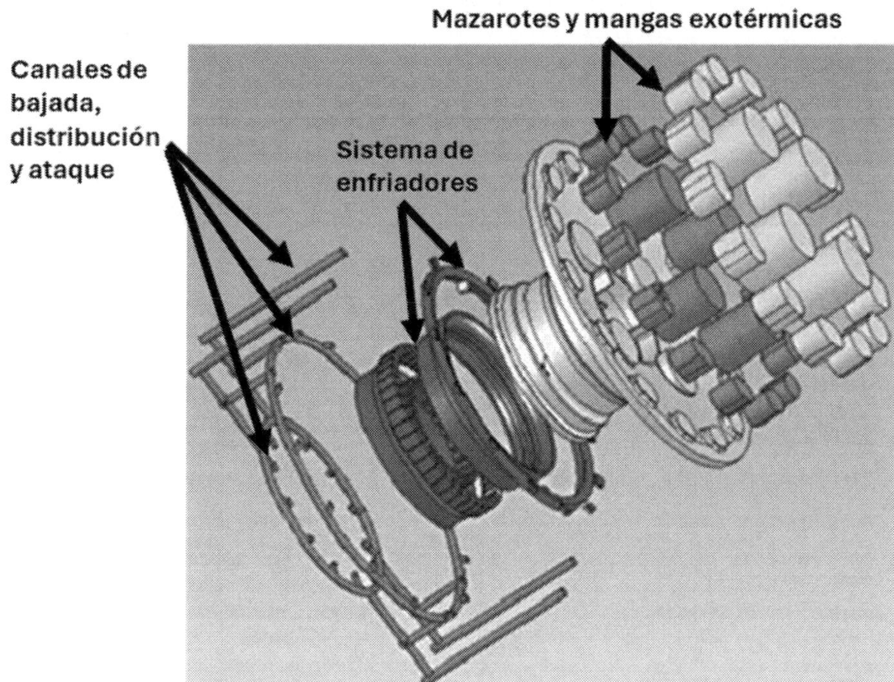

Fig. 7: Sistema de canales y mazarotas utilizado para la producción de la pieza-modelo

Para facilitar el diseño de la configuración inicial, la tabla 1 muestra la correlación entre los canales de bajada, distribución y ataque para piezas con un peso que varía entre 100 kg y 50 t.

Canal de bajada		∑ Canales de distribución	∑ Canales de ataque
Diámetro (mm)	Sección transversal (mm^2)	Sección transversal (mm^2)	Sección transversal (mm^2)
50	1960	3920	1470 - 1760
60	2830	5660	2120 - 2550
70	3850	7700	2880 - 3480
80	5030	10060	3770 - 4540
2 x 60	5660	11120	4250 - 5100
2 x 70	7700	15400	5800 - 6900
2 x 80	10060	20120	7550 - 9100

Tabla 1: Guía básica para la determinación de las secciones transversales del sistema de vaciado

Nota: Las indicaciones "2x" se refieren al uso de dos canales de bajada.

➢ *Determinación de las dimensiones de las mazarotas en la configuración inicial*

El método más fácil y rápido para definir la configuración inicial de las mazarotas con el fin de iniciar las simulaciones es el del criterio térmico. Para ello, el primer paso consiste en calcular el módulo de enfriamiento de la pieza, o de la sección de la pieza que se desea alimentar cuando la geometría es más compleja.

El módulo de solidificación de la pieza se define como la relación entre su volumen y el área que efectivamente intercambia calor con el molde. De este modo, la interfase de la pieza con la mazarota no se considera en el cálculo del módulo.

Puede emplearse una simplificación para este cálculo: Msp = S / P, donde:

- S = área de la sección transversal de la pieza o de la sección a alimentar, y
- P = perímetro de la sección transversal de la zona que efectivamente intercambia calor durante la solidificación.

El cuadro I presenta las fórmulas para el cálculo de Msp para formas básicas de secciones.

discos y placas: d>5a	a / 2	cilindros sin una cara	r.h/(r + 2h)
cubos, esferas y cilindros inscritos	a / 6	anillos	e.h/2(e + h)
barras: L>10e	e.b/2(e + b)	anillos sin una cara	e.h/(e + 2h)
cilindros	r.h/2(r + h)	anillos con brida	e.h/2(e + 2h)-b

Cuadro I : Fórmulas para el cálculo del módulo simplificado (Msp) de piezas o de sus secciones [4]

Como las mazarotas, en el caso de los hierros fundidos, deben alimentar básicamente la contracción del líquido durante su enfriamiento, siempre deberán ubicarse por encima del nivel de la pieza o de la zona a alimentar, tal como ocurre en la pieza-modelo, ya que su posición es en la parte superior de la pieza.

El módulo de la mazarota puede calcularse de manera aproximada mediante la expresión: $M_m = K \times M_p$ donde: M_m = módulo de la mazarota, M_p = módulo de la pieza, y K = constante que depende del material. El valor de K varía entre 0.8 y 1.1 para hierros nodulares; 0.6 y 1.0 para hierros grises; y 1.2 y 1.4 para hierros blancos y aceros.

La temperatura de vaciado para piezas que se enfrían lentamente debe ser lo más baja posible (entre 1270 °C y 1370 °C), a fin de facilitar la formación rápida de una capa sólida espesa junto a las paredes de la cavidad del molde y reducir la necesidad de aporte de metal para compensar la contracción del líquido.

En este caso, el valor de K puede seleccionarse en el rango más bajo, principalmente debido al efecto de los enfriadores, que facilitan la solidificación direccional, y a la resistencia del molde fabricado con arena de curado en frío.

Eligiendo $K = 0.9$ y habiéndose establecido para la pieza-modelo que $M_p = 2.0$ cm, se obtiene $M_m = 0.9 \times 2 = 1.8\ cm.$

Las dimensiones de la mazarota pueden calcularse mediante la fórmula del módulo de un cilindro, tal como se presenta en el cuadro I. Considerando que, típicamente, la altura (h) de la mazarota cilíndrica es igual a 1.5 veces su diámetro (o tres veces su radio), se tiene:

$$1.80 = \frac{\frac{h}{3} \times h}{2(\frac{h}{3} + h)} \therefore h \cong 14.5\ cm \ \therefore \ r \cong 5\ cm, ou\ \mathrm{D} = 10\ \mathrm{cm, com\ altura\ h} = 15\ \mathrm{cm}$$

El módulo de la mazarota también puede calcularse a partir del tiempo de contracción del líquido en relación con el tiempo total de solidificación de la pieza (TC). Dicho parámetro, al igual que el porcentaje de contracción (o expansión), se encuentra en el tablero de la figura 8, el cual tiene en cuenta el carbono equivalente (contenidos de Si + P y el contenido de carbono), el módulo de la pieza y la temperatura de vaciado. Como ejemplo de utilización del tablero, se considera:

- C = 3.35%, y Si + P = 2.5%
- Módulo de la pieza = 2.0 cm
- Temperatura de vaciado = 1300°C

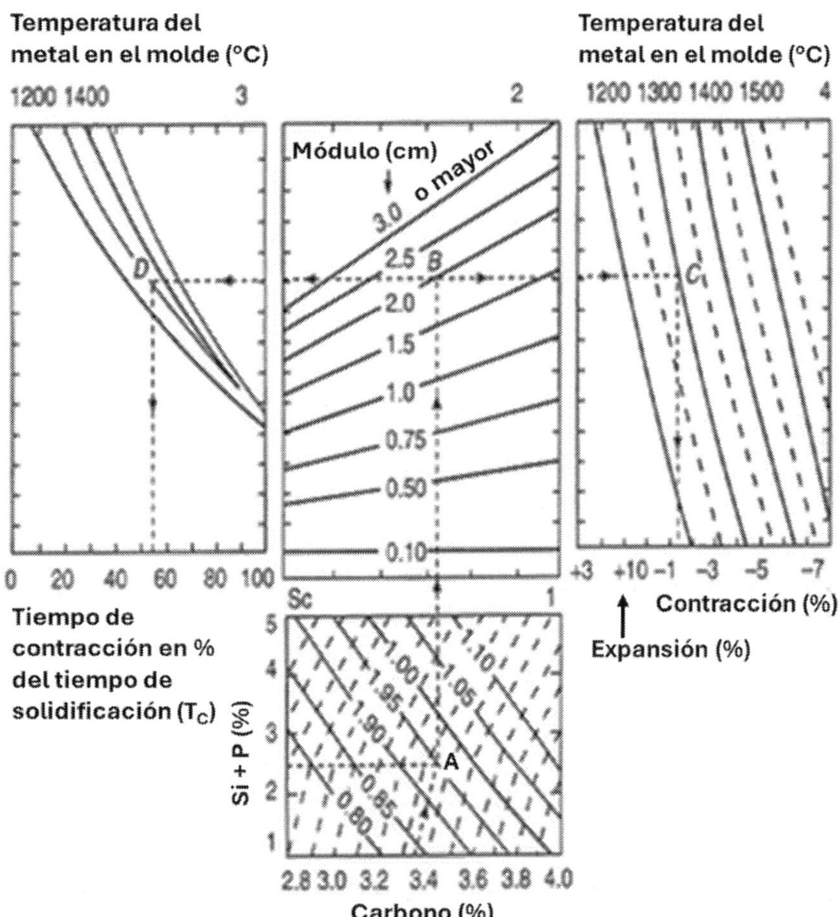

Fig. 8: Cálculo del tiempo de contracción en relación con el tiempo de solidificación (%) y del porcentaje de contracción, en función del CE, del módulo de la pieza y de la temperatura de vaciado [3]

En el cuadro 1 de la figura 8 se ubica el punto A, partiendo de los contenidos de C y de Si + P. Una línea vertical trazada desde A encuentra el punto B en la intersección con la línea correspondiente al módulo de la pieza en el cuadro 2. Desde B, mediante una línea horizontal en dirección al cuadro 3, se determina el punto D y, hacia el cuadro 4, se localiza el punto C en los cruces con las líneas correspondientes a la temperatura de vaciado. De este modo, se obtienen TC y el porcentaje estimado de contracción o expansión para las condiciones predeterminadas.

En este ejemplo, $\mathrm{TC} = 55$ y la contracción sería del 1.6 %. El módulo de la mazarota se determina entonces mediante la fórmula:

$M_m = M_p \times 1.2\sqrt{T_C} \therefore M_m = 2 \times 1.2\sqrt{55\%} \cong 1.78$, siendo este valor compatible con el módulo de la mazarota estimado según el criterio térmico.

Las mazarotas calculadas conforme a la regla térmica de los módulos no siempre satisfacen la demanda total de metal líquido de la sección de la pieza que están alimentando. Las simulaciones realizadas con el software adecuado mostrarán la necesidad de modificar sus dimensiones. Es siempre preferible mantener el diámetro de las mazarotas y aumentar su altura para continuar con el proceso de simulación. A continuación, se incrementa el diámetro, alargando o no la altura. En esta etapa también puede modificarse la forma de la mazarota, por ejemplo, de cilíndrica a cónica, aumentando así la tasa de aprovechamiento del volumen de metal para un mismo M_m. El uso de mangas aislantes o exotérmicas también puede incorporarse al proceso de simulación.

La distancia de alimentación, definida como la distancia que la mazarota puede alimentar sin que se formen rechupes de contracción primaria, se cita a menudo como infinita, ya que el alimentador compensa únicamente la contracción del líquido. Sin embargo, como la geometría de la pieza suele conducir a secciones con módulo menor entre zonas de alto módulo que interrumpen el flujo térmico, y la velocidad de solidificación se ve afectada por la presencia de enfriadores en las piezas de secciones gruesas, es necesario ubicar las mazarotas en varias partes de la pieza, procurando siempre desplazar el centro térmico hacia su proximidad. Las correcciones relacionadas con el número y la ubicación de las mazarotas, así como sus tamaños y formas, se realizarán durante el proceso de simulación.

Después de la simulación, la pieza-modelo (fig. 7) muestra el uso de cuatro mazarotas en la zona central y varias más pequeñas distribuidas en el perímetro de la pieza, todas ellas con el uso de mangas exotérmicas.

- ***Dimensiones iniciales para los cuellos de las mazarotas*** (5)

Las dimensiones de los cuellos constituyen un aspecto importante, ya que estos deben solidificarse y cortar la conexión de la pieza con las mazarotas para evitar el reflujo de metal, permitiendo así una mayor eficiencia de la presión interna derivada de la expansión volumétrica del grafito formado durante la reacción eutéctica en la compensación de la contracción secundaria.

En el caso del moldeo en arena verde, se permite cierto reflujo con el fin de aliviar la presión interna y evitar una deformación más pronunciada de las paredes de la cavidad del molde, cuyo efecto en la formación de micro-rechupes sería mucho más perjudicial, además de producir una expansión ("hinchado") de la pieza. Para piezas de secciones gruesas, este concepto no se aplica, ya que los moldes se fabrican con arena de curado en frío y las paredes están reforzadas con enfriadores.

Para un cuello cilíndrico en una mazarota "fría" ubicada en la parte superior de la pieza, su diámetro puede calcularse como:

$\mathrm{d} = \mathrm{h} + 0.2 \times \mathrm{D}$ donde D = diámetro de la mazarota, siendo $h \leq D/2$.

El valor de h debe ser lo más pequeño posible, teniendo cuidado, sin embargo, de no crear un punto caliente debido a la concentración de calor entre la pieza y la mazarota, lo que aumentaría el tiempo de solidificación del cuello y generaría condiciones para la formación de rechupes en esa zona.

Estableciéndose el valor de h = 3 cm $\therefore d = 3 + 0.2 \times 10 = 5\ cm$

Si la mazarota fuera lateral, las dimensiones iniciales de un cuello cilíndrico serían::

$Longitud: L \leq D/2$ (que debe ser lo más pequeño posible), y $diámetro: d = 1.2 \times L + 0.1 \times D$

Para facilitar la extracción de las mazarotas, deben emplearse en los cuellos los corazones estranguladores (*"Washburn cores"*). Estos son delgados y se saturan rápidamente de calor, sin afectar de manera significativa el módulo del cuello durante el tiempo en que deben permitir la transferencia del metal líquido hacia la pieza. Al colapsar, dejan una sección entallada en el cuello, lo que facilita su rotura o corte.

Cabe destacar que los ajustes en las dimensiones de los cuellos se realizarán durante el proceso de simulación, observándose principalmente su etapa de solidificación, así como la formación y localización de micro-rechupes.

8.3 FUSIÓN Y VACIADO

8.3.1 Selección de la Aleación

- ***Composición química base***

Carbono equivalente (CE), C y Si

El carbono equivalente (CE) debe encontrarse entre 4.10 y 4.35 %, con el fin de evitar principalmente la flotación de nódulos de grafito, como se discutió en el capítulo 3. Cuanto menor sea la velocidad de enfriamiento de la sección (usualmente más gruesa), menor deberá ser el CE seleccionado.

El contenido final de carbono debe variar entre 3.5 y 3.8 %, y el de silicio entre 2.0 y 2.3 %. Se busca siempre un nivel de silicio lo más elevado posible para garantizar un alto grado de nucleación en el horno, así como después de la nodulización y la inoculación. Un alto porcentaje final de silicio también asegura que el nivel de este elemento pueda ser mayor en el horno, brindando mayor flexibilidad en el uso de los componentes de carga y en la corrección de la composición química del metal líquido. Contenidos finales superiores al 2.3 % pueden provocar fragilidad del material después del revenido [(1)].

Manganeso y Azufre

Se recomienda que el contenido de manganeso sea inferior al 0.5 %, con el objetivo de evitar una mayor tendencia a la formación de carburos, así como de óxido de manganeso. Este último forma parte de escorias más fluidas que, además de atacar los revestimientos ácidos de los hornos, son más difíciles de evitar que penetren en los moldes durante el vaciado.

El porcentaje de azufre para la producción de hierros nodulares debe ser lo más bajo posible. En el metal base no debe superar el 0.02 %, lo que permite, después de la nodulización, obtener niveles que varían típicamente entre 0.005 y 0.010 %S. De este modo, también se minimiza la formación de "*drosses*".

Si es necesario desulfurar el hierro base antes del tratamiento de nodulización, se utiliza la inyección del agente desulfurante —usualmente carburo de calcio— junto con el agente de transporte (CO_2) en ollas tipo "pico de tetera" de 1000 kg, mediante el proceso de "tapón poroso". Este tratamiento también contribuye a reducir los contenidos de hidrógeno y nitrógeno.

Fósforo

Se recomienda un porcentaje de fósforo preferiblemente inferior al 0.05 %, con el fin de evitar una mayor formación de steadita en las zonas del metal líquido que requieren más tiempo para solidificarse en las piezas de secciones gruesas. Las concentraciones de steadita provocarán una disminución de la elongación y de la resistencia al impacto, aumentando la dureza superficial según su ubicación.

- **Elementos de aleación**

En piezas que se enfrían lentamente, no se emplean contenidos de cromo superiores al 0.05 % para evitar su fuerte efecto coquillador. Cuando el objetivo es alcanzar durezas Brinell más elevadas —entre 280 y 340 HB— es necesario adicionar, además del cromo, cobre (<1.4 %), níquel (entre 0.5 y 2.5 %) y molibdeno (máx. 0.3 %).

Este rango de dureza puede obtenerse únicamente mediante la adición de elementos de aleación. Sin embargo, en algunos casos —como en la fabricación de engranajes— también se realizan tratamientos térmicos de normalizado y alivio de tensiones. El objetivo es la homogeneización de las propiedades mecánicas en las distintas secciones, la posible reducción de los niveles de segregación mediante el refinamiento del grano en la interfase pieza–mazarota y la disminución o eliminación de las tensiones residuales, lo que reduce el riesgo de grietas durante el desmoldeo y el maquinado. Cuando es necesario mejorar la tenacidad del material para aplicaciones que requieren mayor resistencia al impacto, se lleva a cabo un ciclo de doble normalizado seguido de revenido. Los datos de estos tratamientos se presentan en el artículo 8.6.

Como ejemplo, se puede citar el caso de engranajes con diámetros comprendidos entre 8.0 y 13.0 m, con espesores de pared entre 200 y 230 mm, que requieren una dureza de entre 285 y 320 HB. En estos casos se adicionan aproximadamente 1.4 % Cu, 2.25 % Ni y 0.2 % Mo, y se realizan tratamientos térmicos de normalizado y alivio de tensiones.

- **Elementos residuales**

La selección de los componentes de la carga debe garantizar que el nivel total de elementos residuales nocivos, tales como Ti, Bi, Pb y Sb, no supere el 0.10 %. Cuando esta suma sea más elevada, es habitual adicionar tierras raras (*"mischmetal"*) en una proporción de 50 a 100 ppm para neutralizar los valores excesivos. Cabe recordar que las aleaciones nodulizantes pueden ya contener niveles variables de TR, según la selección realizada o la disponibilidad de dichos materiales.

La determinación de los rangos adecuados de TR a adicionar, en función de los niveles crecientes de elementos residuales, debe realizarse en la etapa de definición del proceso de fabricación, utilizando cuerpos de prueba que reflejen la solidificación de las secciones críticas de la pieza. Si existe un exceso de TR, puede producirse la formación de grafito *"chunky"* y de nódulos de grafito explotados, como ya se comentó en el capítulo 3.

Si se determina el uso de inoculantes (en forma de alambres o insertos) que contengan TR y bismuto, con el objetivo de aumentar el número de nódulos, el problema de la formación de grafito degenerado se minimiza gracias a la acción del bismuto, que neutraliza los efectos de las tierras raras. En este caso, conviene recordar que las aleaciones FeSiMg que se utilicen como nodulizantes deben contener menos de 0.8 % de TR, para evitar los efectos perjudiciales del exceso de tierras raras (véase la discusión en los capítulos 3 y 4).

- **Composición química final para el ejemplo de fabricación de la pieza-modelo**

La composición química final seleccionada fue:

C = 3.5 – 3.65%; Si = 2.0 – 2.2%; Mn < 0.5%; S ≤ 0.005%; P < 0.05%; Cr < 0.05%, e V < 0.05%,

con el objetivo de producir un hierro nodular de la clase ISO JS/450-10, de modo que se obtenga un límite de rotura de 450 MPa, un límite elástico de 310 MPa y una elongación del 10 % en la zona del cuello de unión entre el muñón y la tapa.

La tabla 2 presenta un ejemplo de composiciones químicas finales (después de la nodulización y la inoculación) utilizadas para la fabricación de piezas pesadas.

Composición Química										Propriedades
C	Si	Mn	P	S	Mg	Cu	Ni	Mo	Cr	Mecánicas(*)
3.54	1.75	0.50	0.036	0.004	0.040	1.00	1.20	-	0.061	720 - 440 - 5
3.57	1.55	0.36	0.050	0.004	0.048	0.98	1.10	-	0.060	780 - 440 - 5
3.56	1.84	0.30	0.040	0.010	0.050	1.45	0.09	0.01	0.040	720 - 460 - 3
3.55	1.66	0.38	0.075	0.010	0.038	0.80	0.50	0.01	0.050	695 - 475 - 3
3.54	2.04	0.36	0.030	0.010	0.048	1.23	0.53	0.01	0.070	590 - 400 - 4
3.22	1.88	0.33	0.040	0.009	0.048	1.40	0.09	0.02	0.060	690 - 440 - 3
3.45	2.00	0.45	0.050	0.009	0.070	1.30	0.46	0.03	0.090	710 - 440 - 3
3.49	2.00	0.39	0.025	0.009	0.070	1.28	0.42	0.01	0.140	670 - 420 - 3

(*) Los números de la columna de propriedades mecánicas son secuencialmente: Limite de resistencia a la tracción (MPa) - Limite elástico (MPa), y elongación (%)

Tabla 2: Composiciones químicas finales usuales observadas en piezas pesadas

Después del tratamiento térmico de normalizado y alivio de tensiones, se esperan los siguientes rangos para la resistencia a la tracción: límite de rotura —800 a 950 MPa—, límite elástico —580 a 700 MPa— y elongación —2 a 5 %—[1]. El rango de dureza estaría entre 275 y 320 HB.

8.3.2 Metal Base y Tratamiento de Nodulización

- El metal base en el horno destinado a la fabricación de piezas que se enfrían lentamente debe tener su carga seleccionada con materiales que aseguren un nivel adecuado de elementos residuales, como ya se comentó, a fin de evitar la adición de *mischmetal*, que, sumado a los contenidos de tierras raras (TR) presentes en las aleaciones nodulizantes, puede provocar la formación de grafito *"chunky"* y explotado (véase el capítulo 3).
- El nivel de nucleación del hierro base debe ser elevado, generalmente mediante el uso de preacondicionadores (véase el capítulo 2).
- El tratamiento de nodulización se realiza con aleaciones FeSiMg, preferiblemente mediante el método de inyección de alambres tubulares rellenos (*"cored wires"*), que permite el tratamiento de grandes volúmenes de metal (generalmente hasta 40 t)[6] con un rendimiento superior al del proceso tipo "sándwich", además de reducir la contaminación ambiental. Los alambres utilizados para el tratamiento de volúmenes de metal superiores a 10 t son de 16 mm de diámetro, lo que posibilita adicionar la cantidad adecuada de aleación nodulizante en menor tiempo y con menores pérdidas de temperatura.

En el capítulo 7 se presentan ejemplos de cálculo de la cantidad de FeSiMg a emplear para la producción de hierro fundido nodular mediante los procesos tipo "sándwich" e inyección de alambres tubulares rellenos (*cored wires*). Se describen las condiciones necesarias basadas en los contenidos iniciales de Mg en el hierro tratado y los finales en el material vaciado. El capítulo 4 ofrece un mayor nivel de detalle sobre el uso de alambres para la nodulización y la inoculación.

El contenido final de magnesio previsto para piezas de secciones gruesas debe situarse entre 0.035 % y 0.055 % Mg. Porcentajes menores pueden conducir a un grado de nodulización bajo, mientras que valores más altos (generalmente superiores al 0.07 % Mg) aumentan la propensión a la formación de carburos y de *"drosses"*.

- El mantenimiento del metal tratado con FeSiMg en ollas grandes, como es típico en el caso de las piezas pesadas, presenta un problema de *"fading"* del magnesio similar al mencionado en el caso de los hornos de colada (capítulo 4). La pérdida se produce a una tasa de aproximadamente 0.001 % Mg por minuto, lo que significa que el metal en la olla debe vaciarse lo más rápidamente posible. No es posible aplicar de manera práctica los procedimientos utilizados en los hornos de vaciado para recuperar el nivel de nodulización e inoculación del baño.
- La nodulización con aleaciones NiMg es una opción viable, especialmente cuando las aleaciones requieren níquel o pueden admitir contenidos residuales. Estas aleaciones presentan normalmente una mayor densidad que el hierro líquido, lo que les permite decantar, aumentando así el rendimiento de recuperación de Mg y reduciendo la turbulencia de la reacción. Su uso mediante alambre tubular (*"cored wire"*) hace aún más ventajosa su aplicación, a pesar de su costo más elevado en comparación con los alambres de FeSiMg. Sin embargo, debe recordarse que el níquel puede, potencialmente, favorecer la formación de grafito *"chunky"*[7].

8.3.3 Inoculación y Vaciado

Las piezas que se enfrían lentamente suelen ser preinoculadas inmediatamente después del tratamiento de nodulización, pudiéndose utilizar la misma estación de inyección de alambres tubulares rellenos. La adición del producto grafitizante puede programarse o controlarse por computadora, en función de los resultados del análisis térmico, cuyos parámetros fueron definidos durante la etapa de definición del proceso de fabricación y están correlacionados con la microestructura obtenida en los cuerpos de prueba cuyo módulo se asemeja al de la sección seleccionada de la pieza.

Esta inoculación preliminar debe realizarse con productos a base de bario y circonio, que, además de proporcionar un alto poder nucleante, presentan una mayor resistencia al *"fading"* del inoculante, es decir, a la desactivación de los núcleos con el paso del tiempo antes del vaciado. Si el objetivo es eliminar la formación de grafito *"chunky"* en la pieza, puede emplearse como preinoculante el FeSiBi con tierras raras (véanse los capítulos 3 y 4).

La inoculación se completa *"in mold"*, mediante la colocación de insertos o tabletas en el sistema de canales de distribución o en zonas determinadas durante la etapa de establecimiento del proceso de fabricación. En el caso de la pieza-modelo, los insertos se colocaron en la zona del cuello de la pieza que constituye la transición entre el muñón y la tapa (*"knuckle zone"*).

Si la preinoculación se realiza con FeSiZrBa, el inserto para la inoculación *"in mold"* puede contener bismuto para prevenir la formación de grafito *"chunky"*, o bien ser a base de Ba o de Ba + Zr. Cuando el preinoculante sea FeSiBi + TR, el inserto debe ser de Ba o Ba + Zr. Cualquiera de las dos opciones promueve un número elevado de nódulos, lo que mejora la homogeneidad estructural en las distintas secciones de la pieza y reduce la tendencia a la flotación de los nódulos de grafito.

Al proceder de la manera descrita, se reduce la cantidad total de inoculante a adicionar, lo que otorga una mayor flexibilidad en la selección de los componentes de la carga respecto al contenido de silicio en el hierro base, el cual puede ser más elevado.

En cuanto a la colada, como ya se comentó, esta debe realizarse en el menor tiempo posible, a una temperatura comprendida entre 1270 °C y 1370 °C, para minimizar el *"fading"* tanto del nodulizante como del inoculante. Cuanto más pesada sea la pieza, menor puede ser la temperatura de colada. Un ejemplo de tiempos de colada estimados en función del peso de la pieza se presenta en la figura 9.

Una pieza de 10 t debería vaciarse en un tiempo comprendido entre 80 y 90 s, aumentando a 100–120 s cuando la pieza pesa 30 t. Para piezas de 50 t, el tiempo de vaciado debería estar entre 140 y 150 s [9].

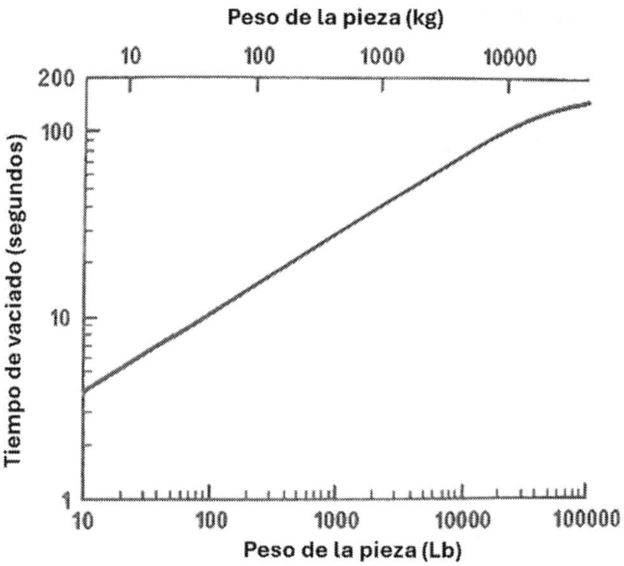

Fig. 9: Tiempos de vaciado recomendados para la fundición de piezas de hierro nodular [8]

Es importante mencionar que, en la fabricación de piezas pesadas, debe prestarse especial atención al diseño de la zona donde se ubican las estaciones de nodulización y preinoculación, en relación con el área de vaciado. El objetivo es evitar distancias largas u obstrucciones entre estos sectores, ya que aumentan el *"fading"* y provocan una disminución de la temperatura.

8.4 DESMOLDEO Y ACABADO

La operación de desmoldeo de piezas pesadas requiere especial atención para evitar alteraciones en la relación perlita-ferrita y/o la aparición de grietas debidas a la presencia de tensiones residuales.

En piezas que presentan secciones gruesas adyacentes a otras más delgadas, la solidificación de dichas regiones con diferente módulo suele producirse en tiempos distintos, lo que puede generar elevadas tensiones residuales. Si el desmoldeo se realiza de forma prematura, existe la posibilidad de agravar la acumulación de estas tensiones, además de afectar potencialmente la matriz metálica, incrementando la cantidad de perlita, como se discutió en el capítulo 2, si la temperatura de desmoldeo es demasiado alta.

Para evitar fallas por agrietamiento, el desmoldeo no debe efectuarse a una temperatura superior a 300°C. Dependiendo del espesor de la pieza, el tiempo necesario para alcanzar dicha temperatura puede prolongarse durante muchas horas e incluso varios días.

Como regla práctica general, la pieza debe dejarse enfriar dentro del molde durante al menos un día completo por cada 50 mm de espesor de su sección más gruesa. Por ejemplo, una pieza con una sección de 150 mm debe permanecer en el molde aproximadamente tres días para su enfriamiento.

Sin embargo, para garantizar que se produzca el alivio de tensiones dentro del molde (*"in-mold stress relieving"*), debe adoptarse el siguiente procedimiento:

- La temperatura de la pieza dentro del molde debe ser monitoreada y registrada a intervalos regulares de tiempo mediante, al menos, tres termopares de contacto, con el fin de elaborar una curva de enfriamiento confiable y calcular la tasa media de enfriamiento.
- En caso de no ser posible la aplicación de termopares de contacto, puede utilizarse un pirómetro óptico para medir la temperatura en la zona de las mazarotas y en tres puntos distintos de la pieza, retirando la arena de dichas regiones. La medición debe realizarse, como mínimo, cada

hora hasta que la pieza se enfríe por debajo de los 300 °C, obteniéndose así una curva de enfriamiento tiempo-temperatura para cada tipo de pieza, a modo de registro del ciclo de alivio de tensiones en el molde correspondiente a ese tipo o familia de piezas.

- Si la pieza requiere un alivio de tensiones después del desmoldeo y/o está previsto un tratamiento térmico de recocido o normalizado, esta deberá introducirse en el horno inmediatamente después del desmolde. Si el tiempo de espera para el tratamiento es prolongado (varias horas) debido a la falta de disponibilidad de hornos, se recomienda mantener la pieza dentro del molde hasta que dicho tratamiento pueda realizarse.
- En la selección de la composición química, debe establecerse como objetivo un contenido de fósforo inferior al 0.05 %, a fin de minimizar el riesgo de "fragilidad por revenido", la cual puede presentarse cuando la pieza se enfría lentamente en el rango aproximado de 550 °C a 450 °C.

La figura 10 muestra una pieza pesada durante el desmoldeo. En esta etapa, es importante verificar, mediante un pirómetro óptico o termopares de contacto, que las secciones más gruesas de la pieza no presenten una temperatura superior a 300 °C. En caso contrario, la pieza debe protegerse con arena o mantas aislantes para que se enfríe lentamente hasta alcanzar dicha temperatura.

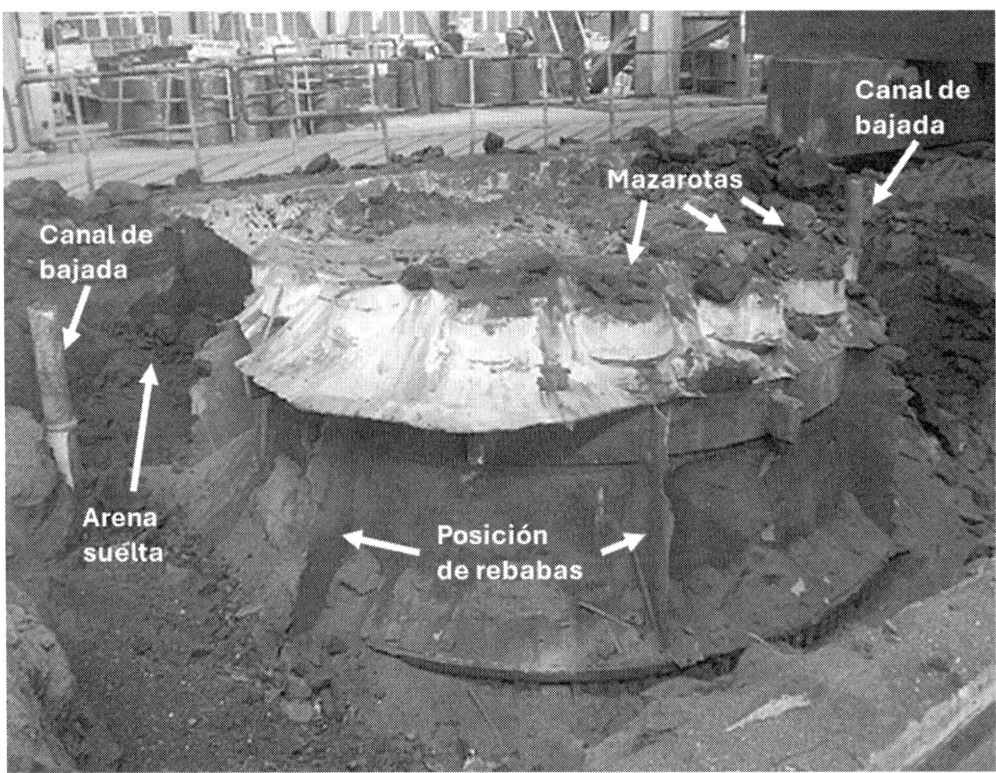

Fig.10: Pieza pesada de hierro nodular en etapa de desmoldeo

En la figura 11 se muestra una operación típica de acabado y corte de una pieza pesada de hierro nodular. Dependiendo del tamaño de la pieza y del espesor de la pared, tanto los canales como las mazarotas pueden retirarse golpeando con martillos neumáticos o incluso manualmente con martillos de tipo "*heavy duty*".

En piezas como la mostrada en la figura 11, a veces es necesario emplear métodos de corte en caliente, como el "Arc-Air", ampliamente utilizado en piezas de acero. Es importante evitar que el corte en caliente se realice en la interfaz pieza-mazarota, para no provocar alteraciones estructurales en el metal dentro de la zona térmicamente afectada, lo que podría causar grietas en la pieza. En estos casos se recomienda dejar un resalto de 75 a 100 mm entre la línea de corte y la pieza. Dicho resalto deberá eliminarse posteriormente durante el maquinado.

Fig. 11: Operación de corte en caliente con proceso Arco-Ar ("Arc-Air")

8.5 TRATAMIENTOS TÉRMICOS

Usualmente, la matriz metálica deseada se obtiene sin recurrir al desmolde prematuro, a fin de evitar grietas, como se comentó anteriormente. El uso de elementos de aleación, especialmente combinaciones de molibdeno y níquel, o de Mo + Cu, permite alcanzar las matrices y propiedades mecánicas requeridas sin aumentar la tendencia a la formación de carburos eutécticos.

Para reducir el costo del material mediante la disminución del nivel de elementos de aleación, se aplican tratamientos térmicos, siendo esta la opción más adecuada, particularmente para las piezas que exigen una dureza homogénea en toda su superficie, como por ejemplo los engranajes de gran tamaño. Los tratamientos térmicos también permiten un mejor control de las propiedades mecánicas, así como el control del alivio de las tensiones residuales.

Los tratamientos térmicos habitualmente aplicados a las piezas pesadas son los siguientes.

- ***Recocido*** *(10,11)*

El recocido es el tratamiento térmico que se aplica cuando se desea, además del alivio de tensiones, la descomposición de los carburos eutécticos eventualmente presentes, así como una mayor ductilidad y maquinabilidad del hierro fundido. Se obtiene una matriz metálica con predominancia de ferrita, con la consecuente reducción de la resistencia a la tracción y de la dureza.

Generalmente se emplean tres tipos de recocido, dependiendo de la composición química del hierro fundido, del número y la distribución de los nódulos y, principalmente, de la presencia y cantidad de carburos eutécticos.

- Recocido a alta temperatura: se realiza cuando se detectan zonas de coquillado en las esquinas y una alta incidencia de carburos eutécticos en la microestructura.

El tratamiento consiste en calentar la pieza a temperaturas comprendidas entre 900 °C y 950 °C, momento en el cual se produce la austenitización de la matriz. Esta temperatura debe mantenerse durante al menos una hora, más una hora adicional por cada 25 mm de espesor de la sección más gruesa, con el fin de garantizar la homogeneidad en toda la pieza. En esta etapa se produce la descomposición de los carburos, cuya velocidad aumenta con un mayor contenido de silicio y disminuye con niveles más altos de elementos que favorecen la formación de carburos, como Cr, V, Mo y Mn.

A continuación, se realiza un enfriamiento controlado hasta 650–690 °C, manteniendo esta temperatura durante 5 horas más una hora adicional por cada 25 mm de espesor de la sección más gruesa. En esta fase, la reacción eutectoide da lugar a la formación de ferrita. La ferritización se ve favorecida por niveles más altos de silicio, un mayor número de nódulos y menores porcentajes de elementos perlitizantes, como Mn, Cr, Sn, Cu, Nb y Mo. La velocidad típica de enfriamiento en el horno no debe superar los 60°C/h.

Aunque, teóricamente, sería posible retirar la pieza del horno a temperaturas inferiores a 650 °C, el tratamiento se completa dejando que la pieza se enfríe dentro del horno hasta alcanzar 200–300 °C, para prevenir la formación de tensiones residuales. La velocidad de enfriamiento en esta etapa no debe exceder los 100 °C/h.

- Recocido a temperatura media (recocido completo): aplicado cuando la microestructura no presenta una cantidad muy grande de carburos eutécticos.

El procedimiento de este tratamiento es análogo al del recocido a alta temperatura, manteniendo un rango de calentamiento entre 800 °C y 900 °C, y siguiendo posteriormente la misma secuencia hasta la extracción de la pieza del horno.

- Recocido subcrítico (también denominado de baja temperatura): se emplea cuando el objetivo es obtener una matriz metálica ferrítica en materiales con una cantidad poco significativa de carburos eutécticos.

La pieza se calienta en el horno hasta alcanzar temperaturas comprendidas entre 680 °C y 730 °C. El mantenimiento a esta temperatura debe ser, como mínimo, de 1 hora más 1 hora adicional por cada 25 mm de espesor de la sección más gruesa. El objetivo es lograr la ferritización mediante la disolución del carburo de la perlita, proceso que ocurre gradualmente por difusión y no por transformación de fase. A continuación, se procede al enfriamiento dentro del horno hasta 300 °C, a una velocidad comprendida entre 50 °C y 100 °C/h.

Este tipo de recocido no suele recomendarse para los hierros nodulares, ya que se ha observado una menor resistencia al impacto, incluso en microestructuras totalmente ferríticas.

- ***Alivio de tensiones*** *(5,10)*

Este tratamiento puede realizarse mediante el enfriamiento de la pieza dentro del molde, como se comentó anteriormente. Sin embargo, si el nivel y el tipo de elementos de aleación no dificultan la disolución de los carburos de la perlita, el enfriamiento lento puede provocar una reducción significativa de la dureza y de la resistencia a la tracción, lo que en muchos casos no cumple con las especificaciones.

La alternativa consiste en calentar la pieza a temperaturas comprendidas entre 510 °C y 680 °C, durante un período de tiempo que varía según la temperatura utilizada y el grado de alivio de tensiones que se desee alcanzar. Como regla general, el tiempo de mantenimiento a la temperatura de tratamiento es de 1 hora más 1 hora adicional por cada 25 mm de espesor de la sección más gruesa, tanto para los hierros fundidos grises como para los nodulares.

Mientras que el tratamiento a temperaturas más altas dentro del rango mencionado garantiza la eliminación de las tensiones residuales y una mejor homogeneidad de la dureza a lo largo de la pieza, existe la tendencia a una disminución de las propiedades mecánicas de resistencia. Para los hierros nodulares, se sugieren los siguientes intervalos:

- Materiales con elementos de aleación a nivel residual: 510°C a 570°C
- Materiales con bajo porcentaje total de elementos de aleación: 570°C a 600°C
- Materiales con alto porcentaje total de elementos de aleación: 600°C a 680°C

También debe tenerse en cuenta el contenido de silicio: cuanto más alto sea, mayor será la tendencia a la ferritización. Por otro lado, los elementos de aleación que estabilizan la perlita permiten el uso de temperaturas más elevadas para el alivio de tensiones.

A partir de la temperatura de tratamiento, la velocidad de enfriamiento en el horno no debería modificar la microestructura ni las propiedades mecánicas. Sin embargo, puede estar relacionada con la reaparición de tensiones residuales en la pieza. Esta puede retirarse del horno a temperaturas comprendidas entre 250 °C y 350 °C, siendo las temperaturas más bajas recomendables para piezas con geometrías más complejas.

- ***Normalizado*** [10,12]

El tratamiento de normalizado tiene como objetivo aumentar las propiedades mecánicas de resistencia, obteniéndose una matriz homogénea de perlita fina. En piezas pesadas no existe riesgo de formación de martensita.

De manera similar al recocido, la pieza se calienta en el horno hasta alcanzar temperaturas entre 900 °C y 950 °C. Para evitar grietas en piezas de geometría compleja, el calentamiento hasta aproximadamente 600 °C no debe ser rápido, recomendándose una velocidad de 50 °C a 100 °C/h. A partir de esta temperatura, no existen restricciones en este aspecto.

El tiempo de mantenimiento a dicha temperatura suele ser de 1 hora más 1 hora adicional por cada 25 mm de espesor de la sección más gruesa, durante el cual se disuelven los carburos eventualmente presentes.

Para lograr una mayor resistencia al impacto, se recomienda mantener la temperatura entre 870 °C y 900 °C después del nivel inicial de austenitización, lo que constituye un normalizado en dos etapas.

A continuación, la pieza se enfría con rapidez, especialmente a través del intervalo de temperaturas entre 780 °C y 650 °C, con el fin de prevenir la formación de ferrita. Dado que el enfriamiento al aire no es apropiado para piezas pesadas, los métodos utilizados son el túnel con chorro de aire forzado o el enfriamiento mediante ventiladores alrededor de la pieza.

Después del normalizado, se realiza un tratamiento de alivio de tensiones. La temperatura mínima que alcanzar es, sin embargo, superior a la indicada anteriormente. En este caso, el rango se encuentra entre 620 °C y 680 °C, siendo el tiempo de mantenimiento igual o mayor que el especificado anteriormente para el alivio de tensiones.

La figura 12 muestra la carga de la pieza modelo en el horno de tratamiento térmico para su normalizado.

- ***Temple y revenido*** [5,14]

El objetivo del temple en las piezas pesadas es lograr un aumento significativo de la dureza del hierro fundido, siendo necesario un revenido posterior para aliviar las tensiones originadas durante el temple. Estos tratamientos consisten en:

- Calentamiento de la pieza hasta la temperatura de austenitización durante 0.5 a 1 hora por cada 25 mm de espesor, con el fin de disolver los carburos y permitir que el carbono entre en solución. El rango típico de temperaturas se encuentra entre 860 °C y 930 °C, utilizándose los valores más altos para los materiales con mayor contenido de silicio.

    - Tiempos más largos de permanencia a temperaturas más elevadas pueden conducir a la formación de austenita retenida, lo que puede implicar una reducción de la dureza.
    - Los contenidos crecientes de carbono provocan una disminución de la templabilidad, la cual, por otro lado, se ve incrementada por los elementos de aleación que se disuelven en la austenita.
- Enfriamiento rápido en baño de aceite (o agua) con agitación, para obtener una estructura martensítica.
- Revenido a una temperatura considerablemente inferior a la temperatura crítica de austenitización, usualmente entre 350 °C y 480 °C, con el fin de eliminar las tensiones generadas por el temple y alcanzar el rango de dureza deseado. El tiempo típico de mantenimiento a dicha temperatura es de 1 h por cada 25 mm de espesor. La pieza debe enfriarse en el horno hasta por debajo de 350 °C, con una velocidad entre 40 °C y 60 °C/h, y posteriormente enfriarse al aire.

Fig. 12: Carga de tapa de molino tipo monobloque para tratamiento de normalizado

En la figura 13 es posible observar una operación de temple de una pieza de hierro nodular de gran tamaño, destacándose como más importantes los siguientes dispositivos.

- Mecanismo para el movimiento de la pieza dentro del tanque de temple (inmersión y extracción);
- Agitadores y sistema de recirculación continua del aceite (o agua), y
- Tanque de temple con agua o aceite, que debe estar ubicado cerca del horno para minimizar la pérdida de calor durante la transferencia de la pieza.

El control de la velocidad de enfriamiento durante el temple en el medio líquido tiene gran importancia. Si la temperatura del medio refrigerante en el tanque aumenta excesivamente, la eficiencia del tratamiento se ve comprometida, resultando en una reducción de la dureza y de las propiedades mecánicas, especialmente en las secciones más gruesas. Se recomienda mantener la relación entre el volumen del medio de temple (agua o aceite) y el peso de la pieza conforme a los siguientes valores: 10 litros de agua por cada 0.5 kg de peso de la pieza, o 10 litros de aceite por cada kilogramo de pieza.

Fig. 13: Operación de temple de pieza pesada de hierro nodular

- ***Austempering*** (13-15)

Los materiales austemperizados presentan una mayor resistencia mecánica y al desgaste, así como una mejor tenacidad que los templados y revenidos. Su microestructura, erróneamente confundida con bainita, está constituida por ferrita y austenita rica en carbono con morfología acicular, lo que se denomina "ausferrita". El proceso de austempering se utiliza habitualmente para la fabricación de piezas de hierro nodular altamente solicitadas (ADI – *Austempered Ductile Iron*), reemplazando aplicaciones en las que anteriormente se empleaba acero, como componentes para vehículos (ligeros y pesados), maquinaria general y las industrias ferroviaria y minera.

En el caso de piezas pesadas, se observa un incremento en el uso del ADI. Como ejemplo relevante, puede mencionarse la fabricación de engranajes multisegmentados de 16 m de diámetro, destinados a hornos rotatorios de la industria cementera, como se ilustra en la figura 14. El ciclo utilizado para este tratamiento se esquematiza en la figura 15.

El tratamiento consiste en:

- Calentamiento de la pieza hasta temperaturas en el rango de <u>850°C a 950°C</u>. Si es necesaria la descomposición de los carburos, no debe austenitizarse por debajo de <u>870 °C</u>. Las temperaturas más elevadas dentro del rango pueden tener un efecto adverso sobre las propiedades mecánicas finales. Por lo tanto, el rango típico recomendado es de <u>900 °C a 920 °C</u>, manteniendo el nivel de temperatura durante 1 h + 1 h por cada 25 mm de la sección más gruesa de la pieza (T_1).
    - Para evitar grietas en piezas con geometría más compleja, se recomienda que la primera etapa del calentamiento (hasta <u>600 °C</u>) se realice a una velocidad de 50 °C a 100 °C/h, sin restricciones para la continuación del calentamiento hasta la temperatura de austenitización.
    - El calentamiento puede efectuarse al aire en el horno, en baños de sal o en horno con atmósfera controlada, a fin de evitar el descascarillado.

- Debe colocarse un sistema de soportes, como el ilustrado en la figura 12, para minimizar la tendencia a la distorsión.
- La templabilidad se mejora mediante la adición de elementos de aleación como Mo, Ni y Cu, aspecto importante para las piezas con secciones gruesas.
- Los medios de enfriamiento en los tanques de tratamiento deben estar siempre agitados, como se ejemplifica en la figura 13.

Fig. 14: Engranaje multisegmentado de ADI en horno rotatorio de la industria cementera [16]

- Enfriamiento rápido, para evitar la formación de perlita y ferrita, hasta una temperatura superior a aquella en la que se inicia la formación de martensita (M_i). Los medios de enfriamiento pueden ser: baños de sal, lechos de arena fluidizada o aceite caliente (este último únicamente para tratamientos a baja temperatura).

- El rango de temperatura para el tratamiento isotérmico suele estar entre <u>235°C y 400°C</u>. Las temperaturas inferiores a <u>300 °C</u> tienden a producir hierros nodulares con mayor dureza, resistencia a la tracción y al desgaste. A temperaturas más elevadas, los materiales serán más dúctiles y con mayor tenacidad, reduciéndose, por otro lado, las demás propiedades de resistencia. El tiempo de mantenimiento de 1 h a 2 h en el nivel de temperatura (T_2) suele ser suficiente para completar la transformación deseada, dependiendo de la temperatura del tratamiento. El tratamiento puede realizarse en el mismo tanque utilizado para el enfriamiento rápido o en otro tanque, efectuando una transferencia rápida de la pieza. El medio más habitual es el baño de sal.

- El enfriamiento se realiza hasta la temperatura ambiente, sin que sea necesario controlar la velocidad en esta etapa.

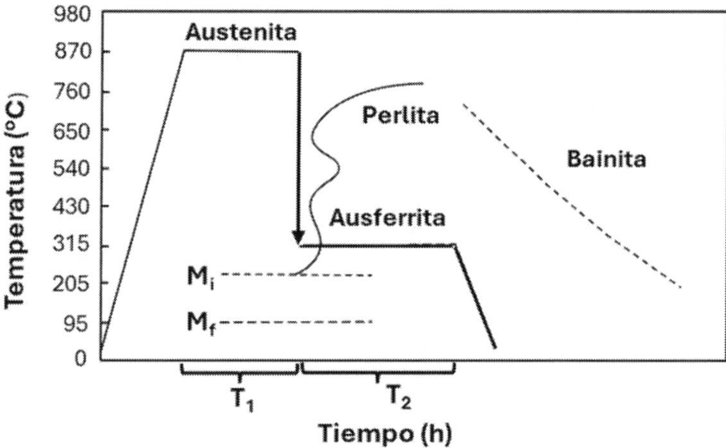

Fig. 15: Ciclo de tratamiento de austempering esquematizado [14]

8.6 MAQUINADO

Normalmente, después del tratamiento térmico se realiza un maquinado de desbaste, dejando un sobreespesor de 5 a 10 mm para el maquinado final.

Es importante establecer un procedimiento específico de maquinado, considerando los detalles de montaje en la máquina, los dispositivos de soporte de la pieza, la secuencia de pasadas, los tipos de herramienta de corte, así como su velocidad de avance y el balanceo. Si no se presta la debida atención, la pieza —particularmente en el caso de engranajes bipartidos o cuadripartidos— puede presentar distorsiones severas debido al desequilibrio de tensiones residuales internas generadas durante el maquinado. En algunos casos será necesario realizar un tratamiento de alivio de tensiones o efectuar el maquinado en varias etapas, con el fin de minimizar los efectos de distorsiones.

8.7 ENSAYOS NO DESTRUCTIVOS

Antes y después del premaquinado se realiza una inspección mediante ensayos no destructivos (END), seguida de un mapeo de las discontinuidades superficiales que no cumplen con el criterio de aceptación de la pieza.

También se llevan a cabo ensayos mecánicos, normalmente en los cuerpos de prueba adheridos a la pieza y en los bloques en "Y", cuya correlación con las propiedades mecánicas y estructurales en las secciones críticas fue establecida durante el desarrollo del proceso de fabricación. Estos cuerpos de prueba son recolectados por un inspector del laboratorio de ensayos y debidamente identificados.

Existe un procedimiento específico para la inspección de piezas como la pieza-modelo, el cual se describe a continuación:

- ***Ultrasonido (UT)***

Todas las regiones de la pieza, antes y después del desbaste, deben inspeccionarse mediante ultrasonido, siguiendo el procedimiento "A" de la norma ASTM A609/A609M[17], que requiere la calibración utilizando una serie de bloques de prueba con orificios maquinados de fondo plano (*"flat-bottom holes"*). No obstante, es necesario adaptar este procedimiento, ya que la norma fue elaborada para aceros. Por ejemplo, si se detecta una discontinuidad mediante UT en la pieza, la tabla 2 de la norma indica que la pérdida máxima de eco de fondo admisible es del 75 % en un área especificada, mientras que para el hierro nodular este valor debe ser del 90 %. La diferencia se atribuye a la influencia del grafito en los resultados del ensayo.

Cuando la pieza se encuentra en estado bruto de fundición, las pruebas se realizan sobre la superficie interna, la cual debe prepararse adecuadamente para permitir el acoplamiento del transductor de prueba, que usualmente es de 1.0 MHz.

El diseño de la pieza debe analizarse para identificar y clasificar las regiones como "Zonas Críticas" o "Zonas Menos Críticas". En dichas regiones, los niveles 3 y 4 de la tabla 2 de la norma mencionada no permiten la presencia de discontinuidades lineales, como grietas, ni de insertos metálicos (por ejemplo, chaplets).

Todas las indicaciones de discontinuidades encontradas que excedan el criterio de aceptación deben ser mapeadas y registradas, indicando la longitud y el ancho del defecto, así como su profundidad desde la superficie. También debe registrarse el espesor de la pieza en la ubicación de cada discontinuidad. La posición de los defectos debe referenciarse dimensionalmente con respecto a un punto fijo elegido en la pieza.

Después del desbaste, todas las áreas señaladas en el mapeo anterior deben volver a ser examinadas, ahora desde el lado externo, utilizando un transductor de 2.0 MHz. Si es necesario, pueden emplearse transductores con diferentes frecuencias para caracterizar mejor las discontinuidades detectadas. A continuación, debe elaborarse un nuevo mapeo y registro para completar el informe final.

La figura 16 enseña un ejemplo del procedimiento descrito para la pieza-modelo. La tabla 3 es un ejemplo de la forma de la lista y de las indicaciones de los resultados del ensayo por UT realizados en dicha pieza.

El criterio de aceptación de las discontinuidades volumétricas, tales como rechupes o vacíos relacionados con la concentración de gases, está vinculado con la posibilidad de fallas potenciales de la pieza en servicio. Un ejemplo de la metodología para esta evaluación se describe en el ítem 9.3 – Caso 2 del capítulo 9.

Además de la detección de discontinuidades, el UT se utiliza para verificar la velocidad acústica en la pieza, lo cual confirma que la nodulización cumple con las especificaciones. Esta velocidad debe ser ≥5500 m/s.

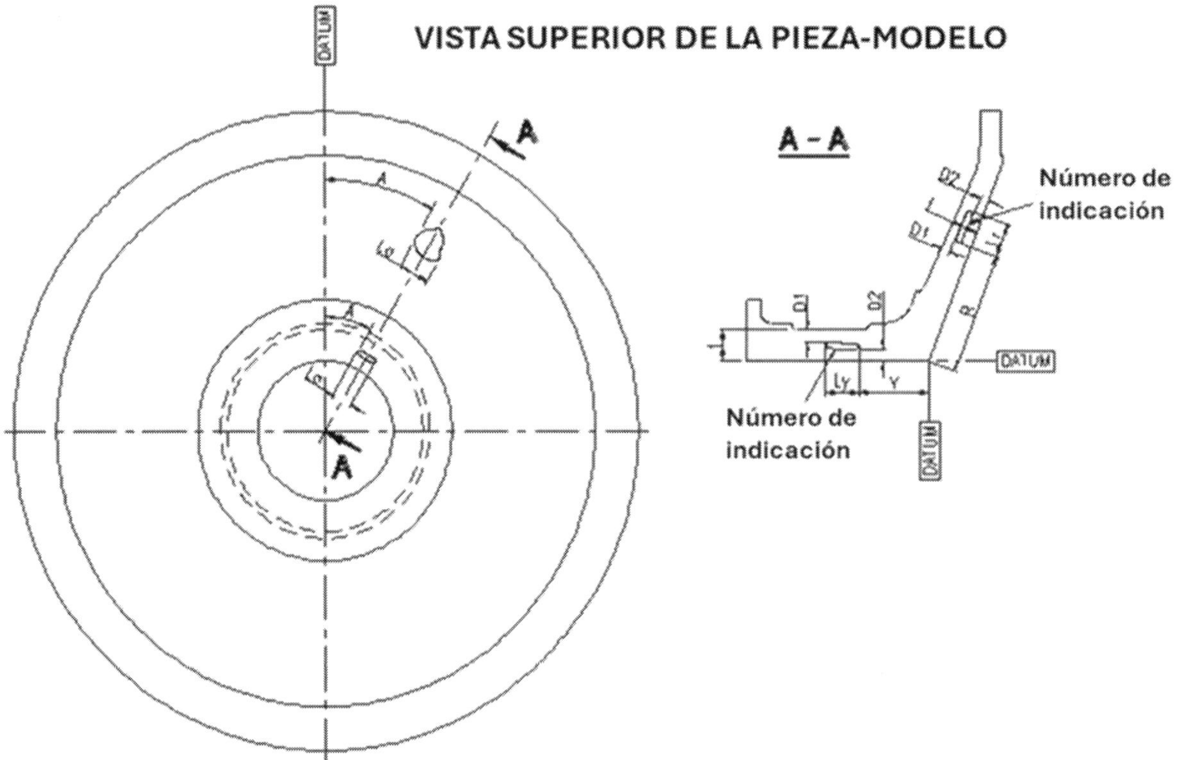

Fig. 16: Ejemplo de mapeo e indicaciones de UT en la pieza-modelo

Identificación de la pieza No:...				Registro de indicaciones de ensayo por ultrasonido						Pág. ... de ...	
Numero de	Dimensiones de la		Área de la	de fondo ≥	Ubicación de las zonas		Profundidad/Espesor		Distancia/Ubicación		
la indicación	Arco (La)	Radio (Lr)	indicación	90%	Crítica	Menos crítica	D1	D2	t	A	R/Y

Tabla 3: Registro de dimensiones y ubicación de las indicaciones provenientes del ensayo por UT

- ***Ensayo de partículas magnéticas (MT)***

Todas las superficies de la pieza deberán ser inspeccionadas mediante el método de partículas magnéticas, de acuerdo con la norma ASTM E709[18], la cual permite revelar la presencia de discontinuidades superficiales y subsuperficiales en materiales ferromagnéticos. La eficiencia de este método puede mejorarse para la detección de discontinuidades pequeñas mediante el uso de partículas fluorescentes en suspensión dentro de medios adecuados.

Las superficies que permanezcan en estado bruto de fundición hasta el final del proceso de fabricación deberán ser ensayadas antes de la etapa de maquinado de desbaste. El ensayo en las superficies que serán maquinadas se realizará únicamente después de la operación de maquinado final.

Los criterios de aceptación, tanto para MT como para UT, deberán acordarse entre la fundición y el cliente, destacándose que defectos tales como grietas, escorias, inclusiones de arena e insertos metálicos no suelen ser aceptados. Su existencia deberá ser evaluada conjuntamente por las áreas de calidad y de proceso.

8.8 CONTROL DIMENSIONAL [19]

Para este control se recomienda el uso de escaneo con sistemas de visión 3D, que permiten una verificación dimensional precisa y rápida, además de la comparación inmediata con los dibujos CAD 3D de las piezas, moldes, corazones y los herramentales de moldeo y fabricación de corazones, mediante softwares desarrollados para este propósito.

El sistema de visión 3D realiza un barrido capturando una nube de puntos —millones por medición—. Estos puntos se utilizan para extrapolar la forma de la pieza, como resultado de una o múltiples exploraciones que posteriormente se combinan.

Sin contacto, y de manera independiente de la posición de la pieza en el espacio 3D, la geometría se captura primero y el sistema de coordenadas se aplica después a los datos detectados (básicamente las distancias entre cada punto y el escáner), a diferencia de las máquinas CMM.

De este modo, el *"setup"* del sistema de visión 3D es sencillo y no requiere dispositivos de fijación (*"fixtures"*) costosos y de alta precisión; en general solo aquellos necesarios para el transporte y la manipulación de las piezas que serán medidas.

Los sistemas más utilizados emplean proyecciones LCD (*"liquid crystal display"*) a partir de fuentes de luz LED (*"light emitting diode"*) con un determinado patrón, el cual se deforma al incidir sobre superficies de diferente geometría. Estas deformaciones (o desplazamientos) son captadas por una o varias cámaras, que las transmiten a una computadora para su transformación en coordenadas 3D de cualquier detalle en la superficie escaneada (sistema fotogramétrico). La proyección de múltiples patrones de luz permite obtener varias muestras simultáneas, lo que hace que el proceso de escaneo sea muy rápido.

Los equipos que proyectan luz azul se utilizan con mayor frecuencia, ya que facilitan el escaneo de superficies oscuras o de color. Las figuras 17 y 18 muestran este tipo de equipos siendo empleados para piezas de gran peso y tamaño.

El dispositivo de proyección de luz realiza mediciones de las superficies desde una perspectiva a la vez. Como consecuencia, la totalidad de la superficie 3D se obtiene mediante la combinación de diferentes mediciones tomadas desde varios ángulos. Esto puede lograrse fijando puntos marcadores de referencia (*"markers"*) en la pieza y combinando posteriormente las perspectivas asociadas a cada *"marker"*.

Fig. 17: Medición de pieza grande utilizando equipo GOM Atos y software para análisis dimensional fotogramétrico [20]

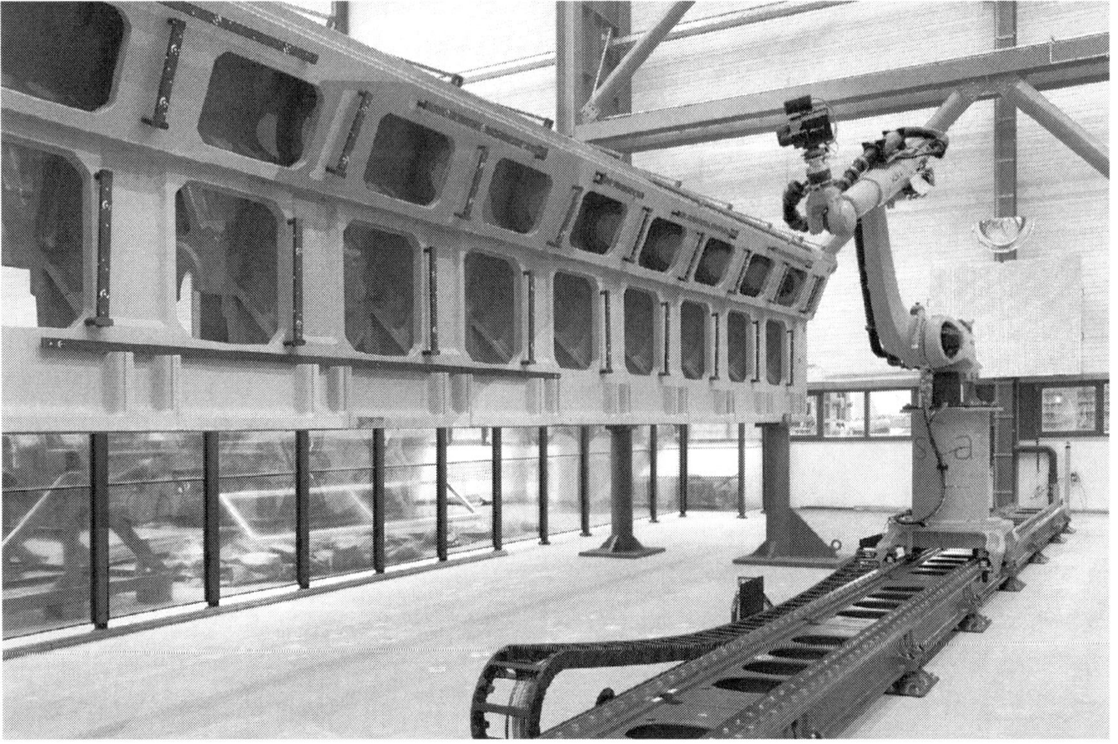

Fig. 18: Medición de bloque de motor pesado de gran longitud en la fundición Siempelkamp, utilizando equipo ZEISS ATOS LRX y software para análisis dimensional fotogramétrico [21]

En el caso de la pieza de la figura 17, el proceso puede automatizarse montando la pieza sobre una plataforma giratoria (o móvil, en general), así como en un dispositivo de sujeción y rotación CNC.

En la figura 18, debido al tamaño y a la característica geométrica de la pieza, se instaló un robot programado para realizar mediciones externas e internas, habiéndose fijado previamente los puntos de referencia (*"markers"*). El brazo del robot se mueve en todas las direcciones y alcanza el interior de la pieza por la parte inferior y a través de las aberturas.

8.9 REPARACIÓN DE DEFECTOS POR SOLDADURA

La mayoría de los mercados que consumen piezas pesadas no acepta la recuperación por soldadura, debido al riesgo de formación de carburos y/o martensita en la zona soldada, como consecuencia de la alta velocidad de enfriamiento asociada al proceso. En este caso, por la fragilidad de la zona soldada, pueden formarse y propagarse grietas debido a la presencia del llamado "entallado metalúrgico".

Si eventualmente se permite una recuperación denominada "cosmética", destinada a rellenar pequeñas imperfecciones causadas por porosidades, inclusiones o gases, esta debe realizarse antes del tratamiento térmico, utilizando un procedimiento de soldadura aprobado y con el uso de los documentos exigidos por las normas internacionales (WPS y PQR – *Welding Procedure Specification* y *Procedure Qualification Record*)[(22)]. La secuencia de operaciones se resume a continuación:

- definir los parámetros esenciales de la soldadura, tales como: tipo y diámetro de los electrodos, voltaje, intensidad de corriente y temperatura de precalentamiento, como los más importantes;
- remover mecánicamente el metal alrededor del defecto, hasta obtener una cavidad regular y adecuada para recibir la soldadura;
- Limpiar la cavidad y calentar la zona hasta un mínimo de 250 °C;
- utilizar para la soldadura una varilla (electrodo) de FeNi con alto contenido de níquel (> 50%);
- mapear las regiones y áreas que fueron soldadas, indicando las dimensiones de las cavidades;
- realizar un ensayo de dureza con equipo portátil tipo "Equotip", preferiblemente en todas las zonas reparadas. Una diferencia de dureza entre tres zonas soldadas y el metal base de la pieza superior a 40 HB indica la existencia potencial del "entallado metalúrgico". La reparación debe repetirse o la pieza debe ser tratada térmicamente nuevamente, y
- después del tratamiento térmico de la pieza, repetir la inspección mediante los métodos de ensayos no destructivos.

BIBLIOGRAFIA

1. GRAHAM, P.S. – Principles of Manufacturing Large Ductile Iron Gears – AFS Transactions, 1995
2. GODOY, A.F. – Análise da Influência do Teor de FeSi-Bi e do Módulo de Resfriamento na Formação da Grafita Chunky em Ferro Fundido Nodular Ferrítico. Dissertação de Mestrado apresentada ao Curso de Pós-graduação em Ciência e Engenharia de Materiais da UDESC, 2017
3. BROWN, J.R. – Foseco Ferrous Foundryman's Handbook, 2000
4. WLODAVER, R. – Directional Solidification of Steel Castings, 1966
5. SOUZA SANTOS, A.B. & CASTELLO BRANCO, C.H. – Metalurgia dos Ferros Fundidos Cinzentos e Nodulares. IPT S.A. (P.1100), São Paulo, 1977, 240p.
6. JONULEIT, M. & MASCHKE, W. – Production of GJS with Cored Wire. ASK Technical Article
7. KÄLLBORN, R. et al. – Chunky Graphite in Ductile Iron Castings. 6th World Foundry Congress, 2006
8. KARSAY, S.I. – Ductile Iron Production. Quebec Iron and Titanium Corporation, 1976
9. ASKLAND, D. – Lecture for MET 421, Missouri University of Science and Technology, 1982
10. AFS TECH DEPARTMENT – Heat Treating Iron Castings: Part 1. Modern Casting, May. 2005
11. BCIRA Broadsheet nr. 209-2 – Heat Treatment of Nodular Iron - Annealing, 2p, 1983
12. BCIRA Broadsheet nr. 209-1 – Heat Treatment of Nodular (SG) Iron - Normalizing, 2p, 1982
13. AFS TECH DEPARTMENT – Heat Treating Iron Castings: Part 2. Modern Casting, Sep. 2005
14. AMERICAN FOUNDRY SOCIETY Iron Castings Engineering Handbook, Schaumburg, IL-USA, 2008, 420p.
15. BCIRA Broadsheet nr. 209-3 – Heat Treatment of Nodular Iron – Austempering, 2p., 1983
16. SEW-EURODRIVE PRODUCTS - https://www.seweurodrive.com/products/industrial-gear-units/segmented-girth-gear/segmented-girth-gear.html, 2025
17. ASTM A609/A609M-12 - Standard Practice for Castings, Carbon, Low-Alloy, and Martensitic Stainless Steel, Ultrasonic Examination Thereof, 2023
18. ASTM E709-21 – Standard Guide for Magnetic Particle Testing, 2021
19. CASTELLO BRANCO, C.H. & QUINTELLA, C. - Sistemas de Visão 3D como Ferramenta de Controle de Processo na Fabricação de Peças Fundidas. Fundição & Matérias Primas – ABIFA, nr. 276, Nov. 2024
20. GOM GmbH catalogue, 2012
21. ZEISS - Innovative Quality Assurance: Automated Inspection of Large Castings. ZEISS ATOS LRX: ZEISS at the german Siempelkamp Giesserei , 2025
22. A.W.S – D1.1 Structural Welding Code – Steels – Anexo "N", 2015

9. ANÁLISIS DE FALLAS EN COMPONENTES EN SERVICIO – EJEMPLOS DE PIEZAS DE HIERRO FUNDIDO NODULAR

Se discuten los temas más importantes relacionados con el análisis de fallas por fractura en componentes, ilustrando los mecanismos en el caso de piezas de hierro fundido nodular.

9.1 FUNDAMENTOS DEL ANÁLISIS DE FALLAS

Todos los aspectos de un evento que conducen a una falla deben ser considerados durante una investigación para el análisis de fallas (AF). Dichos eventos suelen clasificarse normalmente en una sola, o en ocasiones, en una combinación de las siguientes categorías de ocurrencias:

- falla del equipo,
- falla humana o decisión inapropiada, y
- decisiones de ámbito organizacional.

El alcance de la investigación no debe limitarse únicamente al factor que originó la falla. Es de suma importancia que el ingeniero responsable de la investigación considere todos los aspectos involucrados en el incidente. De lo contrario, la eficacia de las medidas correctivas no evitará la recurrencia de la falla. Resulta muy importante diferenciar el **"Análisis de Fallas (AF)"** del **"Análisis de la Causa Raíz (ACR)"**. El AF consiste en determinar la naturaleza y el modo de la falla, mientras que el ACR consiste en:

- aplicar una metodología para investigar las causas fundamentales de un evento no intencional o no deseado, y
- desarrollar e implementar un plan de acción correctiva.

En muchos casos, el AF constituye la primera etapa dentro del proceso del ACR, cuyo objetivo principal, además de la identificación de la causa raíz de la falla, es su corrección, lo que permitirá prevenir la reincidencia del evento que condujo a la falla. Las causas raíz pueden y deben ser corregidas, lo que se traduce en reducciones de costos y, en algunos casos, en la prevención de accidentes fatales recurrentes. La figura 1 muestra las fases típicas del ACR.

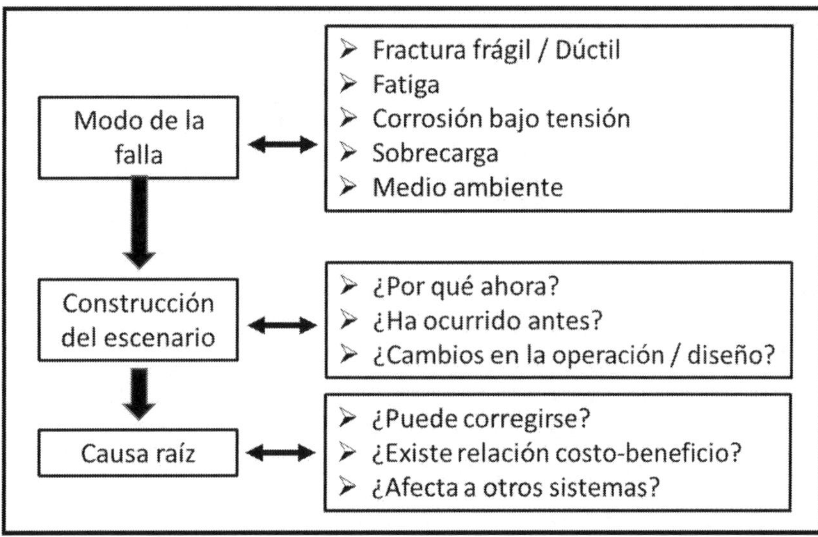

Fig.1: Etapas típicas del Análisis de la Causa Raíz – ACR[1]

Difícilmente el AF y el ACR pueden desarrollarse sin la asistencia de varias áreas de especialización técnica, además de la metalurgia, tales como la ingeniería mecánica, química y estructural, según sea necesario.

Lamentablemente, muchas empresas siguen mostrando resistencia a aceptar el hecho de que vale la pena invertir para evitar que un incidente se repita. Por otro lado, la experiencia demuestra que quienes deciden contratar los servicios de un laboratorio competente para la realización del AF / ACR rara vez se arrepienten.

El informe resultante de un AF/ACR realizado por un perito calificado deberá contener, en la medida de lo posible, las respuestas a cuatro preguntas críticas:

1. ¿Por qué ocurrió la falla?
2. ¿Cuándo ocurrió la falla?
3. ¿Cómo ocurrió la falla?
4. ¿Qué debe hacerse para evitar que la falla vuelva a ocurrir?

*Nota: La respuesta a la pregunta **-4-** no siempre se encuentra en los informes del ACR.*

Cualquier material es susceptible a fallas por fractura cuando no está diseñado adecuadamente para operar en ambientes específicos, o cuando no ha sido correctamente seleccionado para una aplicación determinada.

Cada vez que los ingenieros metalúrgicos y mecánicos se reúnen para discutir los probables mecanismos de falla de un determinado equipo, surge la oportunidad de comprender y optimizar la selección de los materiales involucrados en aplicaciones específicas, con el objetivo de aumentar la vida útil y la seguridad del sistema, reduciendo así su costo.

Durante la fase de diseño del componente, las desviaciones que pueden conducir a fallas, en su mayoría, logran ser "filtradas", incluyéndose en esta etapa la fase de manufactura de la pieza o del equipo. Para ilustrar este concepto, la figura 2 muestra lo que se denomina "barreras a la falla", cuando se desvía del estado de operación normal y se avanza hacia el evento asociado con la falla.

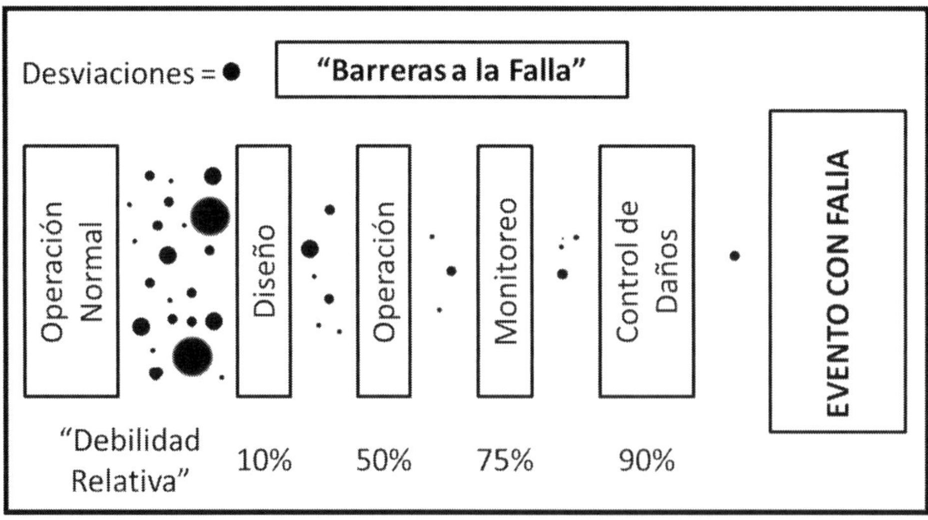

Fig. 2: "Filtros" para evitar incidentes relacionados con fallas(2)

Es importante notar que la eficiencia de las barreras disminuye a medida que se avanza desde la etapa de diseño hacia la fase de control de daños, lo que significa que muy pocas acciones preventivas o de contención pueden tomarse para evitar la falla una vez que se alcanza la etapa de "control de daños".

Además del ACR, que implica una acción correctiva como se discutió anteriormente, debe emplearse una herramienta preventiva denominada **FFS – *Fitness-For-Service*** (**"<u>Aptitud para el Servicio</u>"**) para evitar o minimizar el perjuicio (a veces considerable) asociado con los eventos de falla. El FFS es un conjunto de procedimientos destinados a determinar la conformidad de un componente o estructura que presenta daños o defectos preexistentes, con el fin de permitir su permanencia en servicio sin riesgo de fallas a corto, mediano o largo plazo.

9.1.1 FFS – "Fitness-For-Service" – "Aptitud para el Servicio"

Con frecuencia, los responsables de máquinas, vehículos o instalaciones reciben información sobre la existencia de una falla preliminar (grietas o discontinuidades) en un componente o pieza del sistema. Sin embargo, casi siempre no resulta económicamente viable detener la producción o el funcionamiento para evaluar y corregir el problema, o incluso para sustituir el componente.

Cuando se presentan estos casos, el uso del FFS determina, con considerable precisión, la vida residual de los componentes afectados hasta que se produzca una falla catastrófica. La evaluación es precisa porque se realiza mediante cálculos basados en la mecánica de la fractura, que es la rama de la mecánica que estudia la propagación de grietas en materiales sometidos a un determinado campo de tensiones variables.

La metodología de un FFS consiste en obtener un diagrama denominado **"Diagrama de Evaluación de Fallas"- FAD,** (*"Failure Assessment Diagram"*), en el cual se identifican claramente dos zonas: (a) la zona de seguridad y (b) la zona de falla. Estas áreas están separadas por una curva que se deriva del estudio del campo de distribución de tensiones en el componente en cuestión, así como de las características de tenacidad del material de la pieza.

La figura 3 muestra un diagrama FAD típico basado en el código internacional API 579-1 / ASME FFS-1, que ilustra la curva y las zonas, donde:

- **Grado de Carga ("Load Ratio" – Lr)** = tensión de referencia / tensión de fluencia.
- **Grado de Tenacidad ("Toughness Ratio" – Kr)** = factor de intensidad de tensión / tenacidad a la fractura.

La evaluación mediante el FFS para un componente o estructura con grietas considera:

- el análisis estadístico del rango de propiedades mecánicas y físicas de los materiales en las áreas de los componentes con grietas;
- el análisis estadístico de simulaciones de los distintos tamaños de grieta y su propagación;
- las cargas nominales máximas para las diversas condiciones de carga a las que estará sometido el componente;
- las cargas de fatiga previstas, y
- el análisis estadístico de las tasas de crecimiento de grietas.

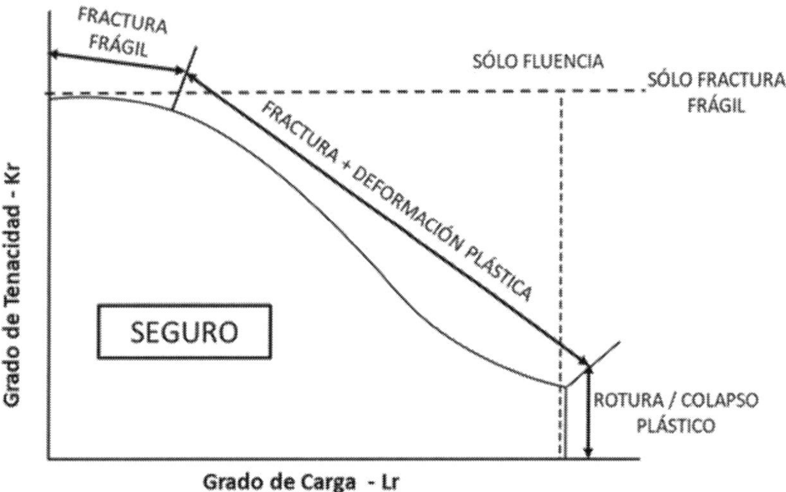

Fig. 3: Diagrama de Evaluación de Falla (FAD)[(2)]

9.1.2 Análisis de la Causa Raíz (ACR)

Generalmente, el análisis de la causa raíz (ACR) presenta un costo mayor que el AF, ya que se trata de un proceso más completo que incluye también los efectos o eventos no mecánicos, tales como aspectos de seguridad, defectos de calidad, problemas administrativos y reclamaciones de clientes, entre otros.

A continuación, se presentan las etapas y consideraciones básicas para desarrollar el ACR, observando que no siempre es necesario ejecutar todos los pasos en cada investigación.

Por otro lado, debe prestarse especial atención al orden de ejecución de los ensayos, realizando primero los menos destructivos y continuando progresivamente hasta los más destructivos. Por ejemplo, el examen visual debe realizarse siempre antes del análisis metalográfico, y la observación con el estereoscopio antes de los ensayos mecánicos.

En algunas ocasiones, un examen puramente visual puede provocar la destrucción de evidencias, ya que la posición y orientación original del objeto de estudio puede formar parte de dicha evidencia. Para evitar que esto ocurra y comprometa o modifique las conclusiones del estudio, cada etapa del análisis de fallas debe ser fotografiada cuando se altere la posición de un objeto agrietado o con defectos.

Las principales etapas del proceso de AF / ACR son:

1. Evitar opiniones preconcebidas al analizar la causa de una falla, sin anticipar, con base en experiencias anteriores, ninguna opinión ni conclusiones preliminares respecto a lo que originó la falla. Cada caso debe considerarse como un caso diferente, por mayores que sean las semejanzas con casos anteriores.

2. Solicitar que las superficies de las partes que contienen la fractura sean protegidas para evitar daños posteriores, resaltando que las secciones fracturadas no deben ser reconectadas, con el fin de evitar la destrucción de evidencias. En el caso de piezas pesadas, es difícil cumplir con este requisito en el campo. El manejo del componente fracturado casi siempre es realizado por equipos que no prestan atención a la importancia de esta solicitud.

3. Preparar una base de información sobre el componente en estudio, tales como (3):

    - fabricante y lugar de manufactura;
    - función y datos operativos;
    - técnicas de manufactura utilizadas, que incluyen, por ejemplo: soldadura, recubrimientos, uso de remaches o tornillos, protección contra la corrosión, tratamientos térmicos, entre otros;
    - sistema de control de proceso durante la fabricación del componente y técnicas de inspección empleadas;
    - resistencia de los materiales y sus características de tenacidad;
    - tiempo de servicio hasta el momento de la falla;
    - historial de mantenimiento, incluyendo reparaciones, alineaciones, lubricaciones y reemplazos;
    - historial de cargas (normales y anómalas) a las que el componente haya estado sometido;
    - naturaleza e intensidad de las cargas involucradas (estática, cíclica o intermitente);
    - orientación de las tensiones aplicadas;
    - evidencias de desgaste y corrosión del componente;

- características del entorno en el que opera el componente e historial de problemas observados, incluyendo variaciones de temperatura, presiones involucradas y dirección de las tensiones;
- fecha, hora, temperatura y condiciones ambientales en el momento en que ocurrió la falla;
- etapa de operación del componente o de la maquinaria cuando se produjo la falla;
- momento en que se observaron inicialmente las grietas;
- zonas de iniciación (en la superficie o por debajo de ella) y extensión de la falla y, si es posible, sus consecuencias, identificando, por ejemplo, el problema original —como una grieta primaria— y lo que fue ocasionado, como grietas secundarias y terciarias, y
- cualquier desviación que haya podido observarse antes y durante la falla, para determinar su contribución al mecanismo de la falla, incluyendo el "abuso" en servicio.

4. Verificar e interpretar las especificaciones y normas enviadas para la manufactura del componente en cuestión.

5. Determinar *a priori* una secuencia adecuada para los ensayos que se realizarán durante la investigación, con el fin de garantizar la obtención y el registro de las evidencias. El orden debe ser siempre del menos destructivo al más destructivo.

6. Comparar con casos anteriores similares, cuando sea posible, e identificar fallas semejantes en otros componentes o estructuras con fines de comparación y orientación de los ensayos.

7. Entrevistar, preferentemente *in situ*, a todo el personal involucrado en la operación y el mantenimiento del componente o estructura, para recopilar información adicional sobre el problema y sus repercusiones. Tener en cuenta que pueden existir informaciones erróneas derivadas de opiniones preconcebidas o incluso engañosas, cuando los factores relacionados con decisiones administrativas, seguridad y errores humanos forman parte de la causa de la falla en estudio.

8. Examinar el componente con la falla en su lugar de operación, registrando la inspección mediante fotografías, videos y croquis.

9. Buscar características relacionadas con concentraciones de tensión, tales como la presencia de aristas vivas, intersecciones de paredes gruesas con delgadas y superficies con alta rugosidad, así como juntas frías y porosidades en las piezas fundidas. En las zonas soldadas, verificar las zonas térmicamente afectadas (ZTA) y realizar ensayos de dureza para identificar el riesgo de "entalla metalúrgica", según lo discutido en el ítem 8.9 del capítulo 8.

10. Observar la presencia de grietas en caliente debidas a tensiones durante el enfriamiento de las piezas fundidas o cualquier otro tipo de grietas, como las originadas durante el maquinado de componentes con tensiones residuales, verificando su dirección y tamaño.

11. Identificar variaciones de coloración en la región de la falla.

12. Al recibir en el laboratorio las partes seleccionadas de la fractura, tomar fotografías y documentar la condición de recepción, realizando posteriormente un examen minucioso con el estereoscopio para identificar con mayor detalle las características macroscópicas. Dichas particularidades pueden incluir: productos de corrosión superficial, depósitos, recubrimientos, entallas, grietas primarias y secundarias, así como posibles puntos de origen de la falla.

13. Tener especial cuidado en las fases de corte, lijado, pulido y ataque ácido de las muestras y de los cuerpos de prueba, a fin de evitar cualquier tipo de daño en las superficies que serán inspeccionadas. Cualquier actividad térmica relacionada con el corte de las muestras debe realizarse a una distancia mínima de 75 mm de la región de interés para el análisis.

14. Realizar el análisis químico, metalográfico y los ensayos mecánicos del material, comparando los resultados con las especificaciones y los códigos pertinentes.

15. Efectuar el examen de las regiones fracturadas de los componentes en cuestión mediante un microscopio electrónico de barrido (MEB – *SEM* en inglés). Este procedimiento es importante para la determinación de características especiales tales como:

    - forma de carga – tensión, compresión o flexión;
    - nivel y mecanismo de aplicación de las tensiones;
    - ductilidad, fragilidad, fatiga y torsión del material;
    - tamaño de grano en la estructura;
    - discontinuidades internas – inclusiones, segregaciones, porosidades;
    - posibles imperfecciones provenientes de la manufactura del componente;
    - modo de fractura – transgranular, intergranular y dirección de las grietas;
    - secuencia y orden de las grietas primarias y secundarias, y
    - características de los mecanismos de las grietas: *"dimples"*, estrías, marcas "chevron", marcas de "ríos" o de "playa", y clivaje.

Nota: Durante la inspección con MEB, si se utiliza el EDS ("Energy Dispersive Spectroscopy"), debe recordarse que este recurso se recomienda para una evaluación cualitativa de los elementos químicos. Para una evaluación cuantitativa más precisa, se recomienda el uso del OES ("Optical Emission Spectroscopy")

16. Examinar mediante microscopio óptico las superficies pulidas de los cuerpos de prueba preparados con material proveniente de la región a analizar. Este examen permite observar errores, defectos u omisiones ocurridos durante la manufactura de las piezas o componentes, tales como tratamientos térmicos o superficiales, microestructura originada por fundición, forja o soldadura. Como ejemplos:

    - las altas tasas de calentamiento durante la soldadura (*"heat input"*) de los hierros nodulares provocan la formación de martensita en la transformación de la austenita en la ZTA, y
    - la especificación indica que la microestructura debe ser 100 % martensítica, encontrándose una mezcla de martensita con bainita y perlita, lo que indica, con alta probabilidad, que el tratamiento térmico de temple no se realizó adecuadamente (el medio de temple no era el apropiado, su agitación no fue suficiente y/o su temperatura no era la correcta).

17. Si es necesario y posible, simular las condiciones ambientales presentes durante la operación del componente en estudio, con el fin de determinar su influencia, principalmente en las condiciones de la microestructura y en las posibles alteraciones del resultado de los tratamientos realizados durante la manufactura.

Inicialmente, las hipótesis de causa se establecen buscando evidencias de no conformidad de las piezas o componentes con respecto a las especificaciones del material y del diseño para la aplicación específica.

En este caso, los indicios del modo de fractura corroboran la conjetura formulada y establecen el escenario para explicar la fractura y la falla del componente. Las piezas con defectos estructurales o microestructurales pertenecen a esta categoría de análisis.

A continuación, las hipótesis de causa deben considerar los cambios ocurridos (accidentes y modificaciones en las condiciones de funcionamiento y/o del proceso, lo que incluye mejoras o acciones paliativas destinadas a asegurar el funcionamiento del componente), así como las indicaciones, informaciones y evidencias de la existencia de grietas previas al evento que ocasionó la fractura, incluso en el caso de componentes que cumplen con las especificaciones. En este punto, la comparación con objetos que operan bajo condiciones análogas se vuelve obligatoria, ayudando incluso a descartar la hipótesis de que el diseño de la pieza o componente no sea compatible con la aplicación en cuestión o presente debilidades específicas.

Dado que el análisis de la fractura respalda fundamentalmente la especificación del problema y sirve como base para la formulación de la(s) hipótesis(s) de causa de la falla en servicio, se discuten a continuación los aspectos básicos de la fractografía y la identificación de los modos de falla.

9.2 ASPECTOS DE FRACTOGRAFÍA Y MODOS DE FALLA

En términos generales, la fractura puede entenderse como un proceso que ocurre en dos etapas: la nucleación y la propagación de grietas. La fractografía comprende los análisis macroscópico y microscópico de dicho proceso.

Mediante la observación macroscópica de la muestra (a simple vista y con estereoscopio) es posible determinar:

- el tipo de carga al que estuvo sometida la parte del componente fracturado (axial, flexión, torsión);
- el punto de inicio de la fractura y la dirección del crecimiento y desarrollo de esta;
- la orientación de la superficie de fractura, y
- la formación de productos de corrosión.

Mediante el uso de microscopía electrónica puede observarse y caracterizarse:

- el mecanismo de fractura – dúctil (rotura con presencia de *"dimples"*), frágil (rotura con clivaje transgranular a lo largo de los planos cristalográficos) o por fatiga (con formación de estrías inter- y transgranulares), por ejemplo;
- productos de corrosión;
- cualquier tipo de imperfecciones microscópicas que indiquen inclusiones, segregaciones, defectos gaseosos u otras porosidades, por ejemplo, y
- tipo de carga experimentada por el componente.

9.2.1 Modos Básicos de Fractura

Los tipos básicos que definen los modos de fractura son:

1. Fractura dúctil – caracterizada por:

- deformación plástica;
- *"dimples"* (depresiones o "cavidades") equiaxiales o de cizallamiento, y
- fractura opaca, grisácea y generalmente transgranular, en lo que respecta a la dirección de las grietas.

La figura 4 enseña una morfología típica de fractura dúctil en hierro fundido nodular, caracterizada por la presencia de nódulos de grafito encapsulados por *dimples*.

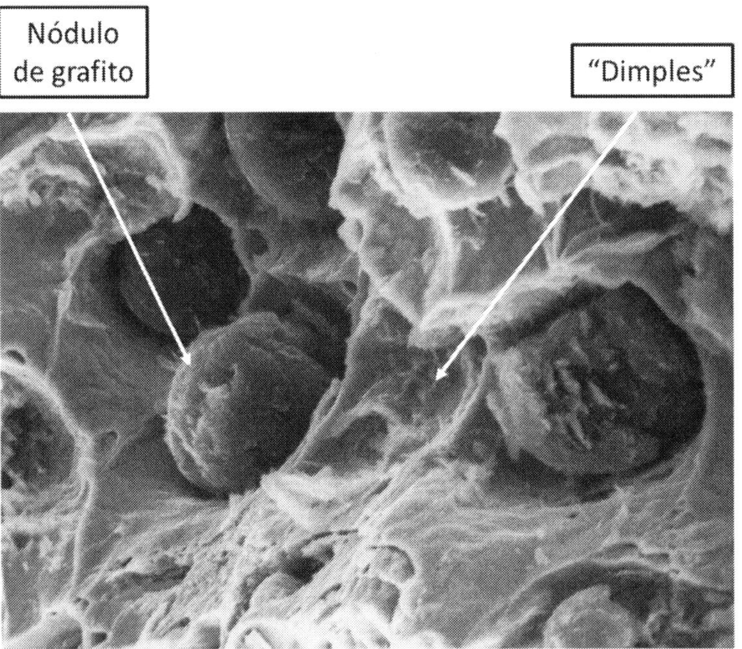

Fig. 4: Fractura dúctil en hierro fundido nodular ferrítico

Los *"dimples"* se originan en los materiales metálicos cuando la fractura se produce por la acción de una carga única o por rotura. Las superficies de fractura presentan múltiples "microdepresiones" (*"microvoids"*), nucleadas alrededor de zonas donde existe una intensa deformación plástica localizada. Las heterogeneidades microscópicas, tales como inclusiones, contornos de grano y zonas segregadas, actúan como sitios preferenciales para la nucleación de estos *"microvoids"*, que crecen bajo la acción de las deformaciones crecientes, dando origen a los *"dimples"* en las superficies fracturadas. A este tipo de fractura también se le denomina fractura por microcoalescencia.

2. Fractura frágil – caracterizada por:

- ausencia de deformación plástica macroscópica, y
- clivaje (división) intergranular.

La figura 5 (a) ilustra una fractura frágil caracterizada por clivaje (división), mientras que la 5 (b) muestra una fractura mixta, con clivaje (división) y *"dimples"*.

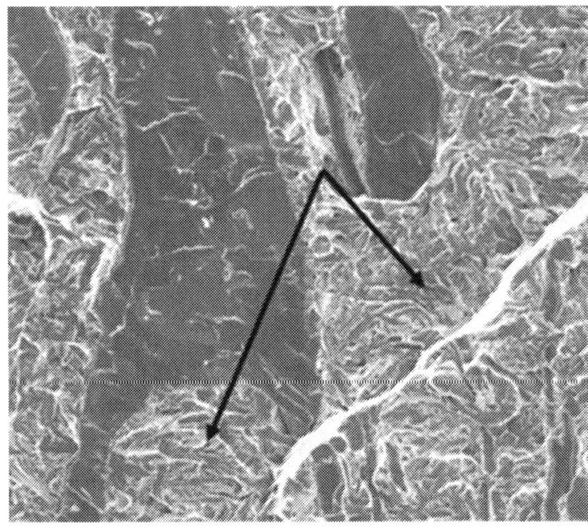

Fig.5 (a): Fractura frágil - clivaje

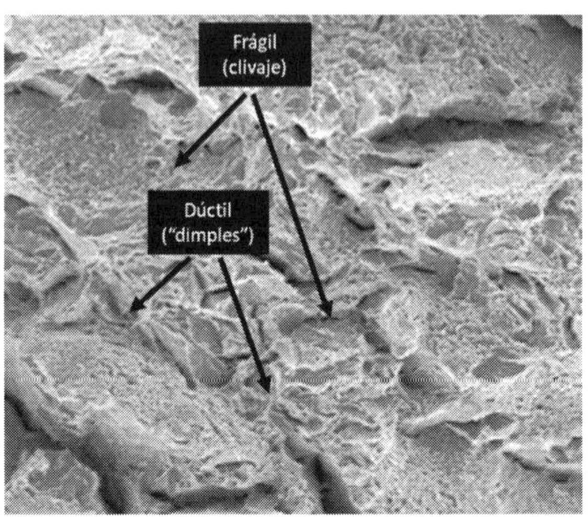

Fig.5 (b): Fractura mesclada - frágil y dúctil

La fractura por clivaje (división) transgranular no presenta deformación plástica y ocurre en planos cristalográficos bien definidos. Este tipo de fractura es muy común en materiales con estructura cristalográfica **bcc** (cúbica centrada en el cuerpo – *"body centered cubic"*) y **hcp** (hexagonal compacta – *"hexagonal close-packed"*). En los materiales con estructura **fcc** (cúbica centrada en las caras – *"face-centered cubic"*), el clivaje (división) se encuentra restringido a factores externos, como, por ejemplo: grietas por corrosión bajo tensión en aleaciones de aluminio en presencia de mercurio, grietas por corrosión bajo tensión en latones y fatiga por corrosión.

El mecanismo de clivaje (división) ocurre preferentemente bajo altas tensiones triaxiales (comunes en la raíz de entallas y aristas vivas), cuando se presentan altas tasas de deformación (tipo impacto) y también bajo condiciones de baja temperatura.

Debido a que el clivaje (división) se propaga a lo largo de planos cristalográficos de bajo índice en materiales policristalinos, la fractura cambia su dirección al encontrar cualquier heterogeneidad microestructural, como contornos de grano, precipitados, inclusiones, zonas segregadas y dislocaciones.

El Cuadro I presenta las diferencias importantes entre las fracturas dúctil y frágil.

Nota: *es importante examinar cuidadosamente las fracturas desde los puntos de vista macro y microscópico. La fractura puede aparentar ser frágil a escala macro, aunque haya ocurrido una deformación plástica significativa antes de la rotura, sin evidencia visible a simple vista. Además, a escala macro, la superficie fracturada puede cambiar de dúctil a frágil y viceversa durante la propagación de las grietas* [5].

Comportamiento	Dúctil	Frágil
Deformación	Si	No
Movimiento	Deslizamiento	Clivaje
Velocidad de propagación de la fractura	Lenta	Rápida
Apariencia	Opaca	Brillante
Modo de fractura	"Dimples"	Clivaje
Temperatura	Alta	Baja
Grado de Carga	Bajo	Alto
Geometría	Sin entalla	Con entalla
Tamaño	Pequeño	Grande
Tipo de carga	Torsión	Tracción (impacto, choque)
Dureza	Baja	Alta

CUADRO I: Comparación entre fracturas dúctil y frágil

3. Pandeo ("*buckling*", *cambamiento*) – deformación lateral o pandeo bajo tensiones de compresión, con la consecuente pérdida de rigidez.

4. Corrosión bajo tensión ("SSC – *Stress Corrosion Cracking*") – tipo de corrosión que provoca grietas cuando el material está sometido a la acción de una tensión (baja – tensiones residuales de manufactura, por ejemplo, o alta, como las generadas durante la operación del componente) en un ambiente corrosivo con una aleación o microestructura susceptible. La corrosión bajo tensión ocurre únicamente cuando los tres factores (tensión / ambiente / aleación susceptible) se presentan simultáneamente.

5. Fatiga – tipo de falla que generalmente ocurre bajo cargas de magnitud inferior a las que producen deformación, requiriéndose varios ciclos de tensión / compresión tanto para iniciar como para propagar su avance a través del espesor del componente.

6. Fluencia – es la tendencia de un material sólido a deformarse permanentemente bajo la influencia de una tensión mecánica sostenida.

7. "Degradación metalúrgica" – falla causada por procesos de corrosión (oxidación) en un ambiente húmedo o seco.

La naturaleza de la carga es, básicamente, lo que determina el modo o tipo de fractura. Por ejemplo, las fracturas resultantes de cargas de tracción, fatiga, impacto, pandeo, torsión y cizallamiento tienen en común diversas características asociadas a la superficie de fractura.

Aspectos de diseño tales como entallas, zonas de fricción, cambios de sección, áreas de concentración de tensiones, cavidades, orificios, ranuras de chaveta, etc., influyen en los modos de falla, contribuyendo especialmente a las fracturas por fatiga.

Otros factores que promueven e influyen en el tipo de fracturas son los picos extremos de temperatura, los ciclos térmicos y las tensiones en ambientes corrosivos. Estas condiciones pueden provocar alteraciones en la estructura metalúrgica, la formación de grietas y la fragilidad por revenido, entre otros efectos, con la consecuente pérdida de resistencia a la fatiga.

Los tipos básicos de carga que conducen a la fractura pueden resumirse como se indica a continuación:

- Sobrecarga monotónica: se trata de una única sobrecarga que puede ocasionar una fractura dúctil o frágil. Es una carga estática, es decir, aplicada de manera constante (como en los ensayos de fluencia o de presión hidrostática), aumentando de forma continua. Un ejemplo típico es el caso de las cargas aplicadas en los ensayos de tracción.

- Carga subcrítica de falla: se caracteriza por la aplicación de una carga de forma dinámica o cíclica; es decir, la carga varía con el tiempo y oscila hacia arriba y hacia abajo. El ejemplo clásico de la consecuencia de este tipo de carga es la fractura por fatiga. También se asocian a este tipo de carga las fracturas relacionadas con la corrosión bajo tensión y con el ciclado térmico.

La fatiga es responsable de más del 75 % de los modos de falla. Sin embargo, generalmente existe algún tipo de combinación de dos o más modos observados durante la investigación de la causa raíz.

La fatiga involucra varios mecanismos de iniciación de una grieta, seguidos por su propagación. Dichos mecanismos están determinados por la orientación cristalográfica y la homogeneidad del material, la frecuencia cíclica y la variación de los niveles de tensión, las condiciones del medio ambiente, así como el espesor de las paredes de la pieza o componente.

A diferencia de las fallas por sobrecarga, las relacionadas con la fatiga resultan de la aplicación de tensiones repetitivas o cíclicas. Estas pueden ser: flexión – unidireccional o reversa (bidireccional), torsión y rotación. Para que se produzca una fractura por fatiga es necesario que se cumplan simultáneamente tres condiciones:

a. la existencia de tensiones cíclicas;
b. la presencia de tensiones de tracción, y
c. la existencia de deformación plástica.

Las condiciones "a" y "c" son responsables de la formación de la grieta, mientras que la "b" provoca su propagación. En la práctica, la fractura por fatiga suele iniciarse en puntos donde existe concentración de tensiones o en los puntos focales donde las tensiones se aplican al componente. La concentración de tensiones, como ya se ha mencionado, está generalmente asociada a características geométricas (orificios, chavetas, aristas esquinas afiladas, radios pequeños), superficies rugosas, zonas soldadas, porosidad causada por corrosión y defectos microestructurales como inclusiones, zonas segregadas y porosidades (gases, rechupes). Por otro lado, las fallas por fatiga también pueden producirse por la formación de grietas en la superficie de componentes libres de concentración de tensiones. En este caso, la pieza o componente:

- tiene un diseño inadecuado – subdimensionado, por ejemplo, y/o
- ocurre algún tipo de "abuso" en servicio.

9.2.2 <u>Características Típicas de Fracturas por Fatiga</u>

A continuación, se definen algunas características típicas observadas en fracturas ocasionadas por fatiga:

- "<u>Marcas de Playa" ("*Beach Marks*" o "*Conchoidal Marks*")</u>**:** son marcas macroscópicas que se expanden y se observan en algunas fracturas por fatiga donde el avance de la grieta sufre interrupciones durante la fase de propagación. En este caso, las tres etapas de una falla por fatiga pueden ilustrarse como se muestra en la figura 6.

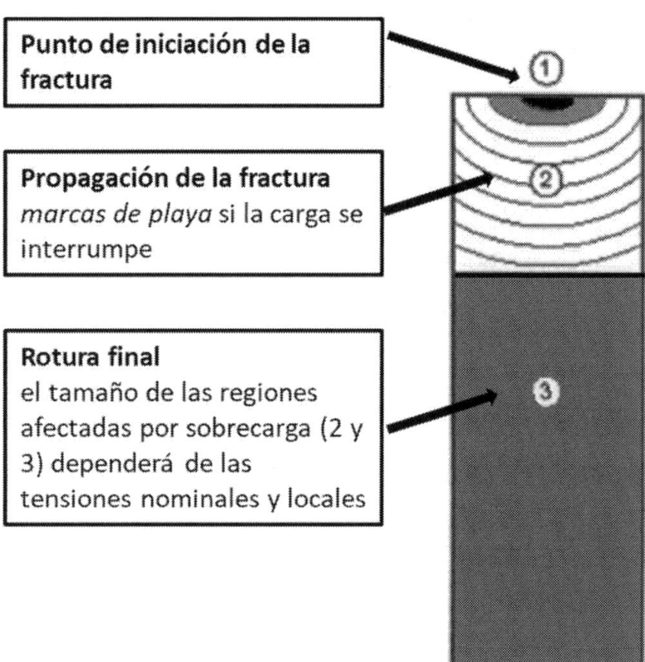

Fig.6: Las tres etapas de la falla por fatiga[4]

Las "marcas de playa" pueden observarse en la fractura mostrada en la figura 7, la cual también indica la presencia de marcas radiales.

Fig. 7: "Marcas de playa" y marcas radiales[4]

- Estrías ("*Striations*"): representan el avance de la grieta durante un ciclo de carga. A diferencia de las "marcas de playa", las estrías son microscópicas y no siempre son visibles. Las "marcas de playa" constituyen una característica macroscópica que representa períodos de crecimiento de la grieta durante los cuales pueden haberse producido miles de ciclos de carga. La figura 8 muestra una fractura con estrías.

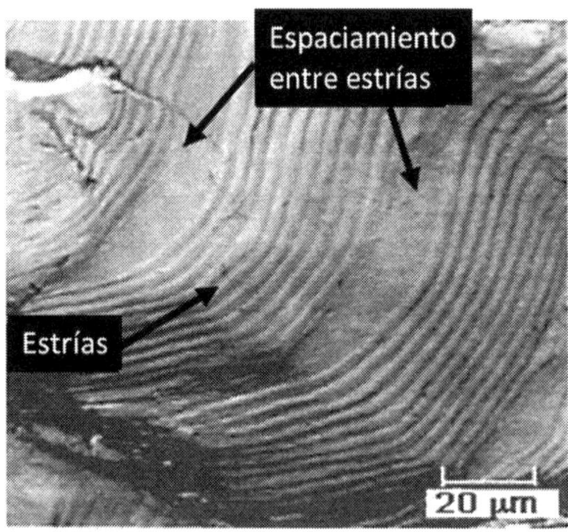

Fig.8: Estrías con dos espaciamientos amplios que indican un aumento del rango del factor de intensidad de tensiones[4]

- Marcas tipo "Chevron": son marcas que siempre apuntan hacia el origen de la fractura y caracterizan una fractura de tipo frágil, como se ilustra en la figura 9.

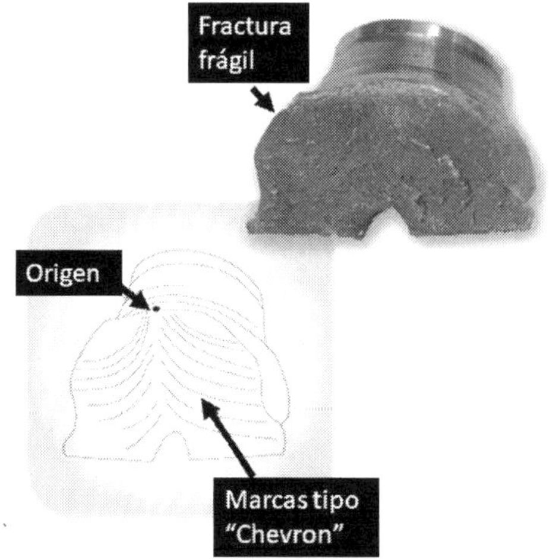

Fig.9: Marcas tipo "chevron" en una fractura frágil de un eje de junta universal[6]

- <u>Marcas de Carraca o Trinquete ("*Ratchet marks*")</u>: ocurren cuando varias grietas por fatiga se inician en puntos de origen y planos ligeramente diferentes en la superficie del componente. A medida que estas grietas progresan, finalmente se unen en un único plano de fractura, como se muestra en la figura 10. La existencia de "marcas de trinquete" indica la presencia de cargas muy elevadas en distintos puntos del componente.

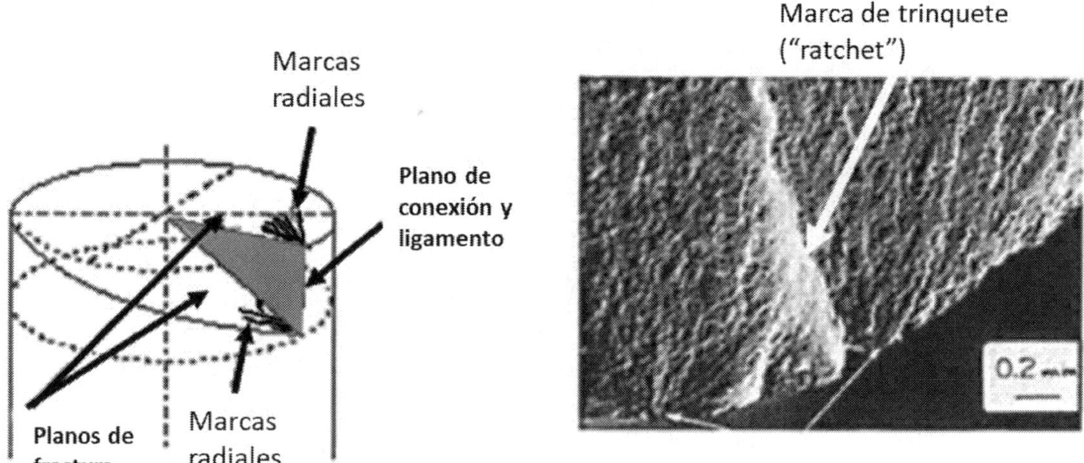

Fig.10: Marcas de carraca – *"Ratchet Marks"* – Dos orígenes indicados por las marcas radiales (uno en cada plano) y una marca de trinquete (ligamento de conexión entre los planos)[4]

- <u>Líneas de "río" ("*River Lines*")</u>: son pequeños escalones o ligamentos interconectados presentes en fracturas por clivaje transgranular. Las "líneas de río" coalescen a medida que la grieta se propaga de manera paralela, como si fuera en la dirección del flujo del río. Es común que las "líneas de río" adopten una forma de "abanico", lo que generalmente permite identificar el origen de la fractura. La figura 11 enseña este tipo de marcas.

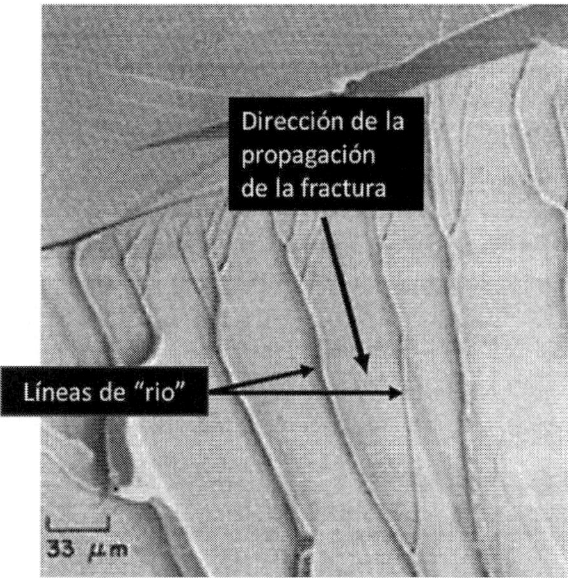

Fig.11: Lineas de "rio" ("River lines")[4]

9.3 ESTUDIOS DE CASOS

Para ejemplificar el trabajo de análisis de fracturas y la determinación de la causa raíz, se presentan casos de fallas en piezas de hierro fundido nodular.

CASO 1: Fractura en Zapata Colectora de Vagón Ferroviario

La figura 12 muestra la pieza de hierro fundido nodular fracturada, tal como fue recibida en el laboratorio para el análisis de falla.

Fig.12: Fracturas en la zona entallada del asa de unión de la zapata colectora del vagón ferroviario

La pieza llegó al laboratorio con las superficies agrietadas oxidadas y con material deformado, lo que demuestra que no se tuvo el cuidado adecuado para proteger la pieza y la zona fracturada de acuerdo con el procedimiento comentado anteriormente.

Ambas las asas de la zapata se agrietaron a través de la región entallada, y el examen visual reveló que la fractura se inició claramente en la raíz de la entalla en "V", como se muestra en la figura 13-a. Una observación más detallada de las superficies de las asas reveló la presencia de grietas con múltiples orígenes en la zona de la entalla (fig. 13-b). Los cambios de textura en el aspecto general de la fractura, desde la raíz de la entalla hacia el orificio del asa de la zapata, sugieren una modificación en el mecanismo de fractura a medida que las grietas progresan.

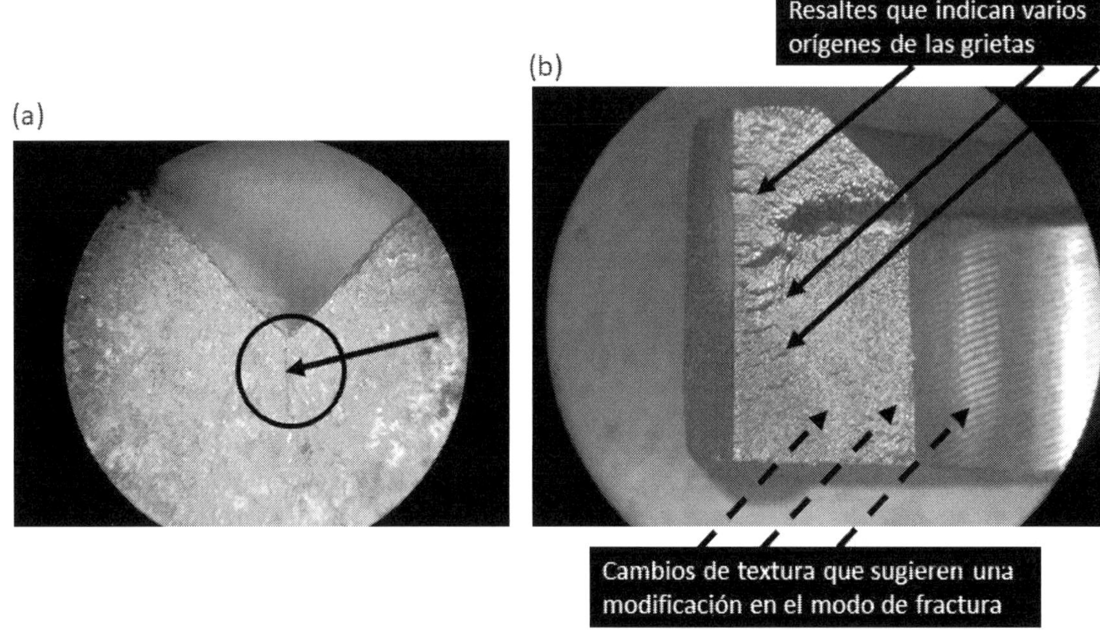

Fig.13: Examen visual de la fractura en la zona entallada del asa de la zapata. (a) Grieta originándose en la entalla en "V". (b) A lo largo de la raíz de la entalla se originan varias grietas, y el cambio de textura sugiere una modificación en el modo de fractura a medida que la grieta progresa

En la región alejada de la zona entallada es posible verificar, mediante examen con el microscopio electrónico de barrido, que la propagación de la grieta ocurrió por fractura dúctil, la cual es típica de una rotura por sobrecarga (fig. 14).

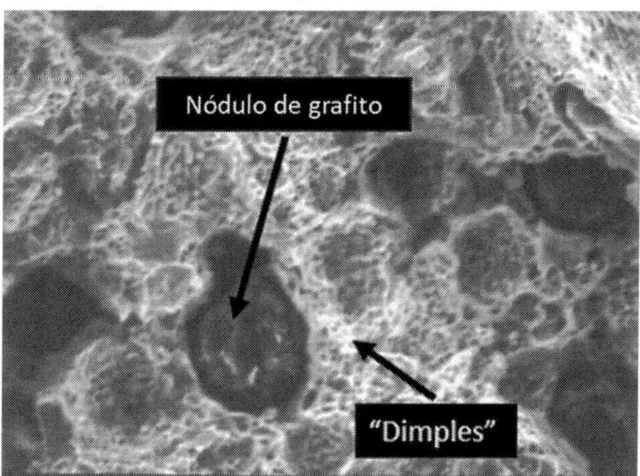

Fig.14: Fractura dúctil en la región alejada de la zona entallada

Al microscopio óptico se observa también que el recorrido de la grieta sigue la interfase nódulo–matriz, de tipo transgranular con agrietamiento progresivo, lo cual es una característica de la propagación de grietas por fatiga en el hierro fundido nodular (fig. 15). Este comportamiento se verifica en el perfil de la sección transversal de una grieta parcial que se origina tanto en la raíz de la entalla como en la raíz de la grieta.

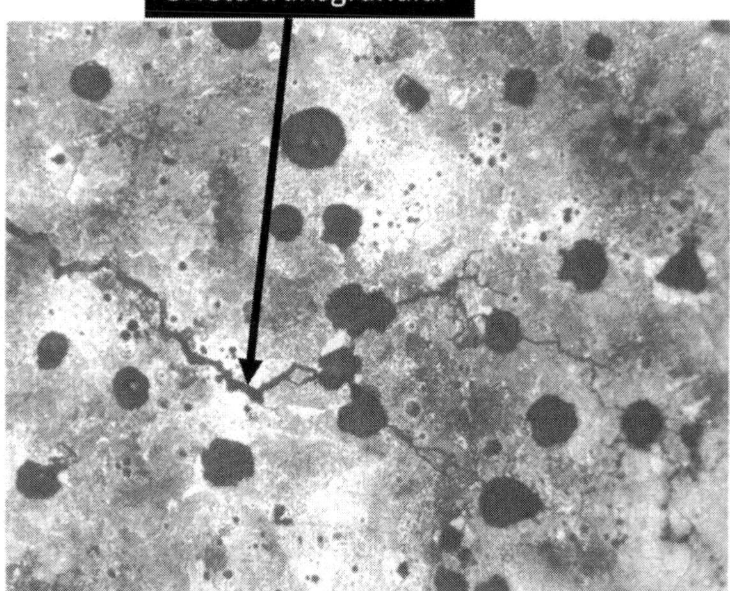

Fig.15: Grieta transgranular siguiendo la interfase nódulo–matriz (50x)

La evidencia de los exámenes macro y microscópicos realizados indica que la fractura se produjo por un proceso de fatiga de baja frecuencia de ciclo, existiendo una alta tensión asociada al área del asa de la zapata.

<u>Hipótesis de causa</u>: material fuera de especificación, con una microestructura heterogénea – matriz perlítica con zonas con carburos, presentando propiedades mecánicas inferiores a las requeridas para la aplicación.

Una geometría de las entallas existentes menos favorable en la distribución de tensiones puede ser un factor que haya contribuido a la falla.

La hipótesis de causa solo puede corroborarse procediendo a:

- comparación de las características químicas, metalográficas y mecánicas del material originalmente especificado para el componente con el material de las muestras obtenidas y, si es posible, de las piezas similares que no fallaron bajo las mismas condiciones de trabajo;
- verificación de la existencia y extensión del agrietamiento en zapatas que no presentaron falla;
- comparación del aspecto superficial (rugosidad, corrosión, dureza) de la zapata fracturada con piezas que no fallaron en servicio;
- verificación de la compatibilidad de las zapatas (con falla y sin falla) con el diseño de estos componentes, principalmente en el área de las entallas del asa, y
- historial de funcionamiento del componente fracturado:
    - tiempo de servicio en comparación con otras piezas instaladas que no presentaron falla;
    - hechos extraordinarios ocurridos en el momento de la fractura o en el período cercano a la falla, y
    - antecedentes de fallas del mismo tipo de componente en equipos y condiciones de operación similares.

<u>Acciones correctivas</u>

Una vez confirmada la hipótesis de causa mencionada anteriormente, deberá adoptarse el siguiente procedimiento.

- Actualizar el plan de control de calidad para la aceptación de la pieza en la fundición, realizando:
    - un análisis metalográfico y mecánico de una probeta desarrollada específicamente para reflejar el comportamiento metalúrgico de la sección que presentó la falla;
    - a medición de la dureza superficial en la zona del asa entallada, cuyo rango deberá determinarse previamente para representar la microestructura de la región en cuestión, y
    - la inspección de la superficie de dicha zona del asa, de acuerdo con los criterios previamente definidos en cuanto a rugosidad, rebabas y otras discontinuidades.
- Realizar un análisis de simulación de tensiones en la región de la entalla para verificar si alguna modificación geométrica podría reducir la sensibilidad a la aparición de grietas.

CASO 2: <u>Fractura en Tapa de Molino Utilizado en la Industria Minera (*Φ* = 13 metros)</u>

La tapa de un molino utilizado para operaciones de molienda en la industria minera es una pieza de hierro fundido nodular con pared gruesa (~ 80 mm), sometida a elevados ciclos de carga alternada que pueden conducir a una falla por fatiga. La figura 16 muestra una tapa de molino de 8 m de diámetro en etapa de maquinado final. En la figura 17, se observan tapas de *Φ* = 13 m ya montadas en molinos de 45t cada uno, listas para su envío.

Debido al tamaño y a la complejidad del proceso de fundición de estas piezas, es común encontrar algunas discontinuidades que superan las tolerancias permitidas en las especificaciones de calidad. En tales casos, es necesario determinar el potencial de utilización mediante las siguientes metodologías:

- Pérdida de Volumen (*"Loss of Volume" – L.O.V*), y
- Mecánica de la Fractura (*M.F.*).

Nota: En ambos los casos, los datos de tensiones utilizados en los cálculos se obtienen mediante un estudio de análisis por elementos finitos.

➢ *Pérdida de Volumen ("Loss of Volume" – L.O.V)*

La L.O.V. es una técnica de evaluación de fallas "no planas" que considera el defecto como una cavidad. La Pérdida de Volumen (L.O.V. – *"Loss of Volume"*) se utiliza cuando, en el ensayo por ultrasonido (UT), se detecta una región en la pieza fundida en la que no es posible obtener una señal de eco de fondo bien definida; sin embargo, dicha señal se encuentra por debajo del nivel crítico de calibración del equipo para la aceptabilidad de discontinuidades. Este escenario ocurre normalmente en casos como porosidades, micro-rechupes agrupados o colonias de pequeñas inclusiones.

El nivel de calibración del UT se realiza con un orificio de referencia en un bloque de calibración normalizado, definiéndose el diámetro del orificio para cada caso. Para la pieza del ejemplo se utilizó un orificio de 6 mm con fondo plano en el bloque de calibración. Resultados de esta naturaleza muestran que el efecto combinado de las discontinuidades es inferior al proyectado por el reflector de 6 mm.

Fig.16: Tapa de molino SAG (Φ = 8 m)

Tapas de Molino (Φ = 13 m)

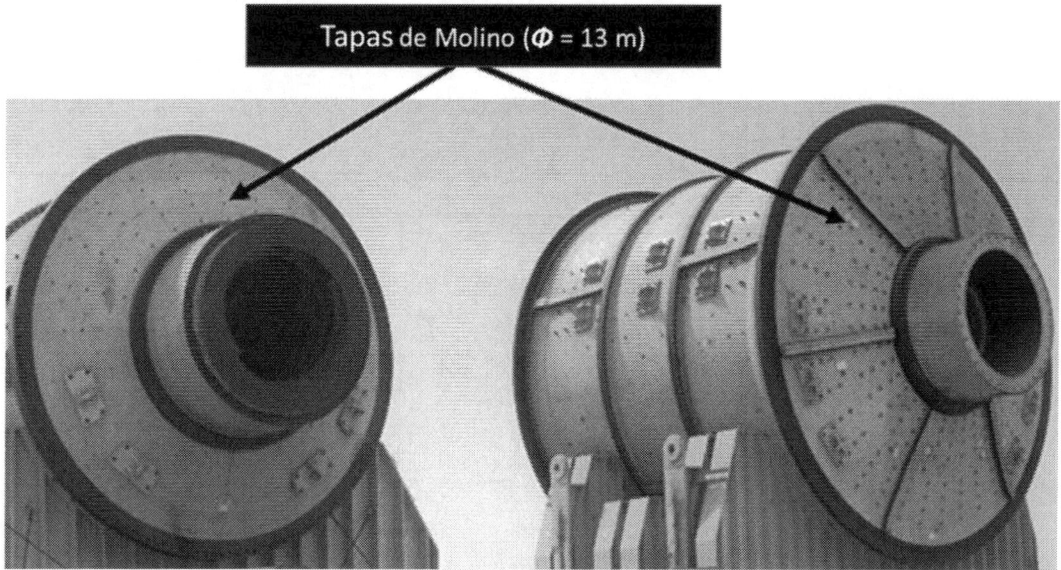

Fig.17: Molinos SAG de 45 t

➢ *Mecánica de la Fractura (M.F.)*

Esta metodología se utiliza cuando se involucran regiones de la pieza en las que la señal de eco de fondo en el ensayo por ultrasonido (UT) excede el nivel crítico de calibración del equipo. Este escenario es característico de indicaciones más severas, tales como grietas, escoria (*"drosses"*), inclusiones grandes y rechupes primarios. La diferencia en este caso es que las indicaciones individuales son lo suficientemente grandes como para generar una reflexión de eco de fondo por encima del nivel crítico de calibración.

Cuando se presentan situaciones de esta naturaleza, se mapean las regiones que contienen las discontinuidades o defectos, dimensionando su volumen. Las figuras 18a y 18b ejemplifican un área afectada por discontinuidades, mostrada en diferentes planos y con dimensiones y posición definidas.

El aumento de las tensiones en los bordes externos e internos del defecto, así como en las superficies internas y externas de la pieza — tensiones calculadas mediante el método de análisis por elementos finitos (F.E.A. – *"Finite Element Analysis"*), como ya se mencionó — se compara con la amplitud de tensión permisible del material, que en el caso del hierro fundido nodular (perlítico/ferrítico) para aplicaciones sometidas a tensiones cíclicas en este tipo de molino es de **69 MPa**. De esta manera, se determina la aceptación o el rechazo del defecto.

Este valor de 69 MPa proviene de la especificación de diseño de la ingeniería del cliente de la pieza, quien es el fabricante del equipo. Considera la amplitud de tensiones (diferencia entre la tensión máxima y la mínima) en las posiciones superficiales de los componentes sometidos a carga. En este caso, por ejemplo, la tensión máxima que el molino ejerce sobre la tapa es de 54 MPa (tracción), mientras que la tensión mínima es de –15 MPa (compresión). Por lo tanto, la amplitud permitida será **[+54 – (–15)] = 69MPa**. Si las tensiones en los bordes externos e internos del defecto, sumadas a las tensiones externas e internas de las superficies de la pieza, superan el valor máximo admisible de 69 MPa, la pieza será rechazada.

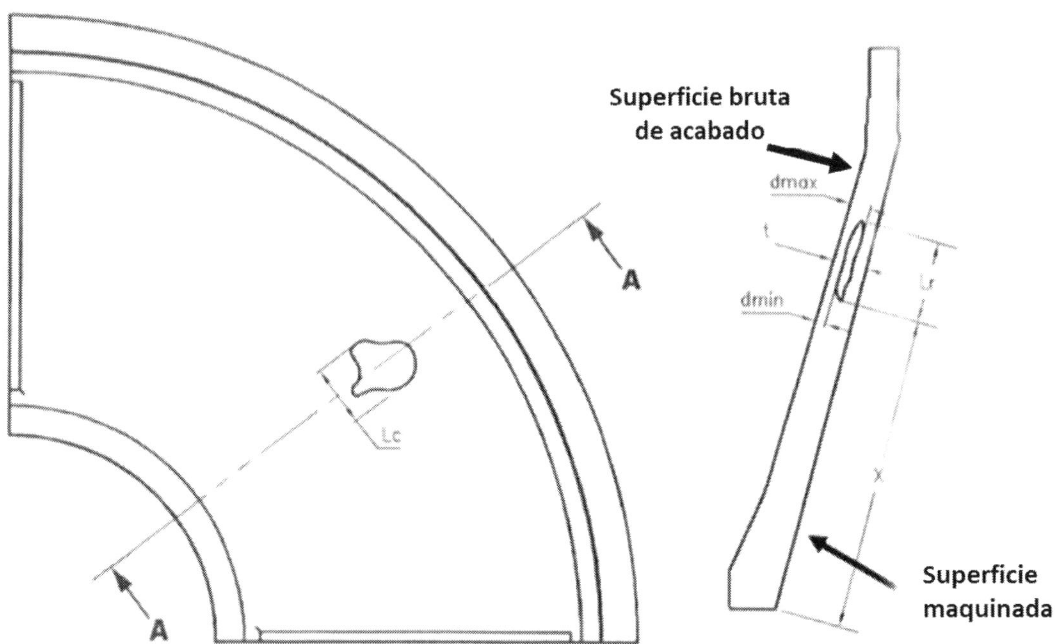

Fig.18a - Superficies de referencia para el mapeo de defectos en la tapa de molinos de minería

NOTAS:

a. A Las profundidades de los defectos se miden a partir de la superficie maquinada

b. El ensayo de UT se realiza desde la superficie maquinada

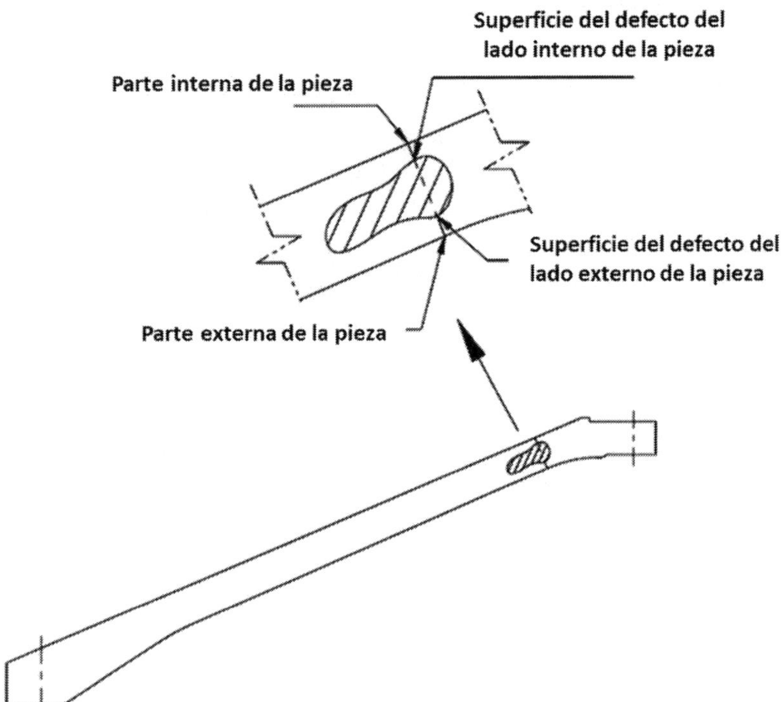

Fig.18b – Zona con defecto mapeado y dimensionado

- ***Mecánica de la fractura en el régimen elástico lineal (L.E.F.M.–"Linear Elastic Fracture Mechanics")***

La L.E.F.M. (*"Linear Elastic Fracture Mechanics"*) es un método de análisis de fracturas que permite determinar la tensión (o carga) necesaria para llevar a una condición de inestabilidad que conduce a la fractura en una estructura que contiene una discontinuidad de tamaño y forma conocidos [(7)].

La técnica L.E.F.M. evalúa las discontinuidades definiendo un plano de corte, considerando el defecto como si fuera una grieta bidimensional elíptica. Esta metodología se describe en el Código Internacional de la British Standard (BSI PD6493).

La amplitud de tensiones (diferencia entre la tensión máxima y la tensión mínima) que resulta en dicha falla se compara con el valor límite de variación admisible de una propiedad del material conocida como "Factor de Intensidad de Tensión" (*"Stress Intensity Factor" = Kic*), cuyo valor es **4,90 MPa × m½**. Este valor se considera suficientemente conservador para que el componente resista variaciones de hasta 50% entre las tensiones máximas y mínimas en un mismo ciclo durante un ensayo de fatiga.

El valor máximo admisible de variación del factor de intensidad de tensión (Kic) para esta aplicación se basa en los resultados de ensayos de laboratorio realizados durante varios años por el departamento de ingeniería del fabricante del equipo utilizado en este ejemplo.

El uso de esta técnica permite al fundidor evaluar las piezas y determinar el nivel de seguridad y confiabilidad antes de su montaje en el cliente. Al mismo tiempo, evita el rechazo de piezas que pueden utilizarse de forma segura, previniendo pérdidas económicas significativas en componentes pesados como el del presente caso.

CASO 3: <u>Falla por Fatiga Relacionada con el Diseño en una Pieza de Hierro Fundido Nodular</u>

Una carcasa de diferencial de un sistema de transmisión, fabricada en hierro fundido nodular, presentó una falla claramente originada por fatiga, de acuerdo con la evidencia obtenida mediante el examen macroscópico de la fractura y las observaciones realizadas con el microscopio electrónico de barrido.

La figura 19 muestra las carcasas y señala la ubicación de las superficies fracturadas, mientras que en la figura 20 pueden observarse múltiples marcas de carraca (*"ratchet marks"*), lo que indica la acción de cargas elevadas en distintos puntos de la pieza. Cada marca corresponde a un punto de origen de una grieta por fatiga.

Fig.19 - Carcasas de diferencial de un sistema de transmisión en hierro fundido nodular

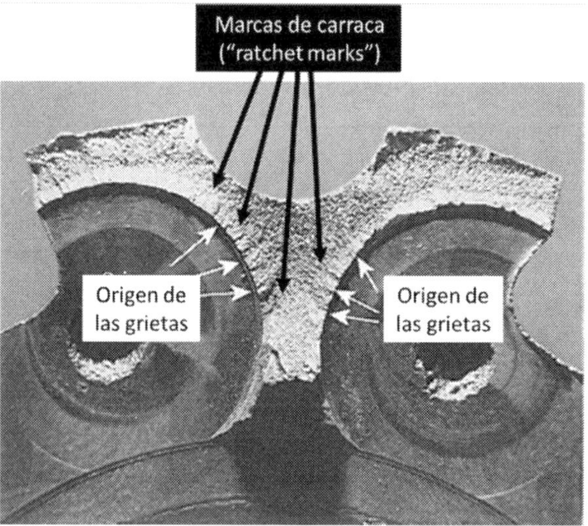

Fig.20 - Orígenes de grietas y marcas de carraca ("ratchet marks")

Los resultados del examen con el microscopio electrónico de barrido se presentan en las figuras que se muestran a continuación.

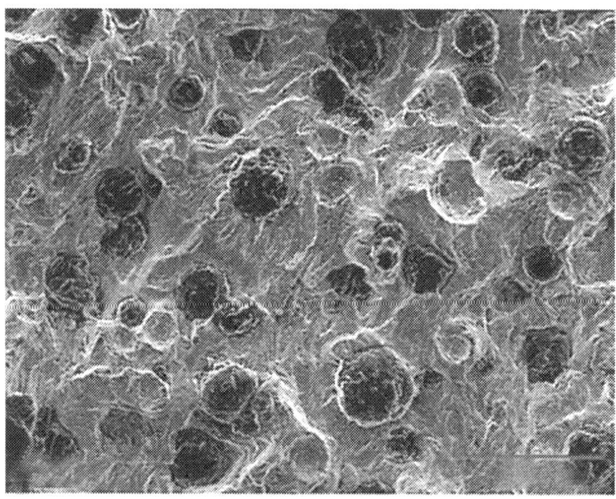

Fig.21 - Propagación de la fractura a través de los nódulos[4]

La figura 21 muestra que el proceso de fatiga resultó en una propagación transgranular, avanzando a través de los nódulos de grafito en lugar de rodearlos (intergranular). Con fines comparativos, la figura 22 presenta el aspecto de una grieta intergranular, en la cual pueden observarse claramente los contornos de grano.

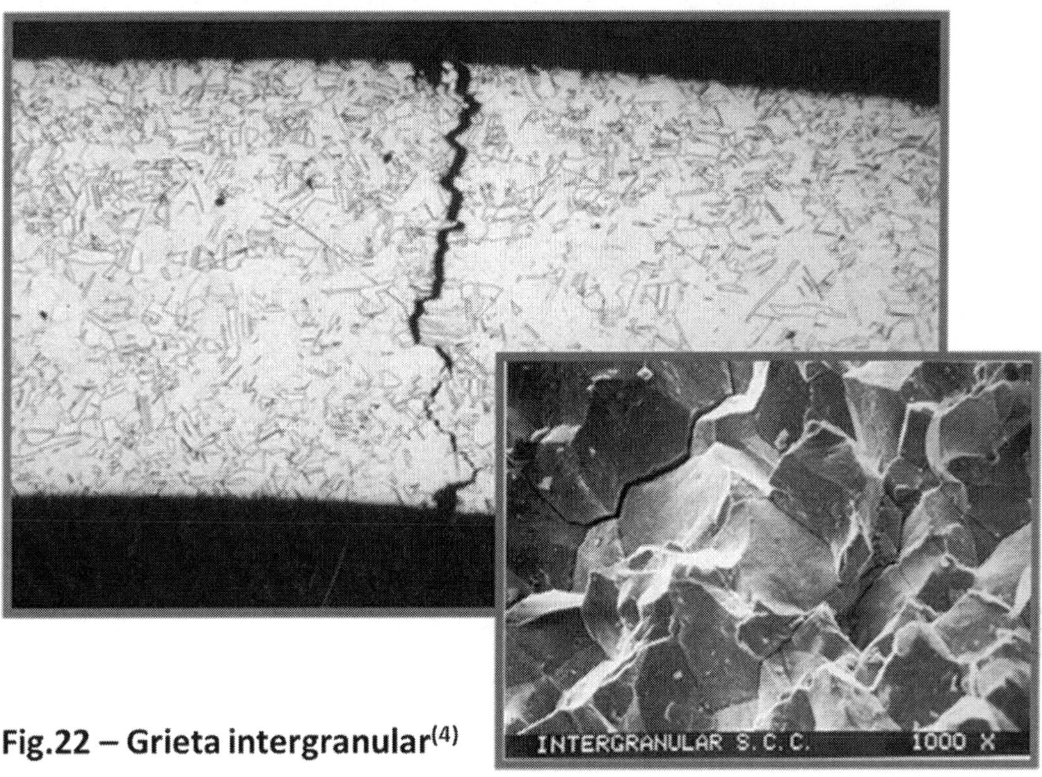

Fig.22 – Grieta intergranular[4]

En la figura 23 puede observarse en la superficie de fractura la presencia de estrías ("striations"), lo cual es característico de las fallas por fatiga. Cabe recordar que las "estrías" y las "marcas de playa" son fenómenos diferentes. Las estrías son microscópicas y representan la propagación de la grieta durante un solo ciclo de carga, mientras que las "marcas de playa" son macroscópicas y corresponden a períodos de crecimiento en los cuales ocurren miles de ciclos de carga.

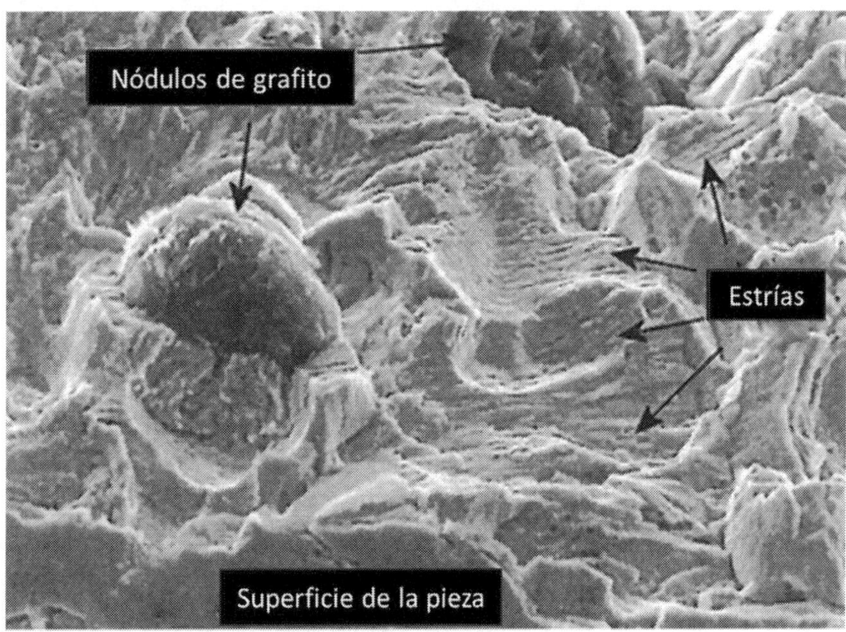

Fig.23: Superficie de la fractura que indica la presencia de estrías [4]

Hipótesis de causa

Considerando que:

- el análisis del material de la pieza (químico, metalográfico y mecánico) indicó estar conforme con la especificación;
- otras piezas montadas en diferentes sistemas de transmisión presentaron grietas en distintos grados de avance;
- no se verificaron anomalías en el funcionamiento normal del componente, y
- la geometría evidenció la presencia de aristas vivas pronunciadas,

todo indica que la causa de la falla está relacionada con el diseño de la pieza.

Acción correctiva: una vez confirmada la hipótesis de causa mediante la prueba del motor en cámara de ensayo, se debe modificar el diseño de la pieza y, al mismo tiempo, evaluar si el incremento de la resistencia del material puede también reducir la sensibilidad de los componentes al agrietamiento y a la falla por fatiga.

BIBLIOGRAFIA

1. SHAHID, I. – Failure Analysis of Tools. Advanced Materials & Processes Magazine. Nov. 2004
2. VECCHIO, S.R. – Presentation - Lucius Pitikin, Inc. Consulting Engineers, N.Y., Nov.2000
3. VAN DER VOORT, G. – Conducting the Failure Examination. Metals Engineering Quarterly, May 1975
4. PARRINGTON, R. & CHRISTIE, D. – Practical Fractography Seminar, Engineering Systems, Inc. (ESI), MN, 2001
5. BECKER, W. – Principles of Failure Analysis. ASM Lectures, lesson 2, p.23. 2022
6. BROWN, T. - Preventing Mechanical Failures - An Introduction to Failure Mode Identification. https://reliabilityweb.com/articles, May 2021
7. American Society for Metals (A.S.M) Metals Hadbook – Desk Edition –1998

ISBN: 9798274964739

Made in United States
Orlando, FL
21 November 2025

72912418R00116